中国南方季节性干旱特征及种植制度适应

杨晓光　李茂松　著

气象出版社
China Meteorological Press

内 容 简 介

本书以我国南方季节性干旱特征以及种植制度适应为主线,建立了适用于南方地区的季节性干旱指标体系,明确了季节性气象干旱和农业干旱时空特征,完成了南方地区季节性干旱三级分区,提出各区域防旱避灾种植制度优化布局,可为南方地区防旱减灾研究提供参考。本书是综合作者近年相关研究成果完成的,在研究过程中作者提出了干旱指标筛选和干旱等级修正、防旱避灾种植制度适应等研究思路和方法。研究具有系统性及创新性,可供高等院校、科研院所、气象和农业部门科研人员以及防灾减灾相关人员参考。

图书在版编目(CIP)数据

中国南方季节性干旱特征及种植制度适应 / 杨晓光,
李茂松著.—北京 :气象出版社,2014.1
　　ISBN 978-7-5029-5759-9

Ⅰ．①中… Ⅱ．①杨… ②李… Ⅲ．①干旱—季节性
气候—研究—中国 Ⅳ．①P426.615

中国版本图书馆 CIP 数据核字(2013)第 202950 号

Zhongguo Nanfang Jijiexing Ganhan Tezheng ji Zhongzhi Zhidu Shiying

中国南方季节性干旱特征及种植制度适应

杨晓光　李茂松　著

出版发行:气象出版社

地　　址:北京市海淀区中关村南大街 46 号		邮政编码:100081	
总 编 室:010-68407112		发 行 部:010-68409198	
网　　址:http://www.cmp.cma.gov.cn		E-mail: qxcbs@cma.gov.cn	
责任编辑:崔晓军		终　　审:汪勤模	
封面设计:博雅思企划		责任技编:吴庭芳	
印　　刷:北京京华虎彩印刷有限公司			
开　　本:787 mm×1 092 mm　1/16		印　　张:15.5	
字　　数:400 千字			
版　　次:2014 年 1 月第 1 版		印　　次:2014 年 1 月第 1 次印刷	
定　　价:78.00 元			

前　言

　　我国是世界上气象灾害严重国家之一,气象灾害种类多,分布地域广,发生频率高,造成损失重。气候变化背景下极端天气气候事件频发,我国旱灾发生频率逐渐加快,农业生产风险增加,产量波动加大,直接影响我国农业可持续发展。

　　过去普遍认为干旱主要发生在我国北方地区,20世纪后期以来北方干旱常态化、南方季节性干旱扩大化趋势明显。南方地区以占全国42.6%的耕地养育了占全国56.7%的人口,农作物播种面积占全国的48.5%,特别是水稻和油菜的播种面积占全国的80%以上,在我国农业和经济发展中占有举足轻重的地位。2003年江南、华南和西南部分地区的伏秋连旱,2004年华南和长江中下游地区的大范围严重秋旱,2005年华南南部的秋冬春连旱,2006年川渝地区的大旱等严重影响农业生产,直接威胁国家粮食安全。因此,迫切需要建立适合南方地区的季节性干旱指标体系,明确气候变化背景下季节性干旱空间分布特征和时间演变趋势,提出各区域防旱避灾种植制度优化布局,这对南方地区防灾减灾具有重要的理论和实际意义。

　　针对我国南方季节性干旱频繁发生、危害日趋严重新态势,我们在"十一五"国家科技支撑计划重大项目"农业重大气象灾害监测预警与调控技术研究"第七课题"南方季节性干旱调控技术研究(2006BAD04B07)"和"十二五"国家科技支撑计划重大项目"重大突发性自然灾害预警与防控技术研究与应用(2012BAD20B00)"支持下,重点围绕气候变化背景下南方季节性干旱时空演变特征及种植制度适应这一主题开展研究。本书部分研究成果已以学术论文发表,其中"气候变化背景下中国南方地区季节性干旱特征与适应"研究结果以系列文章刊发在2012—2013年的《应用生态学报》上,相关内容获得2012年湖南省科技进步二等奖。

　　本书共分8章,第1章绪论,第2章南方季节性干旱指标体系的建立和应用,第3章气候变化背景下南方地区农业气候资源时空特征,第4章南方地区季节性气象干旱时空特征,第5章南方地区季节性农业干旱时空特征,第6章南方地区季节性干旱分区及评述,第7章南方地区防旱避灾种植制度布局,第8章南方季节性干旱研究展望。

　　感谢参加课题研究及书稿撰写的所有人员：中国农业大学冯利平教授、施生锦副教授、王靖副教授、黄彬香老师，研究生曲辉辉、隋月、代姝玮、赵锦；中国农业科学院农业资源与农业区划研究所王春艳副研究员；湖南省气象科学研究所黄晚华高级工程师，湖南省农业科学院土壤与肥料研究所杨光立研究员、肖小平研究员；中国气象科学研究院赵俊芳副研究员；四川省农业气象中心王明田高级工程师等。

杨晓光　李茂松
2013 年 5 月

目　录

第1章 绪 论

1.1 南方地区概况和农业生产现状

1.1.1 南方地区概况

(1)行政区域和地理位置

南方地区通常是指我国秦岭—淮河以南、青藏高原（横断山脉）以东的广大地区。本书为了便于分析，以省级行政单位为整体，南方地区范围包括上海、江苏、浙江、安徽、江西、湖北、湖南、四川、重庆、云南、贵州、广西、广东、福建和海南等共 15 个省级行政区（港澳特别行政区和台湾省由于资料原因暂不列入分析）。南方地区大部位于我国 35°N 以南，东西处于 97.5°～122.5°E 之间，东西跨度达 25 个经度，南北大陆处于 18°～35°N 之间，跨 7 个纬度（图 1.1）。

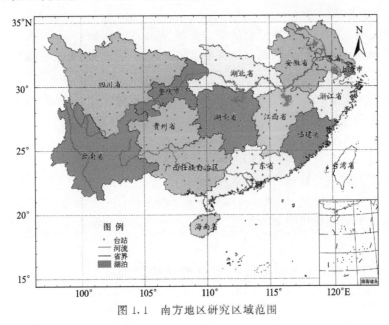

图 1.1 南方地区研究区域范围

由于南方区域范围大，本书分析用到的气象数据为南方 15 个省（区、市）332 个基本气象站共享资料，并对台站资料进行整理，去掉缺失资料较多或资料年限短的站点。气象站点分布见图 1.1。

(2)地形地貌

南方地区按地形地貌可分为东、西两部分，东、西部大致以大巴山—雪峰山为界。东部以低山、丘陵、平原为主，区域内河流密布、湖泊众多。有长江、珠江等全国水量第一、第二大河流,分别汇合其支流,形成长江和珠江两大流域;有鄱阳湖、洞庭湖、洪湖、太湖、洪泽湖等著名的五大淡水湖泊。有江汉平原、洞庭湖平原、鄱阳湖平原、苏皖沿江平原和长江三角洲组成的长江中下游平原,以及珠江三角洲和东南沿海平原,这是南方农业最发达的地区之一。有江南丘陵、闽浙丘陵、岭南两广丘陵等。东部也有不少山脉镶嵌其中,有大别山、南岭、武夷山、天目山、罗霄山、幕阜山等山脉,山区海拔多在 1 000 m 以下,丘陵海拔多在 500 m 左右,平原海拔多在 100 m 以下。

西部多为高原、山地,地貌复杂多样,山间河谷、盆地众多。西部高原区除川西高原外,大部分地区海拔 1 000～3 000 m。以云贵高原为主体,中间山脉、盆地众多,一些河谷、盆地是农业较发达的地方。

(3)土壤类型分布

南方地区土壤类型主要以铁硅铝性土(包括准黄壤、黄棕壤、棕红壤)、铁铝性土(包括黄壤、赤黄壤、砖黄壤、红壤、赤红壤和褐红土、燥红土)等为主,分布特征为:

黄棕壤:主要分布在北亚热带湿润气候的苏、皖长江两侧及浙北地区的丘陵、阶地等排水较好的地段,如大别山、大巴山和武陵山等山区地带。

黄壤:分布在亚热带常绿阔叶林和常绿落叶阔叶混交林下的山地、高原地带,如江南西部和云贵高原东部一带。

红壤:分布在中亚热带湿热气候、常绿阔叶林下的低山丘陵地带。广泛分布在江南大部、西南中南部和华南北部一带。

赤红壤:主要分布在南亚热带气候的华南南部、西南南部等地。

砖红壤:主要分布在北热带的热带雨林或季雨林地区,如海南、雷州半岛、广西和云南南部等地。

燥红壤:主要分布在热带干热地区的稀树草原下形成的土壤,如海南岛西部及云南的红河、金沙江等河谷地带。

紫色土:主要分布在四川盆地等西南地区。

石灰土:主要分布在西南的贵州和广西西北部等地。

草甸土:川西高原主要分布的高山草甸土。

沼泽土:主要分布在淮北、江淮等长江中下游平原及珠江中下游和东南滨海地区。

水稻土:主要分布在长江中下游平原、长江三角洲和珠江三角洲平原及四川盆地等地平原地区的稻田。

1.1.2　南方地区气候特点和季节性干旱形成的原因

(1)气候概况

我国南方地区地跨暖温带、北亚热带、中亚热带、南亚热带、北热带和中热带等 6 个气候带,西部高原地区属于高原气候区。夏季受来自太平洋、印度洋气流的影响,冬季受冬季风的影响。只是由于南方地区距离冬季风源地较远,再加上有秦岭等东西向山脉的阻挡,冬季风对南方地区的影响较北方地区弱,但若冬季风势力强大,也会给南方地区带来低温寒潮天气。同时,南方地区东部、南部临东海和南海,受台风影响频繁,特别是广东、台湾、海南、福建等省份台风较多。南方地区多为高原、山地,气候类型多样。气候的经向、纬向和垂直差异显著。植被为亚热带常绿阔叶林,北回归线以南为热带季雨林。区域内河流众多,水量丰富,汛期较长。

无冰期。

除西部高寒地区外,大部分地区年平均气温为 10~26 ℃,最冷月(1 月)气温在 0~23 ℃之间,最热月(7 月)气温在 20~29.7 ℃之间;≥0 ℃活动积温为 4 000~9 600 ℃・d。年日照时数为 900~2 800 h,除四川盆地等地外,大部分地区日照时数在 1 200 h 以上;年太阳总辐射为 4 500~7 200 MJ/m²。大部分地区年降水量为 800~2 700 mm,年蒸散量在 800~1 570 mm 之间。总体上,我国南方大部分地区,热量充足,降水总量丰富,光照较多,大部分地区处于亚热带和热带,为我国温暖湿润的亚热带、热带季风气候区。降水年际波动较大,尤其是季节性降水分布不均,容易形成季节性干旱。

(2)气候特点

南方地区气候有如下特点:①气候温暖。南方地区处于我国南、北气候分界线以南,大部分地区属于亚热带或热带地区。除高原地区外,大部分地区年平均气温在 14 ℃以上,最冷月平均气温都在 0 ℃以上,海拔 3 000 m 以下的高原地区年平均气温也在 10 ℃以上;最热月平均气温都在 20 ℃以上,≥0 ℃活动积温都在 4 000 ℃・d 以上,热量资源丰富。②降水丰沛。除高寒高原和淮北部分地区外,大部分地区年降水量都在 800 mm 以上,长江以南地区在 1 400 mm 以上,年干燥度<1,属于典型的湿润地区。③季风气候显著,降水的季节分配极不均匀,存在明显雨季、干季变化。南方地区位于亚欧大陆东南缘,靠近太平洋,冬季盛行偏北风,夏季盛行偏南风,有明显的季节转换。常年情况下,江南南部和东南丘陵一带雨季为 3—6月;长江中下游地区为 4—7 月;西南地区雨季可延续到 5—9 月;华南地区由于受台风降水影响,雨季最长,整个 4—10 月为雨季。雨季结束后,多数地区有明显的干季,降水较少。一般长江中下游地区为"春雨、梅雨、伏旱型",西南地区西南部和华南南部为"冬春旱、夏秋雨型",西南地区东北部为"全年多雨型",华南为"双雨季型"等不同干湿季节类型。④雨热同季,山区立体气候资源丰富。南方地区大部分雨季也是温度较高的季节,雨热资源配合较好,能满足作物需要。同时,南方地区多山,云贵高原海拔多在 1 000~3 000 m 起伏变化,即使在地势较低的东部地区,除江淮、长江沿线平原较多外,其他地方丘陵、山脉遍布,海拔从 200~1 000 m 都有,气候垂直差异显著,有很好的立体气候资源。

(3)季节性干旱的形成原因

南方季节性干旱的形成主要是大气环流异常、季风反常的结果,特别是雨季降雨带的移动与季风进退密切联系。干旱与西太平洋副热带高压(简称"副高")密切相关,副高内存在下沉气流,天气晴好,当副高长期控制某一地区时,则造成该地区的干旱。如春季副高势力逐渐向北推进,雨带北移至江南一带,华南、西南受副高控制雨量较少,降水变率较大,遇少雨年易发生春旱,主要发生在广东南部沿海、雷州半岛、海南、广西中部和南部、云南及四川盆地。夏季7 月前后,若副高脊较常年强而且势力偏西,大陆低压也较强,东南沿海一带气压梯度大,夏季风强盛并过早跃进华北,副高脊线移到 30°N 或更北,雨带北移至华北甚至东北地区,使江淮流域在副高控制下出现干旱天气。尤其在副高强盛的"三伏"时期,若副高长期盘踞于长江中下游上空并稳定少动,该地区多为炎热少雨天气,易出现伏旱。9 月以后,副高迅速南退东撤,雨带逐渐南移,如果南撤比常年快,使有些地区降水显著偏少,则会发生秋旱;主要发生在长江中游等省份,冬季降水量少,华南等地气温较高,蒸发量大,则易发生冬旱。

1.1.3 南方地区农业生产现状和地位

(1)基本概况

南方地区陆地国土面积 260 多万 km², 约占全国国土总面积的 27.2%; 人口约 7.49 亿, 占全国总人口的 56.7%(图 1.2)。

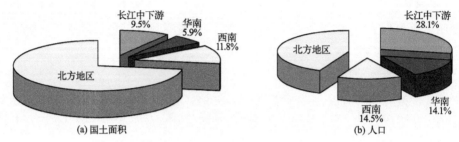

图 1.2 南方地区国土面积和人口分布情况

南方地区经济是我国重要组成部分, 特别是长江三角洲和珠江三角洲是我国经济最发达的地区之一, 该区国内生产总值达 157 629 亿元, 约占全国国内生产总值的 57.2%; 其中农业总产值达 26 558 亿元。南方地区耕地面积 5 182 万 hm², 用占全国 42.6% 的耕地养育了占全国 56.7% 的人口。南方地区常年农作物播种面积 7 443 万 hm², 约占全国农作物总播种面积的 48.5%, 复种指数 1.44; 粮食作物播种面积 4 765 万 hm², 占全国粮食作物播种总面积的 45.1%; 其中主要粮食作物水稻、小麦和玉米的播种面积分别占全国该类作物总播种面积的 83.5%, 32.8% 和 21.3%。另外油菜播种面积占全国总面积的 80.3%。

本节所有统计数据截止到 2007 年底, 资料来自《中国统计年鉴·2008》。

南方地区粮食产量达 2.38 亿 t, 用占全国 45.1% 的粮食作物播种面积生产了占全国 47.5% 的粮食; 其中水稻、小麦和玉米的产量分别为 1.53 亿、0.31 亿和 0.28 亿 t, 分别占全国总产量的 82.3%, 28.6% 和 18.1%。其他在全国占比较重要地位的经济作物中, 油菜产量为 855 万 t, 占全国的 80.9%; 甘蔗产量为 11 274 万 t, 占全国的 99.8%; 茶叶产量为 112 万 t, 占全国的 95.7%; 柑橘产量为 2 032 万 t, 占全国的 98.7%; 香蕉产量为 780 万 t, 占全国的 100%; 烟叶产量为 185 万 t, 占全国的 77.2%; 蚕茧产量为 75.5 万 t, 占全国的 79.7%(表 1.1)。

表 1.1 南方地区主要农产品产量   单位:万 t

	粮食	水稻	小麦	玉米	油菜	甘蔗	茶叶	柑橘	香蕉	烟叶	蚕茧
全国	50 160	18 603	10 930	15 230	1 057	11 295	117	2 058	780	240	94.7
南方地区	23 824	15 305	3 131	2 762	855	11 274	112	2 032	780	185	75.5
比重(%)	47.5	82.3	28.6	18.1	80.9	99.8	95.7	98.7	100	77.2	79.7

(2)南方各区域农业经济分布

南方地区各省(区、市)生产总值差别较大:长江中下游地区六省一市的产值占到全南方地区的一半以上, 华南地区约为 30%, 西南地区仅占 14% 左右。作为第一产业的农业(包括农林牧渔业)总产值达 26 558 亿元, 占到全国农业总产值的 54.3%; 从农业经济占国民经济的比重看,南方地区农业总产值占到所有行业总产值的 16.8%,其中华南地区和长江中下游地区比重都约为 15%,西南地区农业比重较高,占到国内总产值的 27.7%。在南方地区第一产业各组成中,农业(种植业)、林业、牧业、渔业的总产值分别占全国农林牧渔总产值的比重都在 50%以上;其中林业和渔业比重大,林业产值占全国的 2/3 强,渔业产值占全国的近 3/4 (表 1.2)。

表 1.2 南方地区农业经济情况 单位:亿元

地区	地区生产总值	农业产值	种植业	林业	牧业	渔业	农业比重(%)
长江中下游地区	88 005.6	13 343.9	6 475.7	577.3	3 902.9	1 845.8	15.2
华南地区	47 512.5	7 087.9	3 208.7	374.4	1 932.5	1 314.8	14.9
西南地区	22 111.0	6 126.4	2 794.1	296.9	2 761.6	138.7	27.7
南方地区	157 629.1	26 558.3	12 478.5	1 248.7	8 597.0	3 299.4	16.8
占全国比重(%)	57.2	54.3	50.6	67.1	53.3	74.0	—

从农、林、牧、渔业各自占大农业的比例看,农业(种植业)比例最高,占大农业产值的近一半,其次是牧业,林业产值比例最小(图 1.3)。

各省(区、市)之间经济总量差异很大,广东、江苏和浙江三省位居南方地区前列,均占到南方地区生产总值的 10%以上;海南、贵州是经济力量较弱的省份(表 1.3)。农业总产值最高的是四川、江苏和广东,最低的是上海市。农业占其地区生产总值的比重,以上海市最低,仅 2.1%,另外,浙江、广东省也在 10%以下;其次,江苏、重庆、福建农业产值比重也较低,其他各省(区、市)农业总产值占其地区生产总值的比重都在 1/4 以上,其中海南省农业产值的比重高达 44.8%(图 1.4)。从大农业组成的农、林、牧、渔业各产值看,农业(种植业)较发达的省份有江苏、四川、广东和湖南,农业(种植业)产值在 1 200 亿元以上,占南方地区农业总产值的 10%以上;林业以云南、湖南、江西和福建四省为前四强,林业产值在 120 亿元以上,占南方地区林业总产值的 10%左右或以上;牧业产值最高的是四川省,占整个南方地区牧业总产值的 1/5 以上,其次,湖南省牧业产值也在 1 000 亿元以上;渔业产值的前四强依次是江苏、广东、福建和浙江省。

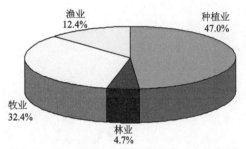

图 1.3 南方地区农业产值各组成所占的比例

表 1.3 南方地区各省(区、市)农业经济情况 单位:亿元

地区		地区生产总值	农业总产值	农业(种植业)	林业	牧业	渔业
长江中下游地区	上海	12 188.9	256.0	126.7	10.0	58.0	54.2
	江苏	25 741.2	3 064.7	1 542.5	58.9	704.4	579.0
	浙江	18 780.4	1 597.2	735.9	95.5	367.6	369.9
	安徽	7 364.2	2 070.1	1 054.0	100.5	637.4	195.0
	江西	5 500.3	1 426.9	621.3	126.5	435.6	182.2
	湖北	9 230.7	2 296.8	1 152.1	41.9	686.2	310.8
	湖南	9 200.0	2 632.2	1 243.2	144.1	1 013.8	154.7
	比例(%)	55.8	50.2	51.9	46.2	45.4	55.9

续表

地区		地区生产总值	农业总产值	农业（种植业）	林业	牧业	渔业
华南地区	福建	9 249.1	1 692.2	685.3	120.7	340.6	473.3
	广东	31 084.4	2 821.2	1 328.7	73.4	775.6	541.9
	广西	5 955.7	2 026.2	970.5	99.8	710.2	178.3
	海南	1 223.3	548.3	224.2	80.5	106.1	121.3
	比例（%）	30.1	26.7	25.7	30.0	22.5	39.8
西南地区	重庆	4 122.5	720.7	401.5	25.9	264.5	18.4
	四川	10 505.3	3 377.0	1 316.6	87.2	1 827.1	85.8
	贵州	2 741.9	697.0	392.2	27.8	231.6	9.0
	云南	4 741.3	1 331.7	683.8	156.0	438.4	25.4
	比例（%）	14.0	23.1	22.4	23.8	32.1	4.2

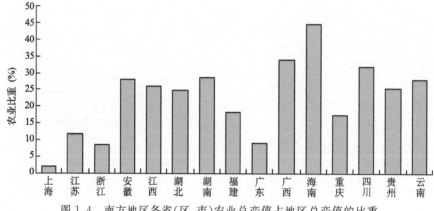

图 1.4　南方地区各省（区、市）农业总产值占地区总产值的比重

(3)南方地区农业资源现状

1)耕地面积和复种指数

我国南方地区拥有耕地面积 5 182 万 hm^2，常年农作物播种面积 7 436 万 hm^2，平均复种指数为 1.44。长江中下游地区耕地面积为 2 395 万 hm^2（占南方地区耕地面积的 46.2%），农作物播种面积 3 878 万 hm^2，复种指数为 1.62；华南地区耕地面积 912.3 万 hm^2（占南方地区耕地面积的 17.6%），农作物播种面积 1 290 万 hm^2，复种指数为 1.41；西南地区耕地面积拥有量为 1 875 万 hm^2（占南方地区耕地面积的 36.2%），农作物播种面积 2 268 万 hm^2，复种指数 1.21，复种指数在各分区域中最低。

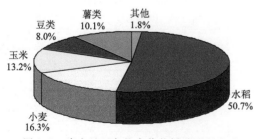

图 1.5　南方地区各粮食作物播种面积比重

2)粮食作物种植现状

南方地区粮食作物播种面积 4 765 万 hm^2，占到全国粮食作物总播种面积的 45.1%，主要粮食作物有水稻、小麦、玉米、豆类、薯类等，粮食作物播种面积约占到农作物总播种面积的 64%，其中谷物类（主要包括水稻、小麦和玉米等）最多，占到粮食作物总播种面积的 80.2%；其次是薯类，为 10.1%；第三是豆类，为 8.0%（图 1.5）。

　　水稻是南方地区第一大粮食作物,播种面积达 2 415 万 hm²,占到粮食作物总播种面积的一半以上,占全国水稻总播种面积的 83.5%;水稻播种面积有 60.3% 分布在长江中下游地区,华南、西南地区各约占 20%。小麦是南方地区第二大粮食作物,占全国小麦总面积的近 1/3;播种面积有 777 万 hm²,占到粮食作物总面积的 16%。小麦面积主要分布在长江中下游地区和西南地区,分别占 70% 和 30%,华南地区很少种植小麦。玉米是南方地区第三大粮食作物,种植面积有 627 万 hm²,占到粮食作物总面积的 13.2%,占全国玉米总面积的 1/5 强;玉米种植在西南地区最多,占 60% 以上,长江中下游地区、华南地区分别占 30% 和 10%。豆类作物面积有 379 万 hm²,占粮食作物总面积的 8.0%,其中一半以上种植在长江中下游地区。薯类作物面积有 481 万 hm²,占粮食作物总面积的 10.1%,其中西南地区种植最多,占 60% 以上(表 1.4)。

表 1.4　南方地区主要粮食农作物播种面积　　　　　　单位:万 hm²

地区		农作物	粮食作物	水稻	小麦	玉米	豆类	薯类
长江中下游地区	上海	39.1	16.9	10.0	3.8	0.4	0.9	0.1
	江苏	740.8	521.6	222.8	203.9	39.1	32.1	6.8
	浙江	246.3	122.0	95.4	4.9	2.4	12.4	3.9
	安徽	885.4	647.8	220.5	233.0	0.9	101.7	16.4
	江西	524.5	352.5	319.4	1.1	1.6	16.6	13.5
	湖北	703.0	398.1	197.9	109.6	43.6	20.3	21.9
	湖南	739.1	453.1	389.7	1.4	22.0	15.4	22.1
	小计	3 878.1	2 512.1	1 456.7	557.7	180.1	199.2	84.7
	占南方地区比例(%)	52	53	60	72	29	53	18
华南地区	福建	219.1	120.1	86.9	0.5	3.5	6.8	22.1
	广东	436.3	247.9	193.9	0.1	13.3	8.0	31.8
	广西	559.4	298.4	212.7	0.4	49.0	14.6	20.7
	海南	75.4	40.3	29.8	0.0	1.8	0.2	8.0
	小计	1 290.3	706.7	523.3	0.9	67.6	29.6	82.6
	占南方地区比例(%)	17	15	22	0	11	8	17
西南地区	重庆	313.5	219.6	65.2	20.0	45.4	19.3	68.0
	四川	927.8	645.0	203.6	131.7	133.1	48.2	110.5
	贵州	446.5	282.2	67.6	24.3	73.1	30.6	78.8
	云南	580.2	399.5	99.0	42.7	128.2	52.2	56.2
	小计	2 267.9	1 546.2	435.5	218.7	379.8	150.3	313.5
	占南方地区比例(%)	31	32	18	28	61	40	65
南方地区总计		7 436.3	4 764.9	2 415.4	777.3	627.4	379.1	480.8

　　从各省(区、市)种植情况看(表 1.4):水稻种植面积较大的省份有长江中下游地区的湘、赣、苏、皖、鄂,华南地区的两广地区,以及西南地区的四川等地。这 8 个省(区)水稻种植面积均在 200 万 hm² 左右或其以上,其中,湖南水稻种植面积最大,达 389.7 万 hm²,其次是江西省。小麦种植主要集中分布在长江中下游地区北部的皖、苏、鄂及西南地区的四川等地,这 4

个省的小麦种植面积均在 100 万 hm² 以上,总共占到南方地区小麦总种植面积的近 90%。其中,安徽省小麦种植面积最大,达 233 万 hm²,占南方地区小麦总种植面积的 30%;江苏省也占到南方地区的 26.2%;另外,西南地区云、贵、渝等 3 省(市)有少量小麦种植,其余的江南、华南等省(区)小麦种植面积不足 5 万 hm² 或几乎不种植小麦,占南方地区小麦总面积的不到 1%。玉米种植主要分布在西南地区的川、云、贵及安徽省等 4 省,此 4 省玉米种植面积占南方地区玉米总种植面积的比例都在 10% 以上。其中,四川省种植面积最大,达 133.1 万 hm²,占南方地区玉米总种植面积的 21.2%;其次云南省玉米种植面积也占到南方地区的 20.4%;其他广西、重庆、湖北和江苏 4 省(区、市)也有一定规模,都占 7% 左右,湖南、广东也有少量种植;其余各省份玉米面积都很小,均不到 1%。豆类种植面积以安徽省最大,达 101.7 万 hm²,占南方地区豆类总种植面积的 26.8%;云南、四川种植面积也较大,在 50 万 hm² 左右,占 13% 左右;江苏和贵州也有一定规模,在 30 万 hm² 以上;除上海、海南种植很少外,其他各省份都有少量种植。薯类种植主要分布在西南地区 4 省(市),种植面积都在 50 万 hm² 以上,其中四川省达 110.5 万 hm²,占南方地区薯类总种植面积的 23.0%;其余除上海、浙江两省(市)种植不多外,其他各省份都有一定的种植面积。

　　3)主要经济作物种植现状

　　南方地区经济作物种植面积为 2 788.5 万 hm²,占全国经济作物总种植面积的 55.4%。

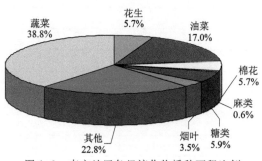

图 1.6　南方地区各经济作物播种面积比例

主要经济作物有油料(以花生、油菜为主)、棉花、麻类、糖料(以蔗糖为主)、烟叶(以烤烟为主)等,经济作物面积约占到南方地区农作物总面积的 37.5%。从经济作物种植结构看,除蔬菜种植面积最大外,其他经济作物以花生和油菜为主的油料作物最多,种植面积达 639.8 万 hm²,占到南方地区经济作物总种植面积的 22.7%;其次棉花和糖料作物占的比例也较大,分别占经济作物的 5.7% 和 5.9%;再就是烟叶、麻类作物也很重要(图 1.6)。

　　花生是南方地区重要的油料作物之一,种植面积为 152.1 万 hm²,占全国花生面积的 38.6%,花生在长江流域、华南、西南地区都有种植。油菜是南方地区种植面积最大的经济作物,达 453.2 万 hm²,占到全国油菜总面积的 80.3%,油菜主要种植在长江中下游地区,占南方地区油菜面积的 69.2%,西南地区占 30.2%,华南地区基本上很少种植油菜。棉花也是南方地区重要的经济作物,种植面积为 151.8 万 hm²,约占全国棉花总面积的 25.6%,主要分布在长江中下游地区,华南、西南地区基本上很少种植。南方地区麻类作物面积有 17.1 万 hm²,总面积不大,但占全国麻类作物面积的 64.9%。以甘蔗为主的糖料作物(99.9% 为甘蔗)种植面积达 158.2 万 hm²,占到全国糖料作物总面积的 87.8%(占全国甘蔗总面积的 99.7%),甘蔗主要种植在华南地区,西南地区也有一定规模,长江中下游地区种植面积很少。以烤烟为主的烟叶(91.2% 为烤烟)在南方地区也很重要,种植面积有 93.0 万 hm²,占全国烟叶面积的 79.9%,其中西南地区面积最大,占南方地区的 74.8%(表 1.5)。

　　南方地区蔬菜种植面积达 1 037.5 万 hm²,占全国总面积的 59.9%;茶园面积有 145.1 万 hm²,占全国的 89.9%;果园面积也有 546.0 万 hm²,占全国的 52.1%。蔬菜、茶园、果园一般在南方各地都有分布。

表 1.5 南方地区主要经济作物播种面积 单位:万 hm²

		油料	花生	油菜	棉花	麻类	糖类	烟叶	蔬菜	茶园	果园
长江中下游地区	上海	1.6	0.1	1.5	0.1	0.0	0.0	0.0	13.4	0.0	2.5
	江苏	54.1	9.6	43.4	32.7	0.1	0.1	0.0	104.2	2.9	17.5
	浙江	15.2	1.3	12.9	1.9	0.0	0.9	0.1	68.4	16.9	31.4
	安徽	86.4	17.3	62.0	37.6	1.5	0.5	1.0	73.3	13.6	10.1
	江西	60.4	15.2	40.2	8.2	0.8	1.1	1.6	50.1	4.4	33.0
	湖北	117.2	13.8	92.7	51.4	2.6	0.4	3.3	91.8	16.1	31.9
	湖南	69.4	7.4	61.0	17.2	5.6	1.3	7.8	98.4	8.6	48.1
	小计	404.2	64.6	313.7	149.1	10.6	4.3	13.8	499.5	62.5	175.4
	占南方地区比例(%)	63.2	42.5	69.2	98.2	62.0	2.7	14.9	48.1	43.1	32.1
华南地区	福建	10.2	9.1	1.0	0.1	0.0	0.9	6.3	63.6	17.0	53.6
	广东	31.1	30.3	0.6	0.0	0.1	14.8	2.0	106.5	3.7	101.9
	广西	15.3	13.6	1.1	0.0	0.6	101.2	1.4	93.6	4.7	88.4
	海南	3.3	3.0	0.0	0.0	0.0	6.3	0.0	17.5	0.1	17.2
	小计	59.8	56.0	2.7	0.3	0.7	123.2	9.7	281.2	25.5	261.1
	占南方地区比例(%)	9.3	36.8	0.6	0.2	4.1	77.9	10.4	27.1	17.6	47.8
西南地区	重庆	19.3	3.7	13.5	0.0	1.1	0.3	4.4	43.3	2.8	20.6
	四川	99.6	23.8	74.7	2.2	4.0	2.1	7.8	104.6	16.9	50.0
	贵州	43.3	2.5	40.0	0.1	0.1	1.7	19.3	52.8	7.2	12.5
	云南	13.6	1.6	8.4	0.0	0.6	26.6	38.1	56.2	30.3	26.5
	小计	175.8	31.6	136.7	2.3	5.8	30.6	69.5	256.8	57.1	109.6
	占南方地区比例(%)	27.5	20.8	30.2	1.5	33.9	19.3	74.8	24.8	39.4	20.1
南方地区总计		639.8	152.1	453.2	151.8	17.1	158.2	93.0	1 037.5	145.1	546.0
占全国的比例(%)		56.5	38.6	80.3	25.6	64.9	87.8	79.9	59.9	89.9	52.1

从各省份种植情况看:油料作物主要分布在长江中下游地区和西南地区。其中,长江中下游地区的鄂、皖、湘、赣、苏及西南的四川等地的油菜种植面积均在 50 万 hm² 以上;另外,贵州和广东种植面积也较大,均在 30 万 hm² 以上。油料作物主要以花生和油菜为主,其中花生种植面积较大的省份有长江中下游地区的苏、皖、鄂、赣,华南地区的两广地区,以及西南地区的四川省,种植面积均在 10 万 hm² 左右或其以上。其中,广东省花生种植面积达 30 万 hm²,约占南方地区的 20%;其次是四川省。油菜种植主要集中在长江中下游地区的鄂、皖、湘、苏、赣和西南地区的四川、贵州等省,这 7 省的油菜种植面积均在 40 万 hm² 以上,总共占到南方地区油菜面积的 90% 以上。其中,湖北省油菜种植面积最大,达 92.7 万 hm²,约占南方地区的 20%;浙江、重庆、云南等省油菜也有一定种植;其他华南地区油菜种植很少。棉花种植主要集中在长江中下游地区,苏、皖、鄂、湘等 4 省棉花面积占南方地区棉花总面积的 98.2%。其中,

湖北省棉花种植面积达 51.4 万 hm²,约占南方地区棉花总种植面积的 33.8%;江西、四川、浙江等地也有少量种植;西南地区和华南地区的其他地方则棉花种植面积很少。麻类作物种植面积不大,主要集中在湘、川、鄂、皖等 4 省,种植面积均在 1.5 万 hm² 以上,4 省麻类总种植面积占南方地区的 80% 以上。其中湖南省麻类作物种植面积最大,有 5.6 万 hm²,占南方地区麻类总种植面积的 32.7%;其余渝、云、赣等地也有一定种植。烟叶作物主要集中在西南地区的云、贵、川和长江中下游地区的湖南等地,种植面积都在 6 万 hm² 以上,这 4 省烟叶总面积占南方地区烟叶总面积的近 80%,其中云南烟叶面积达 38.1 万 hm²,占南方地区烟叶总种植面积的 40% 以上;其余省份,如福建、重庆、湖北等地也有一定种植规模,两广和皖、赣等地也有少量种植。

茶叶种植主要在长江中下游地区和西南地区居多,两地均占南方地区茶叶种植总面积的 25% 以上;主要产茶区在云南、四川、浙江、湖北、安徽、福建等省份,其中云南种植面积达 30.3 万 hm²,占南方地区茶叶种植总面积的 20.9%;另外,湖南、贵州茶叶种植也较多;除海南和上海外,其他省份也还有一定种植。果园面积分布也较分散,南方地区各地均有分布,种植面积较大的是粤、桂、闽等地的热带水果,以及川、湘等地的亚热带水果,种植面积都在 40 万 hm² 以上。

(4)农业生产条件现状

1)排灌溉条件

由表 1.6 可见,南方地区不仅河流密布,湖泊众多,而且水库数目也较多,共拥有 6.9 万座,总库容达 3 809 亿 m³,水库数占全国的 81%,库容占全国的 60%,其中湖南、江西、四川、湖北、云南等省份水库数量比较多。南方有效灌溉面积为 2 489.5 万 hm²,占全国的 56%;除涝面积为 883.4 万 hm²,占全国的 41%。总灌溉比(48%)与全国平均水平(36%)相比,高出全国平均水平 12 个百分点。从分区看,长江中下游地区灌溉比最高,为 65%。总体上看,南方地区灌溉条件稍好于全国平均水平,但灌溉水平仍较低,而且不容忽视的是,病险水库很多,许多灌溉设施老化,年久失修,平均渠系水利用系数低,如湖南省病险水库占水库总数的一半以上,15 处大型灌区中,干渠衬砌(水泥覆盖)率仅为 38%,支渠衬砌率为 16.6%,大型灌区尚且如此,中小型灌区情况更不容乐观。

表 1.6　南方水库容量和灌溉、排涝情况

项目	水库数(座)	总库容量(亿 m³)	灌溉面积(万 hm²)	除涝面积(万 hm²)	灌溉比(%)
长江中下游地区	36 869	2 404	1 550.8	760.5	65
华南地区	15 179	977	395.7	84.7	43
西南地区	16 935	428	543.0	38.1	29
南方地区	68 983	3 809	2 489.5	883.4	48
南方地区占全国比例(%)	81	60	56	41	—

2)农业现代化水平

从南方地区各省农用机械化程度看,整体上低于全国平均水平,且各地差异较明显。由表1.7 可见,南方地区农用汽车以长江中下游地区最多,华南地区最少,但都低于全国平均水平。

大中型拖拉机拥有量南方地区占全国的 36%,各地差异也较大;以长江中下游地区最多,但仍不足全国水平的一半;西南地区最少,不到全国的 20%。南方地区小型和手扶拖拉机拥有量约为全国平均水平的一半,以长江中下游地区最多,西南地区最少,且都远低于全国平均水平。南方地区机动脱粒机拥有量普遍较高,各地区均高于全国平均水平。胶轮大车拥有量也普遍低于全国平均水平,略高于全国水平的一半。南方地区农用水泵拥有量与全国基本持平,其中长江中下游地区拥有量略高于全国水平,西南和华南地区较低于全国平均水平。南方地区役力牲畜拥有量略低于全国平均水平,但西南地区明显高于全国平均水平,华南地区也略高于全国平均水平,仅长江中下游地区拥有量约为全国水平的一半。

南方地区乡村人均用电量整体高于全国平均水平,从区域上看,华南地区和长江中下游地区明显高于全国平均水平;但西南地区明显低于全国平均水平,不足全国平均水平的 30%。南方地区化肥用量普遍较高,除西南地区低于全国平均水平外,其他地区明显高于全国平均用量。

表 1.7　南方地区农用机械和电量、化肥用量情况

地区	汽车(辆/百户)	大中型拖拉机(台/百户)	小型和手扶拖拉机(台/百户)	机动脱粒机(台/百户)	胶轮大车(辆/百户)	农用水泵(台/百户)	役畜(头/百户)	产品畜(头/百户)	人均用电量(kW·h/人)	化肥用量(kg/hm²)
长江中下游地区	1.52	1.40	14.61	14.64	7.34	28.69	13.37	28.05	1 188	587
华南地区	1.08	0.78	8.90	16.40	3.55	17.28	31.68	26.02	1 324	660
西南地区	1.39	0.56	2.90	16.66	1.88	18.37	39.71	45.09	201	300
南方地区	1.39	1.02	9.90	15.61	4.92	23.24	25.07	32.79	914	496
全国	1.91	2.85	19.10	9.76	8.86	23.35	27.50	63.59	757	420
南方地区占全国比例(%)	73	36	52	160	55	100	91	52	121	118

1.2　南方季节性干旱发生现状及对农业生产的影响

1.2.1　南方地区干旱发生现状

(1)全国干旱背景和南方季节性干旱

干旱是指长时间降水偏少,造成空气干燥,土壤缺水,使农作物体内水分发生亏缺,影响正常生长发育而减产的一种农业气象灾害。据测算,每年因干旱造成的全球经济损失高达 60 亿~80 亿美元,远远超过了其他气象灾害的损失。受季风环流影响,我国是一个干旱灾害频繁发生的国家,影响范围广。我国平均每年干旱受灾面积占全国各类灾害受灾总面积的 56.6%,全国每年因旱灾损失占各种自然灾害损失的 15%,干旱灾害发生频次约占总灾害频次的 1/3,为各项灾害之首。

据不同时段统计,我国干旱发生和成灾面积都呈上升趋势:傅伯杰(1991)统计的 1951—

1989 年旱灾资料显示,全国平均每年受旱灾的农田面积达 2 093.3 万 hm²,占全国耕地面积的 21.9%,其中成灾面积 786.7 万 hm²,占全国耕地面积的 5.2%,20 世纪 50—80 年代,干旱受灾和成灾面积基本上呈现上升趋势。李茂松等(2003)研究统计了 1950—2000 年全国干旱情况,得到平均受灾面积约为 2.114×10⁶ 万 hm²,约占全国播种总面积的 14.9%,其中成灾面积约为 9.125×10⁵ 万 hm²,约占全国播种总面积的 6.3%。其中,20 世纪 50—90 年代中各年代全国平均受旱面积依次为 1.162×10⁶ 万,1.872 9×10⁶ 万,2.534 9×10⁶ 万,2.414 1×10⁶ 万,2.633×10⁶ 万 hm²,受旱成灾面积分别为 3.741×10⁵ 万,8.85×10⁵ 万,7.359×10⁵ 万,1.193 1×10⁶ 万,1.329 3×10⁶ 万 hm²。表明随着气候变化和社会经济的发展,旱灾对我国社会各方面的影响变得越来越严重。顾颖等(2010)统计了 1949—2007 年旱灾资料,我国平均每年干旱受灾面积达到 2 188 万 hm²,旱灾面积持续攀升;近年来南方地区轻旱年和中旱年发生概率增加,干旱发生的范围在不断地扩大,过去旱灾高发区域主要是北方地区,近些年来全国旱灾发生的范围已经扩大到南方湿润半湿润地区。从干旱受灾和成灾情况看,20 世纪 50 年代我国的平均受旱率和成灾率分别为 7.35% 和 2.36%,21 世纪,我国的平均受旱率和成灾率达到了 16.95% 和 10.05%,分别是 20 世纪 50 年代的 2.3 和 4.3 倍。从受旱率来看,从 20 世纪 70 年代开始就基本维持在 17% 左右,而成灾率则是随着时间的推移,呈现出增长的趋势。再从粮食减产率来看,新中国成立初期为 2.32%,21 世纪已经达到了 6.14%,粮食减产率是 20 世纪 50 年代的 2.6 倍。可见进入 21 世纪以来,干旱灾害严重程度增加,干旱灾害对我国粮食安全的威胁在不断增加。

南方地区气候湿润,由于降水季节分配不均,干旱也时有发生,干旱受灾面积占全国的 40% 左右,其中长江中下游地区受旱面积和成灾面积分别占全国的 24% 和 19%,西南地区占 10% 左右,华南地区占 5% 左右。从干旱发生的季节特点看,夏秋季节旱区主要在长江流域至南岭以北地区,秋冬季节则移至华南沿海,冬春季节再由华南扩大到西南地区,形成秦岭、淮河以南到南岭以北多夏旱(伏旱)和秋旱,华南南部干旱主要集中在冬春季和秋季,个别年份有秋冬春三季连旱,川西北多春旱。由于南方地区多山,如西南地区多喀斯特地貌,相当一部分农田为坡耕地,水分条件差,抗旱保墒能力差,是抗旱相对脆弱的地带,一旦干旱发生,容易成灾,旱灾成灾率高;东部和南部沿海地区是农业经济发达地区,农业产值高,同时具有旱灾危险性高的特点,受灾时损失更大(王静爱 等 2002)。

根据干旱灾害发生情况,长江中下游地区、华南地区、西南地区同北方的黄淮海地区、东北地区同列为我国五大干旱中心,南方地区主要体现为季节性干旱。①长江中下游地区 3—11 月均可出现干旱,主要集中在夏季和秋季,以 7—9 月出现干旱的机会最多,伏旱危害最大。②华南地区一年四季均可出现干旱,但由于华南地区雨季来得早,夏秋季常有台风降水,故干旱主要出现在秋末、冬季及前春。多数年份干旱时间为 3～4 个月,最长达 7～8 个月。③西南地区干旱范围较小,干旱一般从上一年的 10 月或 11 月开始,到下一年的 4 月或 5 月,个别年份的局部地区持续到 6 月份,但干旱主要出现在冬春季节。

(2)南方地区典型干旱灾害发生现状

曾早早等(2009)研究近 300 年的 3 次最严重旱灾,都或多或少与南方地区有关,其中乾隆后期的大旱灾使安徽、江苏北部、湖北北部受灾也很严重,后期其他南方地区也受到旱灾影响。李明志等(2003)研究近 600 年干旱时,列举了近 6 个世纪 33 次重大旱灾,有 18 次就发生在南方地区或与南方地区同时发生。谭徐明(2003)在研究近 500 年的特大干旱研究中,也发现南方地区也是重要的干旱区之一。

综合有关文献,近现代南方地区典型旱灾年列入表 1.8 和表 1.9。

表 1.8 近现代时期(1949 年以前)南方地区发生典型旱灾

序号	年份	影响地区和灾情	旱灾等级
1	1527—1529 年 (明嘉靖六年至八年)	淮海、长江、珠江等中上游部分地区发生特大旱灾,受灾区北起黄河流域的河套地区、南至珠江上游,地跨 10 个纬度	特大旱灾
2	1585—1587 年 (明万历十三年至十五年)	皖、鄂等及北方中原地区发生大旱灾。1586 年发生大蝗灾和大瘟疫	大旱灾
3	1588—1590 年 (明万历十六年至十八年)	江淮流域发生特大旱灾,并伴生有大范围的瘟疫和蝗灾,以浙、皖、赣、湘、鄂等省份最为严重	特大旱灾
4	1628—1641 年 (明崇祯元年至十四年)	涉及长江流域中下游的华中、华东等 16 个省份发生特大旱灾。这是近 500 年来持续时间最长、范围最广、灾情最重的一次旱灾。赤地千里,江河断流,泉井枯竭,禾苗干枯,颗粒无收,先是发生在华北、西北地区,1638 年向南扩大到皖、苏等省。其中 1640 年吴、浙、皖等省相继发生蝗灾与瘟疫,人畜死亡不计其数,特别是江苏的南通、丹阳、南京,浙江的建德、海宁,江西的瑞昌,湖北的武昌、蒲圻、黄冈、黄州、广济,安徽的巢县等地十村九虚,人烟几绝	罕见特大旱灾
5	1784—1786 年 (清乾隆四十九年至五十一年)	长江中下游地区及黄河中下游发生特大旱灾,其中鄂、皖、沪等省(市)灾情最重,浙北、湘、赣等省部分地区为一般干旱,1785 年苏北等地有蝗灾和瘟疫伴生,死者无数	特大旱灾
6	1813—1814 年 (清嘉庆十八年至十九年)	长江流域及其以北地区发生大旱灾,涉及南方地区湖北等省,1814 年灾情扩展到湘、皖、沪、浙、宁等南方地区,并在皖北和苏北地区发生瘟疫	大旱灾
7	1856—1857 年 (清咸丰六年至七年)	长江中下游及淮河流域发生大旱灾。从华北到长江中下游的江西和湖南北部共 13 个省份的广大地区发生旱灾,河塘干涸、田地龟裂、飞蝗蔽天,苏北沿海地区海水倒灌,瘟疫于汲,饿死、疫死者无数	特大旱灾
8	1874—1879 年 (清同治十三年至光绪五年)	开始是北方大旱灾,到 1876 年旱区范围扩大到黄淮海平原及长江上游和下游地区,灾情遍及北方和鄂、皖等 13 个省份,南方地区重旱区在苏北及皖北。此次连续大旱波及中国一半人口,估计灾民达到 2 亿人,死亡人口达 1 000 万,是近代因灾害死亡人数最多的一次	特大旱灾
9	1899—1901 年 (清光绪二十五年至二十七年)	开始是北方地区,1900 年旱灾扩展到长江以南的湖南、云南和贵州等地	大旱灾
10	1928—1929 年	长江中游地区及北方的黄河中上游发生特大旱灾,涉及南方地区的鄂、皖、浙等地	特大旱灾
11	1934—1936 年	江淮流域及华北大旱,灾情遍及沪、皖、浙、赣、鄂、川、黔等南方地区	特大旱灾

表 1.9　现代时期(1949—2010 年)南方地区发生典型旱灾

序号	年份	影响地区和灾情	旱灾等级
1	1951 年	全国受旱范围较广，但旱情较轻。南方鄂东南、湘、赣发生初夏旱和伏旱；川南、黔西和滇中、滇东北 1—4 月冬春少雨干旱	大旱灾
2	1959—1961 年	1959 年为全国重旱年，旱区分布在我国北方和南方。华东地区的鄂、湘、皖、苏南和赣北部分地区 7 月—8 月上旬夏旱，部分地区延至 9 月，出现伏旱和秋旱，以皖、鄂受旱最为严重。西南的川、黔旱，以四川最为严重，川东北先发生春夏旱，而后在 7 月初—8 月下旬在川东发生严重伏旱，而后在 7 月初—8 月下旬在川东发生严重伏旱。干旱持续 60 d，70 个县受旱，四川省粮食产量由 1958 年的 225 亿 kg 锐减为 158 亿 kg。 1960 年全国为极重旱年，南方以湖南省受旱最为严重。西南地区的滇、黔大部，川南，以及华南的闽、粤、桂、琼大部，在前一年冬旱后又持续出现比较严重的春旱，广东沿海、广西南部和海南持续到 4 月，云南和川南一直持续到 5 月。湘、赣大部和鄂、黔、川部分地区 7—8 月降水较常年偏少 3～5 成，夏旱比较严重，对中稻生长影响较大。华中地区夏秋连旱成灾，云南、贵州、四川冬春连旱，广东、海南旱情持续 7 个月。 1961 年 6 月中旬—8 月黔北、川东南、长江中下游部分地区重旱，7 月份鄂、湘、赣、皖、浙、沪、苏、川、黔等 9 省(市)受旱面积 620 万 hm²，其中水田约 333.3 万 hm²。3 年间全国 15 个省(市)受旱灾面积 36.6 万 km²	连续特大旱灾
3	1963 年	华南和西南地区发生旱灾，先是闽、湘、赣、桂、粤、滇、黔、川等省(区)冬春连旱，早稻受到严重影响，粤、桂、闽、滇等省(区)受旱面积共约 293.3 万 hm²，其中华南早稻因旱插不下秧的 37.3 万 hm²，然后是江南和华南地区伏秋干旱，粮食减产严重	大旱灾
4	1971 年	1971 年全国大部分地区少雨，出现旱情的范围较广，灾情相对较轻。湖北东南部、湖南中部和北部、江西中西部、浙江和福建大部春夏持续少雨，大小水库蓄水量少，春旱、伏旱比较严重。四川东部和贵州西北部伏旱亦比较严重	旱灾
5	1972 年	1972 年是全国干旱灾害比较严重的一年。北方地区发生特大旱灾的同时，南方诸省旱灾也很重，1972 年南方地区虽接近正常年降水，但降水年内分配严重不均，福建、两广大部和湖南南部、江西南部、四川盆地春季降水量比常年同期偏少 3～6 成，出现春旱，入夏后又持续少雨，比常年同期偏少 2～5 成，出现伏旱，稻田出现大面积脱水、龟裂现象，有的水稻及旱作物被旱死。6—7 月湖北、湖南、广西、贵州、四川、江西、浙江等省出现夏旱，受旱农田 467 万 hm²，给农业生产造成重大损失。1972 年是我国近代旱灾最严重的一年，黄河从此开始断流并持续了 20 多年	大旱灾
6	1978 年	全国发生特大旱灾，是 1949 年以来最为严重的干旱年之一。该年重旱区主要分布在长江中下游和淮河流域。长江中下游地区，3 月出现旱情，4 月各地降水比常年偏少 3～8 成，5 月接近正常，6—10 月降水持续偏少，作物关键生长期 7—8 月降水偏少 4～6 成；淮河流域 3 月份降水比同期偏少 2～4 成，4 月偏少 7～9 成，6 月偏少 3～6 成，7—9 月偏少 5～6 成，春夏秋三季连旱。干旱受灾农田面积达 26 670 hm² 以上，年受旱率大于 20% 的有苏、皖、湘、鄂、川等省份，其中苏、皖、川、鄂 4 省受旱率超过 30%。长江中下游地区的伏旱尤为突出，其中江西、湖南、湖北 3 省有 200 多万人口饮水困难	特大旱灾
7	1985 年	全国为一般干旱年，干旱区在南方的湖南和贵州。长江流域大范围伏旱，湖南省春夏连旱，湘西南地区春夏秋三季连旱，早稻减产，全省受旱面积 152.5 万 hm²，成灾面积 79.9 万 hm²，是该省近 40 年来受灾最严重的一年。贵州大范围伏旱，持续时间长，影响大，秋收作物生产受到严重影响。安徽、江西、湖北、四川等省伏旱也给农业生产造成了比较严重的危害	大旱灾

序号	年份	影响地区和灾情	旱灾等级
8	1986年	我国南方和北方发生大旱灾。南方鄂、湘两省发生较重的春夏旱，浙、赣、闽出现夏秋旱，江西7—10月降水不到常年的一半，湘南、桂东北和粤北秋旱比较严重。南方受旱农田 1 333 万 hm²	大旱灾
9	1988年	全国大范围发生旱灾，鄂、湘、苏、皖等为重旱省，江淮流域和西南地区伏秋旱。长江中下游水位比常年偏低，7月25日宜昌以下长江水位比大旱的 1978 年同期还低；珠江支流西江水量比常年偏少5成。南方受旱农田达 1 467 万 hm²，据苏、皖、鄂、湘、桂、川、黔、琼等省(区)统计，因旱饮水困难人数达 3 463 万人	特大旱灾
10	1990年	全国大旱，先是北方春夏旱，继之南方伏秋旱，南方伏旱范围较广，部分地区伏秋连旱，旱情严重。南方地区出梅早，7月初出现大范围持续少雨高温天气，8月初因降水部分地区旱情有所缓和，而后又出现持续少雨高温天气，皖、赣、鄂、湘、粤、桂、川、滇、黔等省发生大面积干旱，以湘、鄂、桂和川东地区伏秋连旱最为严重。湖南7—9月平均降水量 183.6 mm，比历年同期偏少 41.7%；湖北伏秋连旱 60 d 以上，大部分地区降水量比常年同期少5~7成，川东等地受旱较重，人畜饮水发生困难；广西8—10月上旬伏秋连旱，江河流量、水位低于或接近有记录以来同期最低值，给抗旱灌溉用水增加了困难。南方地区干旱面积为 1 068 万 hm²	大旱灾
11	1992年	江南、华南发生重旱，湖南、江西、广西等省(区)秋旱严重，湖南冬种作物面积比上年减少 667 万 hm²，已播的缺苗、死苗严重。广西农作物受旱约 667 万 hm²。江西省到 11 月 4 日，还有 27.74 万 hm² 油菜因旱不能播种，已播的死苗严重	大旱灾
12	1994年	江淮及四川盆地发生严重伏旱，其中，安徽、江苏两省的伏旱是新中国成立以来最重的。江苏受旱农田 295 万 hm²，其中成灾 135 万 hm²，绝收 26 万 hm²。安徽受旱农田 297 万 hm²，其中成灾 239 万 hm²，绝收 44 万 hm²，秋粮历旱损失 30 亿 kg。湖北受旱农田 133 万 hm²	大旱灾
13	1998年	江南和华南部分地区发生重旱。湖南受旱面积 78 万 hm²。江西受旱面积 15 万 hm²，其中成灾 7.8 万 hm²，绝收 1 万 hm²。广西晚稻受旱面积 10 万 hm²，土地干裂 0.5 万 hm²。广东受旱面积 14 万 hm²	大旱灾
14	2000年	北方大范围春夏连旱。长江以北大部地区降水比常年同期明显偏少，南方地区主要是安徽、湖北等地	中度旱灾
15	2003年	江南和华南、西南部分地区发生严重伏秋连旱，其中湖南、江西、浙江、福建、广东等省部分地区发生了伏秋冬连旱，旱情严重。华南部分地区发生了秋冬春连旱，对工农业及生活用水等影响很大	特大旱灾
16	2004—2005年	2004年华南和长江中下游地区大范围严重秋旱。2004年入秋以后，南方大部降水持续偏少，9—10月广东、广西、海南、湖南、江西、安徽、江苏7省(区)平均降水量仅有 98 mm，为1951年以来历史同期最小值。11月初，旱区扩展至几乎整个长江中下游和华南地区，其中广西、广东大部、海南、福建西南部、湖南南部、湖北东部、江西大部、苏皖中南部、浙江北部等地达到重旱标准，部分地区达到特重旱标准，农作物受旱面积达 510 多万 hm²，900 多万人饮水困难，直接经济损失达 60 多亿元。 2005年华南南部、云南出现严重秋冬春连旱，云南发生近50年来少见的严重初春旱	特大旱灾

序号	年份	影响地区和灾情	旱灾等级
17	2006 年	四川、重庆发生百年一遇特大干旱,造成四川 206.7 万 hm² 农作物受旱,31.1 万 hm² 绝收受灾,50%人口出现了临时饮水困难。重庆 33.3 万 hm² 农田绝收,造成了 69.7 亿元的巨大损失,815 万人饮水困难	特大旱灾
18	2009—2010 年	2009 年秋季以来,我国西南地区降雨少、来水少、蓄水少、气温高、蒸发大、墒情差,致使广西、重庆、四川、贵州、云南等 5 省(区、市)遭受严重旱灾,导致西南 5 省(区、市)5 000 多万人受灾,1 609 万人饮水困难,农作物受灾面积 434.8 万 hm²,其中绝收面积 94 万 hm²,因灾直接经济损失 190.2 亿元	特大旱灾

1.2.2　季节性干旱对农业生产的影响

南方地区是我国重要的粮棉生产和淡水养殖基地。由于该区降水变率大,季节性分布不均,干旱频繁发生。在气候变暖的背景下,极端天气气候事件发生更趋频繁,干旱等气象灾害问题将更加突出。近 10 年来随着极端天气气候事件的频繁出现,农业干旱的发生频率和强度也明显增加,2003 和 2004 年江南、华南遭受严重干旱,2006 年川渝地区出现百年大旱,均对农业生产造成严重影响,使粮食作物大幅度减产,从而对国家粮食安全构成威胁。

南方地区最近 10 年(1998—2007 年)平均干旱受灾面积在 546.4 万(2002 年)~1 290.8 万 hm²(2001 年)之间变化,平均受灾面积为 828.7 万 hm²;占全国受灾面积的比例在 24.2% (2007 年)~46.5%(1998 年)之间,平均为 32.6%,接近全国的 1/3(图 1.7、表 1.10)。

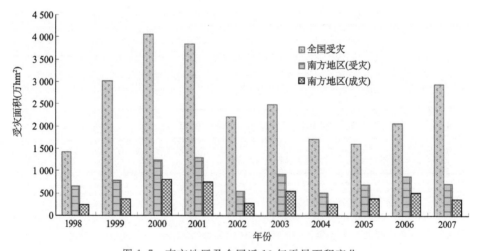

图 1.7　南方地区及全国近 10 年干旱面积变化

从成灾面积看,南方地区最近 10 年干旱成灾面积在 242.4 万(1998 年)~806.0 万 hm² (2000 年)之间变化,平均成灾面积为 451.6 万 hm²;成灾面积占全国的 20.9%(2002 年)~ 47.9%(1998 年),平均占 30.8%(图 1.7、表 1.10)。多年成灾率为 36.6%~59.0%,平均为 54.5%,略低于全国同期的 3%。

据中国气象局统计的最近 46 年(1961—2006 年)干旱发生范围(占国土面积比例)的变化看:长江中下游地区年干旱面积百分比在 9.9%(2002 年)~55.0%(1978 年)之间变化,平均为 24.5%;华南地区年干旱面积百分比在 2.5%(1997 年)~53.1%(1963 年)之间变化,平均为 22.9%;西南地区年干旱面积百分比在 11.5%(1968 年)~35.5%(1969 年)之间变化,平均为 23.7%(中国气象局 2007)。总体看,南方地区干旱面积比例并不比全国平均值和北方地区低。

表 1.10　南方地区及各分区域干旱受灾面积、成灾面积　　　　单位:万 hm²

年份	1998	1999	2000	2001	2002	2003	2004	2005	2006	2007	平均
受灾面积											
长江中下游地区	303.0	395.5	894.9	706.4	140.9	466.9	199.0	273.3	251.1	327.4	395.8
华南地区	91.4	175.6	117.6	18.4	173.6	189.1	229.8	134.4	83.9	133.7	134.8
西南地区	267.2	221.0	232.9	566.0	231.9	277.1	90.6	295.9	548.6	250.2	298.1
南方地区	661.6	792.1	1 245.4	1 290.8	546.4	933.1	519.4	703.6	883.6	711.3	828.7
占全国的比例(%)	46.5	26.3	30.7	33.6	24.6	37.5	30.1	43.9	42.6	24.2	32.6
成灾面积											
长江中下游地区	85.5	187.8	617.3	467.9	75.3	309.9	100.5	144.5	143.5	183.8	231.6
华南地区	37.7	65.4	66.1	10.0	89.3	94.7	113.6	79.8	36.2	62.8	65.6
西南地区	119.2	110.7	122.6	280.1	112.8	145.7	45.9	154.6	340.8	111.6	154.4
南方地区	242.4	363.9	806.0	758.0	277.4	550.3	260.0	378.9	520.5	358.2	451.6
占全国的比例(%)	47.9	21.9	30.1	32.0	20.9	38.0	30.7	44.7	38.8	22.2	30.8

从近 10 年南方地区各分区域看(图 1.8),从多年平均情况看长江中下游地区干旱面积最大,受灾面积占南方地区的 47.8%,成灾面积更占南方地区的一半以上;其次是西南地区,受灾面积和成灾面积都占南方地区的 1/3 以上;华南地区干旱受灾和成灾面积都较少,均约占南方地区的 15% 左右。但不同年份干旱发生的情况略有不同(表 1.10);如 2002,2005 和 2006 年西南地区干旱受灾面积就高于长江中下游地区,占南方地区受灾面积的比例也较高,其中 2006 年西南地区的干旱受灾面积占南方地区的比例高达 62%;又如 2004 年华南地区干旱受灾面积远高于其他地区,占南方地区的比例在 44% 以上。

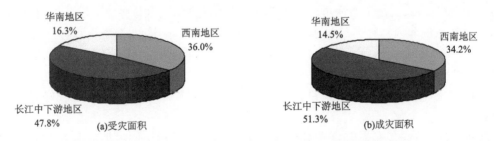

图 1.8　南方地区各分区域受灾面积和成灾面积占南方地区的比例

从各省(区、市)旱灾发生情况(图 1.9)看:四川、湖北和安徽 3 省干旱受灾面积最大,近 10 年平均受灾面积达 100 万 hm² 以上;其次湖南、云南、广西和重庆干旱受灾面积也较大,平均在 60 万 hm² 以上。从受灾率(受灾面积与播种面积之比)看,重庆、广东、广西、海南等华南和西南地区的省份受灾率高。

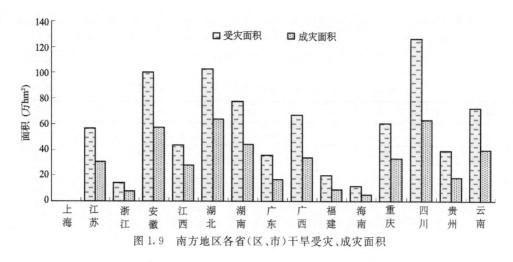

图 1.9　南方地区各省(区、市)干旱受灾、成灾面积

20 世纪 80 年代以前,我国旱灾高发区域主要集中在干旱缺水的北方地区,尤其是西北地区。近几年,北方旱区旱情不断加重,面积不断扩大,呈现干旱常态化;而南方和东部多雨地区的季节性干旱也在扩展和加重,受灾面积逐步增加(张玉玲 2009)。

1.3　干旱研究现状和进展

1.3.1　干旱基本概念

干旱是指长时间降水偏少,造成空气干燥,土壤缺水,使农作物体内水分发生亏缺,影响正常生长发育而减产的一种农业气象灾害(张养才 等 1991)。干旱的形成原因复杂,影响因素包括气象、水文、地质、地貌、人类活动等。对干旱的定义因研究目的而异,世界气象组织定义干旱为"在较大范围内相对长期平均水平而言降水减少,从而导致自然生态系统和雨养农业生产力下降"。美国气象学会(1997)在总结各种干旱定义的基础上将干旱分为气象干旱、农业干旱、水文干旱和社会经济干旱等 4 种类型(Karl 1983):气象干旱指由降水和蒸发不平衡所造成的水分短缺现象;农业干旱指以土壤含水量和植物生长形态为特征,反映土壤含水量低于植物需水量的程度;水文干旱指河川径流低于其正常值或含水层水位降落的现象;社会经济干旱是指在自然系统和人类社会经济系统中,由于水分短缺影响生产、消费等社会经济活动的现象。气象干旱、农业干旱、水文干旱和社会经济干旱之间既有联系又有不同。长期的气象干旱可形成农业和水文干旱,而长期的农业干旱又可导致社会经济干旱。对不同类型的干旱进行成因分析,并结合不同的区域背景和不同的时间尺度制定相应的干旱指标,能较好地描述干旱的特征。

客观地确定干旱事件首先需要对干旱进行定义,而要进行不同时期和地区干旱事件的比较则必须通过制定干旱指标来将"干旱"数字化。根据各部门的需求不同,干旱指标大致分为四类:以降水指标划分为主的气象干旱类;以土壤水分和作物指标划分为主的农业干旱类;以地表径流和地下水指标划分为主的水文干旱类;以供水和人类需水指标划分为主的社会经济干旱类。在干旱研究应用中,气象干旱指标和农业干旱指标是较为成熟的干旱指标,本书主要以气象干旱指标和农业干旱指标开展分析研究。

1.3.2　气象干旱指标研究进展

降水量小于正常降水量称为"气象干旱",即某时段内由于蒸发量和降水量的收支不平衡,水分支出大于水分收入而造成的水分短缺现象。气象干旱的实质是缺水,与气象干旱最密切的要素是降水,降水是影响干旱的主要因素之一。降水量的多少基本反映了天气的干湿状况,加之降水量指标具有简便、直观、资料准确丰富的特点,在干旱分析评价和干旱研究中应用较多。

气象干旱指标通常有 3 类:①降水量指标:一般把某时段内降水量视为正态分布;②标准化降水量指标:考虑降水量分布不是完全的正态分布,而是偏态分布,对降水量进行正态化处理;③降水结合多因素指标:一般考虑气温、蒸发量等其他气象要素与降水量复合指标。

(1)降水量指标

降水量指标一般多采用降水量距平百分率等,也有用降水量大小指标、降水距平指标和均方差指标。虽然其指标形式表达多样,但其实质都是以某时段(年、季、月或作物某一生长阶段)的降水量(观测值或预报值)与该地区该时段内的多年平均降水量相比较而确定其干旱标准。降水量指标应用较广泛,在气象业务中最常用的有 3 类:降水量距平百分率、降水标准差指标及降水量和降水日数复合指标。

(2)标准化降水量指标

由于降水量的分布一般不是正态分布,而是一种偏态分布,所以在进行降水分析、干旱监测和评估中,采用 Γ 分布概率来描述降水量的变化。标准化降水量指标就是在计算出某时段内降水量的 Γ 分布概率后,再进行正态标准化处理,最终用标准化降水累积频率分布来划分干旱等级。

标准化降水量指标目前应用较多的是 Z 指数和标准化降水指数(SPI),这两个指标在气象业务中应用得较多(王明珠 1997,张强 等 1998,袁文平 等 2004,袁晓燕 等 2007)。在各区域分级稍有不同。据黄道友等(2004)和王志伟等(2005)的研究,我国北方地区和南方地区 Z 指数的界限值及对应的干旱指标分级是不同的。张存杰等(1998)在研究西北地区干旱时用的分级指标,与樊高峰等(2006)在浙江干旱监测中用的不同分级指标。由于降水量不完全满足正态分布,而正态化的 Z 指数或 SPI 则刚好解决了这个难题,这对于干旱半干旱地区而言是比较理想的,但是对于某些地区来说,该指标等级过多,不利于区分干旱轻重。

(3)降水结合多因素指标

目前降水结合其他气象因素指标也较多,最常用的有降水与温度相结合的降水温度均一化指标、相对湿润度指标等。降水温度均一化指标(I_s)实际上就是降水标准化变量与温度标准化变量之差。I_s 指标是降水、气温服从正态分布的标准化变量,消除了时空尺度变量的离散程度差异,并且 I_s 考虑了气温对干旱发生的影响,一般在其他条件相同时,高温有利于地面蒸发,反之则不利于蒸发,因此当降水减少时,高温将加剧干旱的发展或导致异常干旱,反之将抑制干旱的发生与发展。这从气温对干旱的影响的物理机制上讲是完全正确的,但气温对干旱的影响程度是随地区和时间不同的,因此,在运用 I_s 指标时,应对温度影响项加适当权重(吴洪宝 2000)。

相对湿润度指数是表征某时段降水量与蒸发量之间平衡状况的指标之一。该指标反映了降水供给的水量与最大水分需要量的关系。但是利用相对湿润度指数划分干旱等级,在不同地区和不同时间尺度有较大差别。

其他气象干旱指标还有土壤相对湿度干旱指数、帕默尔干旱指数、综合干旱指标等指标，由于涉及的要素多，应用起来较复杂，在此不一一介绍。

总之，以上气象干旱指标都各有特色，考虑的因素主要是降水量和气温。单因素指标机理简单，计算方便；多因素指标涉及的参数多，考虑面广，更符合实际情况，但计算复杂且有些资料不易获得。气象干旱指标主要从天气状况出发，抓住了干旱形成的主要因子，围绕干旱形成过程中降水和蒸发的多少或温度的高低来定量地表达干旱，大范围监测干旱及不同地区旱情时具有可比性等。但由于气象干旱指标没有考虑下垫面的水分需求状况，不能准确表达干旱造成的影响（李星敏 等 2007）。

1.3.3　农业干旱指标研究进展

由于农业生产过程是自然再生产和经济再生产的统一过程，农业对气候的依赖性很强，因此，干旱对农业的影响相当显著。农业干旱是指农作物不能从土壤或空气中获得供生长发育的足够的水分，造成其生长发育不良甚至死亡，导致农业减产或农产品质量下降的一种灾害现象（张叶 等 2006）。农业干旱主要是由大气干旱或土壤干旱导致作物生理干旱而引发的，它涉及土壤、作物、大气和人类对资源利用等多方面综合因素，不仅是一种物理过程，而且也与作物本身的生物过程等有关。农业干旱不仅存在于我国的干旱和半干旱地区，在湿润和半湿润地区也广泛存在。

根据农业干旱的内涵，干旱的实质是缺水，因此干旱指标涉及的因素主要包括降水及与作物需水、供水相关的因子。根据国内外研究进展，农业干旱指标主要有降水单因子指标、土壤含水量指标、作物旱情指标、作物供需水指标和综合干旱指标等五大类。

（1）降水单因子指标

降水是农田水分的主要来源，是影响农业干旱的主要因素之一。在地下水水位较深而又无灌溉条件的旱地农业区，降水是农田土壤水分的唯一来源。干旱地区的降水明显影响甚至支配着农作物的布局及其产量的高低和稳定性。实际应用的主要有降水量距平百分率、无雨日数等指标。

降水量距平百分率计算方法与气象干旱指标中的降水量距平百分率类似，只是应用时各有不同。如考虑到各季节降水的不同，在降水量距平百分率计算中增加季节调节系数，更好地反映出农业干旱的发展趋势。但由于降水量距平百分率指标没有考虑降水量的分布特征，在确定不同地区不同时间尺度的旱涝时，没有统一的标准，因此，该指标不适用于不同时空尺度的旱涝等级对比分析（冯平 等 2002）。在应用不同季节和不同地区的指标时，也需要订正。杨青等（1994）通过当月和上一个月的干旱降水距平建立了干旱指数，并考虑不同时间尺度的干旱持续效应，应用在干旱地区，效果不错。

无雨日数指标主要有连续无有效降水日数、持续少雨（无雨）日数和连续无降水日数等。连续无有效降水日数是表征农田水分补给状况的重要指标之一，适用范围为尚未建立墒情监测点的雨养农业区。李艳兰等（1998）试用连续数日持续少雨或无雨作为农业干旱的指标，各季节的干旱雨量标准为：旱作春旱——连续≥20 d 平均日雨量≤1 mm，且每日雨量＜15 mm；水稻春旱——连续 30 d 总雨量≤130 mm，且每日雨量＜50 mm；夏旱——连续≥20 d 平均日雨量≤2 mm，且每日雨量＜25 mm；秋旱——连续≥20 d 平均日雨量≤2 mm，且每日雨量＜

15 mm。梁巧倩等(2001)采用下次降水平均等待时间(AWTP)作为干旱指标。湖南省采取连续无降水日数应用在水稻等作物生长季的干旱监测中,取得了较好的效果,并形成地方标准(DB 43/T 234—2004)。

(2)土壤含水量指标

土壤含水量通常用土壤相对湿度表示,土壤相对湿度干旱指数是表征土壤干旱的指标之一,能直接反映作物可利用水分的状况。土壤相对湿度是指土壤含水量占田间持水量的百分比。一般用土壤相对湿度作为干旱指标时,干旱程度界定为:当土壤相对含水率小于 40% 时,作物受旱严重;当土壤相对含水率为 40%～60% 时,作物呈现旱象;当土壤相对含水率在 60%～80% 之间时,为作物生长的适宜土壤水分含量;当土壤相对含水率大于 80% 时,则表明土壤水分过多。其具体数值随作物类别、品种及生长阶段而变化,并可根据当地土壤质地的具体状况,对等级划分范围做适当调整。土壤含水量指标是目前研究比较成熟,且能较好地反映作物旱情状况的可行指标(姚玉璧 等 2007)。

(3)作物旱情指标

作物旱情指标是目前国内外普遍认可的直接反映作物水分供应状况的最灵敏的指标,可以分为作物形态指标、作物生理指标和作物减产率三大类。作物形态指标是定性地利用作物长势、长相来进行作物缺水诊断的指标。作物生理指标是包括利用叶水势、气孔导度、产量、冠层温度等建立的指标(袁国富 等 2001)。特别是温度差指标可利用每日 13:00—15:00 的作物冠层温度与气温的温差作为干旱指标。这是遥感监测干旱的基础,在气象业务中应用得比较广泛(魏瑞江 等 2000)。作物减产率指标也是间接的作物旱情指标,农作物和牧草减产率是表征农作物和牧草受干旱影响程度的定量指标,适用于各类农区和牧区。在农业部门和民政部门,常用作物的受灾面积、成灾面积评估灾情的严重程度。

(4)作物供需水指标

主要用于作物需水和供水方面乃至整个土壤-作物-大气连续体系统(SPAC)的水分平衡。这方面指标形式也多种多样,主要考虑降水、作物需水(蒸散)、灌溉、径流等因素。亢来福等(1995)利用农业需水量评价我国的干旱状况,取得了较好结果;王密侠等(1996)提出了修订的作物供需水比例指标,并应用于陕西省作物旱情预报系统中。其中最有代表性的是作物水分亏缺指数。作物水分亏缺指数是表征作物水分亏缺程度的指标之一,当作物水分在一定持续时间内得不到满足时就会形成农业干旱,但由于不同季节、不同气候区域及作物种类不同,蒸散差别较大,因此作物水分亏缺指数无法统一表达各区域水分亏缺程度,需要在应用时对标准进行修正。黄晚华等(2009)利用修正过的作物水分亏缺指数应用到湖南春玉米干旱分析中,取得了与实际情况较一致的结果。

(5)综合干旱指标

农业干旱的发生同时受气象、水文、土壤、作物、农业布局、农耕措施及水利设施等多种因素的综合影响,利用单因素旱情指标,如降水量指标、土壤含水量指标及作物生理指标等,虽然都可在一定程度上大致反映出农业干旱发生的趋势,但却忽视了干旱对作物光合作用、干物质积累以及籽粒产量的影响。综合干旱指标考虑各种干旱因素和各种干旱指标,进行了合理加权综合。

比较常用的三种综合类指标是:

1)供需水关系指标

供需水关系指标是以作物生长期内的需水量与可供水量的对比关系为基本依据,如 1961 年北方 7 省 1 市提出的旱涝指数指标(关兆涌 等 1986)。

2)Palmer 干旱指标

Palmer 认为,干旱指标不仅要考虑降水量,而且要考虑其他水文气象因素对干旱形成的作用。1965 年 Palmer 提出了综合考虑降水、潜在蒸散、前期土壤湿度和径流的指标,即 Palmer Severity Drought Index(简称 PSDI),是一个被广泛用于旱情评估的指标(Richard 等 2002)。安顺清等(1985)和余晓珍(1996)等经过修正 Palmer 公式,提出了适合我国气候特征的干旱指标。

3)多指标综合干旱指数

根据各地气象和土壤水分观测状况,以降水量距平和连续无有效降水日数、土壤相对湿度或水田断水天数与作物水分亏缺指数组合而成的一种综合指数。如降水综合农业干旱指数,本指标适用于只有降水观测的旱作农业区的农业干旱评估。

1.3.4 干旱指标体系研究进展

为了较全面地对干旱发生、发展及影响进行监测和评价,通常单一指标不能完全反映干旱的实际情况和发生特点,因而需要采用一系列干旱指标,由此组成干旱指标体系。以前对干旱指标体系研究较少,近年来,随着干旱指标研究的深入,许多干旱专家和学者在干旱指标体系方面做了不少探索性的工作。

如刘濂等(1997)在河北的农业灾害风险研究中,对涝灾、风灾、雹灾、干热风等灾害的分级进行初步探讨,组成农业灾害指标体系进行农业灾害风险评估。2001 年,中国农业大学郑大玮等专家也初步提出了包括降水、蓄水、地下水、土壤含水量、蒸发等要素在内的北京市分区域干旱指标体系,并应用在《北京市抗旱预案》编制中。徐向阳等(2001)引入帕尔默旱度模式的原理,依据农作物的缺水率等建立了模拟农业干旱的数学模型,用来评估徐州市农业旱情,同时也对农业干旱评估指标体系做了探讨。成福云(2003)在分析发生干旱的单个因素指标基础上,采取模糊数学的方法将单个因素综合考虑,建立了干旱评价指标体系,并应用在关中灌区的抗旱措施研究中。刘永忠等(2005)在分析降水量、土壤含水量、作物缺水、旱涝指数、作物旱情和作物形态、叶水势、气孔开闭度、伤流量、细胞汁液浓度等组成的作物干旱指标体系的研究进展基础上,讨论了作物干旱指标体系在农业生产中的适用性、实用性与应用。陈斌(2005)对 12 种评定干旱指标进行分析,从气象干旱、农业气象、水文干旱和社会经济干旱等四方面阐述了福建省干旱指标体系。周飞(2005)依据科学性、适用性和实用性要求,用旱情模糊综合评价模型,由水库蓄水量距平百分比、地下水埋深、土壤含水量和降水量距平百分率组成区域干旱的评价指标体系,应用于山东省抗旱预案研究中。李炳辉等(2007)选定降水量距平百分率、连续无有效降水日数、蒸发与降水比、河道来水量距平百分率、水库蓄水距平百分率、农作物受旱率和土壤含水量等指标确定旱情定量评估指标体系,对湖南省旱情进行评价研究。贾慧聪等(2009)在对北方地区 2009 年初发生的严重春旱实地调查基础上,对地带性、地貌、水库等孕灾环境指标和田间管理水平等灾害适应指标,来构建冬小麦旱灾风险的综合评价指标体系,进行了思考和探索。其他指标体系方面也有不少研究,如陈敏玲等(2009)、杨丽英等(2009)对水资源利用指标体系进行了研究和应用。

总之,前人对干旱指标体系研究多集中在省级范围,主要用于旱情评价和灾情评估,而在干旱特征分析研究中应用很少,针对大区域的干旱指标体系研究中更是鲜有报道。

1.3.5　作物需水应用研究进展

作物需水包括植物同化进程水、植物体内的水、植物蒸腾和土壤蒸发及植株表面蒸发(张永勤 等 2001),其中同化进程水、植物体内的水和植株表面蒸发耗水仅占作物需水总量的 1%左右,因此,一般所说的作物需水近似为植物蒸腾和土壤蒸发之和。

作物需水量指生长在大面积上的无病虫害作物,在土壤水分和肥力适宜时,在给定的生长环境中能取得高产潜力的条件下,为满足植株蒸腾、棵间蒸发、组成植株体的水量之和。作物需水量由多种因子共同决定,作物种类、品种和生长阶段是内因,太阳辐射、气温、相对湿度、风速等气候条件是外因,同时农业技术措施对作物需水也有一定影响(张和喜 等 2006)。多年来众多学者对作物需水量的研究大多集中在田间,如经验公式法、水量平衡法、微气象学法、空气动力学法等都取得了较大的进展(刘丙军 等 2007)。

1.3.6　灾害风险评估和干旱分区研究进展

(1)灾害风险评估研究进展

西方学者在 19 世纪末提出风险的概念,并应用于经济学领域。风险是指从事某项活动结果的不确定性,这种结果包括损失、盈利、无损失也无盈利 3 种情况(Paul 等 2001)。风险评估最早出现在 20 世纪 30 年代末。1938 年,美国开展了联邦食品、药物与化妆品行动,可认为是最早的风险评估事件。到 20 世纪 40—50 年代概率论在原子能、航空领域中得到发展与应用(失败模式、事故树分析),使风险评估在理论上得到了迅速发展。20 世纪中期,风险研究被逐渐引入了自然灾害的研究领域(任鲁川 1999)。国内自然灾害研究中,通常认为灾害风险指的是灾害活动及其对人类生命财产破坏的可能性(国家科委国家纪委国家经贸委自然灾害综合研究组 1998)。风险分析作为一门学科,兴起于 20 世纪 60 年代,近二三十年来得到了迅速发展,并已广泛应用于生物、医学、技术应用、环境和工程等方面。20 世纪 90 年代末黄崇福等(1999)提出了比较系统的自然灾害风险概念,即区域内自然致灾因子发生时间、空间、强度的可能性,对人类社会系统各种破坏的可能性,以及各种相应损失的可能性。

自然灾害风险分析是多学科交叉的边缘科学,它以灾害模型、抗灾性模型、成灾体密度模型和灾害损失模型为基础。在国内,风险分析评估最初在经济领域应用较多,而自然灾害风险分析起步较晚。一个主要原因是灾害损失的指标及定量计算是一个较复杂的问题,很难有统一的标准。近十几年来,自然灾害风险评估发展很快。20 世纪 90 年代初以来,赵阿兴等(1993)以伤亡人数和财产损失划分灾害等级,在地质灾害风险评估方面总结了许多好的方法;黄崇福等(1994)从数学分析方法和保险研究方面建立了较好的风险评估模型;孙荣强(1994)从水文角度探讨了干旱指标;李世奎等(1997)在农业生态地区法的基础上建立了具体的适应性较广的风险分析模型,并以此模型分析计算了华南 4 种果树的主要农业气象灾害的风险度,并在农业气象灾害风险评估方面做了许多开创性的研究。

我国现阶段对农业气象灾害的风险评估,主要为对北方地区冬小麦干旱(霍治国 等 2006,王素艳 等 2003,薛昌颖 等 2003)、东北地区低温冷害(袭祝香 等 2003,马树庆 等 2003)、华南地区寒害(刘锦銮 等 2003,杜尧东 等 2003,植石群 等 2003)及江淮地区冬小麦(盛绍学 等 2003,马晓群 等 2003)和油菜(盛绍学 等 2003)涝渍等气象灾害的评估指标及风险评估结果的研究,研究对象均为我国较典型的对生产危害较大的农业气象灾害(霍治国 等 2003,李世奎 等 2004),但目前针对特定区域种植模式中指定农业气象灾害的风险评估的研究还比较少见。

(2)干旱分区研究进展

干旱是全国比较常见的灾害,在干旱分区方面前人的研究比较多。王曼丽等(1983)在研究小麦干旱时,对山西小麦的干旱指标,并对干旱进行了干旱分区,利用干旱频率等指标把山西小麦分成 4 个不同干旱区。刘巽浩等(1987)对我国干旱和半干旱地区进行了详尽研究,根据干燥度、降水量,结合温度,同时辅之以地貌、作物等指标将我国干旱半干旱农区分为东北西北低高原亚半干旱温和农区、北部中高原半干旱凉温农区、西部干旱温和和灌溉绿洲农区及青藏高原旱凉农区等 4 个干旱区,并分为 9 个亚区,并根据不同农牧区提出了不同的发展生产和保护生态环境的建议。中国农业科学院农业自然资源和农业区划研究所在 1983—1986 年根据研究调查的结果,提出综合指标体系,将北方旱地农业区划分为干旱、半干旱偏旱、半干旱、半湿润偏旱、半湿润 5 个一级区和 57 个二级区,并详细介绍了各分区的特点和生产建议,为干旱农业生产和安排布局提供科学依据。梅成瑞(1992)研究了宁夏旱区的特点,按二级不同干旱分区指标,对宁夏旱地农业类型进行了分区,在分区中一级区将年降水量作为主导指标,以干燥度、降水变异系数作为辅助指标,二级区使用地貌条件、热量、农业部门结构等指标,并用聚类分析将宁夏旱作区分为荒漠草原风沙干旱牧业区、半农半牧区、半干旱典型草原旱作农业区和半湿润森林草原农林区共 4 个类型。刘雪梅等(1997)应用夏旱强度指数和修正的帕尔默指数及降雨量等其他指标对贵州夏旱的类型、发生频率、持续时间、地区分布、易发生时段和垂直变化等特征做了系统的研究,总结出贵州夏旱的主要特征,并采用夏旱、初伏连旱、重旱频率和平均夏旱指数综合出贵州省夏旱分区指标,进行了夏旱分区,把贵州省分不 4 个不同夏旱风险区。倪深海等(2005)根据干旱特征及其在地域上的变化特点、农业受旱成灾情况及农田水利设施情况,综合考虑农业受旱频次、农田受旱率、成灾率、旱灾损失、耕地灌溉率及当地的水资源状况等因素来确定分区指标、分区原则,采用层次分析法得到了"中国农业干旱脆弱性分区图",并对不同干旱脆弱度区进行评价。杨奇勇等(2007)用关联聚类法建立了湖南农业干旱脆弱性分区的指标体系,并运用密切值法建立了数学模型对湖南省 97 个县(市)进行了农业干旱脆弱性分区研究,并得到了湖南省干旱脆弱度分区图,与实际结果较一致。杨绚等(2008)利用全国气象台站的降水量距平百分率建立干旱等级序列,对我国干旱气候分区,并分析了各区域 50 年左右干旱等级的时间演变特征。张剑明(2008)分析了最近 36 年来湖南省干旱时空分布特征,对干旱分区进行了探讨。彭国照等(2009)在分析四川东北地区的玉米气候资源、季节性干旱特征、气候生产潜力的基础上,选择了伏旱频率、3—8 月日照时数、平均温度、温度日较差、光温生产潜力、气候生产潜力等因素作为干旱分区指标因子,对川东北季节性干旱区玉米的气候优势进行了分区,得到了较好的分区结果。

总之,前人在干旱分区方面做了不少的工作,但大部分是基于部分省份或北方干旱地区做分区,还没有针对南方地区季节性干旱进行分区评价。为了更好地了解南方地区干旱特点,有必要通过建立的干旱指标体系,对南方地区干旱指标进行分区评价,提出生产和抗旱措施。

1.3.7　种植模式优化布局研究进展

种植模式是指一个地区在特定自然资源和社会经济条件下,为了实现农业气候资源持续利用和农田作物高产高效,在一年内于同一农田上采用的特定作物种植结构与时空配置的规范化种植方式。种植模式有4种基本类型:单作一熟型、单作多熟型、多作一熟型和多作多熟型(王立祥 等 2003)。农业种植模式的基本功能就是满足社会需求,保障粮食安全,保证国民经济的稳步增长。但是,目前社会对农产品数量和质量需求的不断增长,与自然资源有限之间的矛盾正在越来越明显地呈现在大众面前。解决这一矛盾的有效途径之一,就是调整种植模式,优化布局,发挥有限自然资源的最大生产潜力,创造出数量更多、质量更高的产品。

崔云鹏等(1995)以黄土高原泥河沟流域塬坡面农田为对象,以系统工程理论为依据,以经济效益最大为目标,对不同土地资源类型和不同作物种植模式组合下的最佳农田种植模式组合方案进行了研究。蔡甲冰等(2002)以山东省簸箕李地区为研究对象,在充分考虑需水、缺水规律的前提下,根据市场需求和经济效益导向,对当地有效灌溉水条件下的最优种植模式进行了探究。

研究种植结构优化的方法有多元统计分析和灰色系统理论、多目标规划等。陈守煜等(2003)为区域农业可持续发展规划提供了较完善的多目标模糊优化理论、模型与方法。高明杰(2005)将节水型种植结构多目标模糊优化模型应用于水资源严重短缺的华北,提出了该区2010和2030年的节水型种植结构优化调整方案。刘爽(2007)提出了基于水资源安全的节水高效种植制度红绿灯评价方法,对洛阳的主要种植制度进行研究。周惠成等(2007)用交互式模糊多目标优化算法建立了种植结构调整合理性评价模型,为可持续发展种植业及合理灌溉提供依据。武雪萍等(2008)根据灰色多目标规划的方法和原理,以粮食总产、经济效益、水分利用效益最高为目标,以水分供需平衡、粮食需求、蔬菜需求、耕地资源、农业用水量等指标为约束条件,对河南省洛阳市种植模式进行了研究。

综上所述,目前国内外学者对于农业干旱的研究已经取得了很多成果,尤其是在干旱指标、北方干旱特征、作物需水、产量潜力和干旱风险等方面的研究。但是,单一研究并不能全面地从作物需水特征的角度阐释自然降水与作物需水的耦合程度及其对作物产量潜力的影响,更难以针对现行种植模式提出基于不同目标的优化布局建议。本书将根据南方地区不同干旱类型分区特征和不同种植模式需水耗水特征,结合气候生产潜力,分析干旱发生风险,同时以水分利用效率和水分经济效益为目标,进行南方地区作物种植制度优化,为南方地区季节性干旱背景下防旱避灾种植模式优化布局提供科学依据。

1.4 小结

我国是世界上自然灾害频繁、灾害损失严重的国家之一,各种自然灾害中气象灾害占70%以上。干旱是我国最主要的气象灾害之一,干旱发生频繁,影响面积广。过去普遍认为,干旱主要发生在我国北方,且危害严重。近年来随着极端天气气候事件的频繁出现,农业干旱的发生频率和强度也明显增加,特别是近年来南方地区连续发生的较严重的季节性干旱,均对农业生产造成严重影响,使粮食作物大幅度减产,从而对国家粮食安全构成威胁。因此,迫切需要建立适合于南方地区的干旱指标体系,并对南方地区的季节性干旱时空特征深入研究,在此基础上对南方地区的季节性干旱进行特征分区,进而以水分和经济效益为主要目标,提出南方地区各区域防旱避灾的优化种植模式,为国家有关部门及各级政府制定防御季节性干旱宏观决策、防灾抗旱提供科学参考,对减轻干旱造成的社会和经济影响、保障国家粮食安全、建设社会主义新农村具有十分重要的现实意义。

第2章　南方季节性干旱指标体系的建立和应用

2.1　干旱指标的收集和选取

2.1.1　干旱指标的调查收集

干旱主要分为气象干旱和农业干旱。通过查找大量的文献,本章共涉及干旱指标20余个,并在第1章中也有所介绍。由于应用目的不同及南方地区干旱特征不同,因此,需要对干旱指标进行甄别和筛选。

2.1.2　干旱指标选取的原则

在实际业务中,不同地区应用的干旱指标差异很大,所涉及的指标也很多,为了得到统一适用的干旱指标,本书建立指标体系时,遵循以下原则:①科学性、通用性原则。应选择在干旱监测评估中,已在农业气象业务中应用较长时间,指标方法和分级原则相对成熟,具有较强科学性的指标。另外,指标的通用性要强,应用于较大范围,至少有3个以上的省份应用。②简明性、方便性原则。不同的干旱指标,其计算方法繁简不一,为了能较好地推广应用,应选择计算方法简便的指标。同时干旱监测手段因地方不同差异较大,因此,计算指标所需的资料要素尽可能少,而且容易获取。③代表性、真实性原则。不同地方干旱成因和致灾机理差别也较大,干旱指标要求能够抓住干旱影响各因子,反映干旱本质特征,能表达干旱形成机理,具有较好的代表性,并应能较真实反映当地干旱特点(黎明峰 2006)。

2.1.3　干旱指标的选取

基于以上干旱指标选取的原则,将《气象干旱等级》和《农业干旱等级》(报批稿)两个国家标准推荐的干旱指标作为备选指标。标准推荐的干旱指标,都是以前在业务中应用较多,相对较成熟的指标,能满足科学性、通用性原则。通过比较分析,选取降水量距平百分率(P_a)、相对湿润度指标(M)和标准化降水指数(SPI)作为气象干旱指标,选取连续无有效降水日数(Dnp)和作物水分亏缺指标($CWDI$)作为农业干旱指标。最后由这5个指标组成干旱指标体系,分别从不同角度评价季节性干旱。

这些干旱指标多是针对全国范围提出的,而且多用于北方干旱监测和评估中,为了使全国通用的干旱指标更好地应用到南方地区,反映南方地区干旱特点,适用于南方地区季节性干旱评估,我们对以上选择的指标进行订正或适当修正,建立适合南方地区季节性的干旱指标体系。

2.2　降水量距平百分率指标的建立和修正

降水量距平百分率(P_a)指标是气象干旱指标中最常见的指标之一,是以某地段(年、季、旬或作物某一生长阶段)的降水量(观测值或预报值)与该地区该时段内的多年平均降水量相比较而确定其干旱标准,主要有降水量值指标、降水距平指标和均方差指标。

2.2.1　降水量距平百分率指标的计算和分级标准

降水量距平百分率是表征某时段降水量较常年值偏多或偏少的指标之一,能直观反映降水异常引起的干旱,在农业气象业务中多用于评估月、季、年发生的干旱事件。降水量距平百分率等级适合应用于半湿润、半干旱地区平均气温高于 10 ℃ 的时间段。某时段降水量距平百分率(P_a)按公式(2.1)计算(中国农业科学院 1998,国家气候中心 等 2006):

$$P_a = \frac{P - \bar{P}}{\bar{P}} \times 100\% \tag{2.1}$$

式中:P 为某时段降水量(mm);$\bar{P}$ 为计算时段同期气候平均降水量,

$$\bar{P} = \frac{1}{n} \sum_{i=1}^{n} P_i \tag{2.2}$$

式中:n 为 1~30 年;$i=1,2,\cdots,n$;P_i 为第 i 年的降水量(mm)。

在中国气象局推荐的《GB/T 20481—2006 气象干旱等级》(国家气候中心 等 2006)中,采取表 2.1 所示的分级:

表 2.1　降水量距平百分率(P_a)干旱等级划分表

等级	类型	降水量距平百分率(%)		
		月尺度	季尺度	年尺度
1	无旱	$P_a > -40$	$P_a > -25$	$P_a > -15$
2	轻旱	$-60 < P_a \leqslant -40$	$-50 < P_a \leqslant -25$	$-30 < P_a \leqslant -15$
3	中旱	$-80 < P_a \leqslant -60$	$-70 < P_a \leqslant -50$	$-40 < P_a \leqslant -30$
4	重旱	$-95 < P_a \leqslant -80$	$-80 < P_a \leqslant -70$	$-45 < P_a \leqslant -40$
5	特旱	$P_a \leqslant -95$	$P_a \leqslant -80$	$P_a \leqslant -45$

2.2.2　降水量距平百分率指标的干旱分级订正

(1)南方地区应用降水量距平百分率指标存在的问题

降水量距平百分率(P_a)干旱指标能直接反映给定时段内降水量偏离正常的状态,较好地指示因降水偏少引起的干旱变化。从公式(2.1)可以看出,P_a 对降水平均值依赖很大,直接影响指标的效果。因此,需考虑实际情况进行修正。

南方地区涉及范围大,从江淮北部到海南岛,南北跨度达 17 个纬度,约 1 800 km,从东海之滨到青藏高原东缘的川滇西部,东西跨度近 25 个经度,约 2 500 km,各地气候差异大。南方地区年降水量在 329~2 763 mm 之间,80% 的站点年降水量在 831~1 766 mm 之间,仍然差 2 倍多,降水相对变率也在 8%~23% 之间,差异较大。各季节降水量和降水相对变率差异更大,就 80% 的站点处于范围值:各季节降水量,春季最大值和最小值相差 4.7 倍,夏、秋季相差 2.0 倍,冬季相差 9.9 倍;降水相对变率,春季相差 1.7 倍,夏、秋季相差 2.0 倍,冬季相差 2.3 倍(表 2.2)。如果以月为时间尺度,差异性更加明显。

表 2.2　年及各季节降水量和降水变率分布情况

	各站多年平均降水量(mm)			降水相对变率(%)		
	范围	80%范围	平均	范围	80%范围	平均
全年	329~2 763	831~1 766	1 311	8~23	11~19	15
春季	26~853	135~638	367	14~58	19~37	26
夏季	227~1 572	415~834	582	11~39	16~32	25
秋季	57~1 068	171~349	259	16~63	23~42	33
冬季	1.9~275	22~215	115	17~100	26~59	39

可见,如果统一用国家标准推荐的干旱分级,会造成干旱分布与实际情况偏离,为了使结果更接近实际,根据干旱发生情况,对《GB/T 20481—2006 气象干旱等级》推荐的干旱分级进行适当修正。同时由于长时间尺度的降水量距平百分率实际应用中没有对季节内降水分配不均进行加权,会出现相同的指标值或等级值对应不同程度的旱涝情况,使标准的统一可比性下降。因此,我们把时间尺度分析到以月为时间单位。

(2)降水量距平百分率指标的分级订正

1)年尺度降水量距平百分率指标分级订正

南方地区年平均降水量可达 1 300 mm 左右,大部分地方(约 90%以上)年降水量在800 mm 以上,降水相对变率在 20%以下,平均变率在 15%左右,相对全国来说,降水变率相对较小。通过对南方地区多年降水量的分布进行分析,考虑南方地区降水量实际情况,适当下调干旱分级,订正结果见表 2.3。通过订正后的干旱指标分级,可较灵敏地反映年降水量距平变化。

表 2.3　年尺度降水量距平百分率(P_a)干旱等级划分表

等级	年尺度降水量距平百分率等级(%)		类型
	$\bar{P}\geqslant800$ mm	$\bar{P}<800$ mm	
1	$P_a>-10$	$P_a>-15$	无旱
2	$-25<P_a\leqslant-10$	$-30<P_a\leqslant-15$	轻旱
3	$-35<P_a\leqslant-25$	$-40<P_a\leqslant-30$	中旱
4	$-45<P_a\leqslant-35$	$-45<P_a\leqslant-40$	重旱
5	$P_a\leqslant-45$	$P_a\leqslant-45$	特旱

2)季尺度降水量距平百分率指标分级订正

比较南方地区各季节平均降水量,在冬季各站点平均为 115 mm,而夏季则多达 582 mm,差别达 4 倍多。相同季节内:冬季平均降水量最小站(四川巴塘站,1.9 mm)和最大站(湖南南岳山站,275.2 mm)相差可达 140 多倍,而 80%范围冬季差异也有 10 倍;夏季降水量各地差别较小,夏季平均降水量最小站(浙江大陈岛,226.6 mm)和最大站(广西东兴站,1571.7 mm)相差约 6 倍。因此,为了使降水量距平百分率指标分析干旱更接近实际,有必要对《GB/T 20481—2006 气象干旱等级》分级修正,修正时主要考虑 2 个因素:

①多年平均降水量级不同对降水量距平的影响。如:冬季某站多年平均降水量仅为30 mm,若某年冬季降水量距平百分率达偏少 70%以上,也就是偏少 20 mm,不至于重旱;同样某站降水量多达 200 mm,如果某年冬季降水量距平百分率达偏少 25%,降水量仍有

150 mm 左右,冬季农作物需水不多,不易造成干旱。

②气温高低对降水量距平的影响。如:冬季川西高原的大部分站多年平均降水量仅为 20 mm 左右,但这些地区冬季大部分时段气温在 0 ℃以下,蒸发很少,需水量小,不易干旱;而在夏季,同样是川西高原的夏季多年平均降水量在 400 mm 左右或小于 400 mm,而在江南地区有些地区也只有 400 mm 左右,但气温高,蒸发量大,易发生干旱。

根据以上原则,对季尺度的降水量距平百分率分级按不同季节进行订正,订正后的分级见表 2.4。

表 2.4a　春季降水量距平百分率 (P_a) 干旱等级划分　　　　单位:%

等级	$\bar{T} \geq 12$ ℃		$\bar{T} < 12$ ℃	类型
	$\bar{P} \geq 500$ mm	$\bar{P} < 500$ mm		
1	$P_a > -30$	$P_a > -25$	$P_a > -40$	无旱
2	$-55 < P_a \leq -30$	$-50 < P_a \leq -25$	$-70 < P_a \leq -40$	轻旱
3	$-75 < P_a \leq -55$	$-70 < P_a \leq -50$	$-90 < P_a \leq -70$	中旱
4	$-90 < P_a \leq -75$	$-85 < P_a \leq -70$	$P_a \leq -90$	重旱
5	$P_a \leq -90$	$P_a \leq -85$	—	特旱

表 2.4b　夏季降水量距平百分率 (P_a) 干旱等级划分　　　　单位:%

等级	$\bar{T} \geq 20$ ℃		$\bar{T} < 20$ ℃	类型
	$\bar{P} \geq 700$ mm	$\bar{P} < 700$ mm		
1	$P_a > -30$	$P_a > -25$	$P_a > -35$	无旱
2	$-50 < P_a \leq -30$	$-45 < P_a \leq -25$	$-60 < P_a \leq -35$	轻旱
3	$-70 < P_a \leq -50$	$-65 < P_a \leq -45$	$-80 < P_a \leq -60$	中旱
4	$-85 < P_a \leq -70$	$-80 < P_a \leq -65$	$-95 < P_a \leq -80$	重旱
5	$P_a \leq -85$	$P_a \leq -80$	$P_a \leq -95$	特旱

表 2.4c　秋季降水量距平百分率 (P_a) 干旱等级划分　　　　单位:%

等级	$\bar{T} \geq 14$ ℃		$\bar{T} < 14$ ℃	类型
	$\bar{P} \geq 400$ mm	$\bar{P} < 400$ mm		
1	$P_a > -30$	$P_a > -25$	$P_a > -35$	无旱
2	$-50 < P_a \leq -30$	$-45 < P_a \leq -25$	$-60 < P_a \leq -35$	轻旱
3	$-65 < P_a \leq -50$	$-60 < P_a \leq -45$	$-80 < P_a \leq -60$	中旱
4	$-80 < P_a \leq -65$	$-75 < P_a \leq -60$	$-95 < P_a \leq -80$	重旱
5	$P_a \leq -80$	$P_a \leq -75$	$P_a \leq -95$	特旱

表 2.4d　冬季降水量距平百分率 (P_a) 干旱等级划分　　　　单位:%

等级	$\bar{T} \geq 2$ ℃		$\bar{T} < 2$ ℃	类型
	$\bar{P} \geq 50$ mm	$\bar{P} < 50$ mm		
1	$P_a > -30$	$P_a > -35$	$P_a > -50$	无旱
2	$-55 < P_a \leq -30$	$-65 < P_a \leq -35$	$-90 < P_a \leq -50$	轻旱
3	$-75 < P_a \leq -55$	$-90 < P_a \leq -65$	$P_a \leq -90$	中旱
4	$-90 < P_a \leq -75$	$P_a \leq -90$	—	重旱
5	$P_a \leq -90$	—	—	特旱

3）月尺度降水量距平百分率指标分级订正

在同一地方各月之间降水量差别很大，一年内月际差异最大的在川西、滇西和海南地区，冬季存在明显的干季，个别月份多年平均月降水量不足 10 mm，如海南三亚站降水最少月 1 月降水量仅 6.6 mm，而最多月 9 月达 263 mm。月际差异较小的江南南部和华南北部一带，冬季多阴雨，降水较多，如湖南郴州站降水最少月 12 月降水量仍有 52 mm，降水最多月 6 月也只有 205 mm。不同地区间的月降水量差别更大。另外，南方大部分地区夏、秋季节的温度高，月蒸发量大，如：南方地区高温中心的江南一带 7 月份平均气温可达 28～29 ℃；南方地区的中东部地区普遍在 25 ℃ 以上，月蒸发量在 120～150 mm 或其以上。因此，当降水偏少时更容易受旱。由于月际降水量差别很大，如果考虑情况太细，分级标准类别太多、差别各异，最后会导致各月之间干旱无法对比。因此，考虑干旱分级不能太多。主要考虑月平均气温和月平均降水量异常多或异常少，根据以上不同情况，月尺度降水量距平百分率的等级划分见表 2.5。

表 2.5　月尺度降水量距平百分率（P_a）干旱等级划分　　　　　单位：%

等级	$\overline{T} \geqslant 25$ ℃ 且 20 mm $\leqslant \overline{P} < 200$ mm	25 ℃ $\leqslant \overline{T} < 5$ ℃ 且 20 mm $\leqslant \overline{P} < 200$ mm	$\overline{T} < 5$ ℃ 且 $\overline{P} < 20$ mm$\leqslant$ 或 $\overline{P} \geqslant 200$ mm	类型
1	$P_a > -35$	$P_a > -40$	$P_a > -50$	无旱
2	$-60 < P_a \leqslant -35$	$-60 < P_a \leqslant -40$	$-75 < P_a \leqslant -50$	轻旱
3	$-80 < P_a \leqslant -60$	$-80 < P_a \leqslant -60$	$-95 < P_a \leqslant -75$	中旱
4	$-95 < P_a \leqslant -80$	$-95 < P_a \leqslant -80$	$P_a \leqslant -95$	重旱
5	$P_a \leqslant -95$	$P_a \leqslant -95$	—	特旱

（3）降水量距平百分率指标建立和应用效果评价

降水量距平百分率以历史平均水平为基础确定旱涝程度，反映了某时段降水量相对于同期平均状态的偏离程度。这种方法在我国气象台站中经常使用，但是，降水量距平百分率对平均值的依赖性较大，在降水时空分布极不均匀的西北地区不宜使用全国统一的降水量距平百分率标准。通常用降水量距平百分率作为划分旱涝级别的标准，这对于年降水而言，一般是可行的。因为随着降水序列的增长，年降水量通常服从正态分布或接近正态分布，但对于某一时段（年以下的时间尺度）降水量而言，未必服从正态分布，且随着地区不同，其变化是很大的。

降水量距平百分率反映了某地时段内降水量与该地该时段多年平均降水量相对多少，能大致反映出干旱的发展趋势，但它没有考虑降水的分布特征，在确定不同地区不同时间尺度的旱涝时，没有统一的标准，因此该指标不适用于不同时空尺度的旱涝等级对比分析。降水量距平百分率指标的优点是方法简单，比较直观，意义明确。其不足是响应慢，反映出的旱涝程度比较弱，在实际应用过程中因为没有对降水的季节变化进行加权，所以会出现相同的指标值或等级值对应不同程度的旱涝情况，使标准的统一可比性下降。

本书通过对不同时间尺度的降水量距平百分率的分级进行订正，使指标结果更能反映实际情况，在一定程度上弥补了该指标的某些不足，但是南方地区区域广泛，不同地点不同时间尺度的降水量距平差异巨大，不可避免地会忽略一些细节因素。在应用降水量距平百分率指标进行小区域分析时，可以参照本思路方法做详细订正，使降水量距平百分率更好地应用到干旱评价中。

2.3　相对湿润度指数的建立和修正

2.3.1　相对湿润度指数的计算和分级

相对湿润度指数(M)是表征某时段降水量与蒸发量之间平衡状况的指标之一,反映了作物生长季节的水分平衡特征,适用于作物生长季节旬以上尺度的干旱监测和评估。相对湿润度指数的计算见公式(2.3):

$$M = \frac{P - PE}{PE} \tag{2.3}$$

式中:P 为某时段的降水量;PE 为某时段的可能蒸散量,采用 FAO 推荐的 Penman-Monteith 公式计算(Allen 等 1998),即:

$$ET_0 = \frac{0.408\Delta(R_n - G) + 900\gamma \cdot u_2(e_s - e_a)/(T + 273)}{\Delta + \gamma(1 + 0.34u_2)} \tag{2.4}$$

式中:R_n 为地表净辐射[MJ/(m^2·d)];G 为土壤热通量[MJ/(m^2·d)];T 为日平均气温(℃);u_2 为 2 m 高处风速(m/s);e_s 为饱和水汽压(kPa);e_a 为实际水汽压(kPa);Δ 为饱和水汽压曲线斜率(kPa/℃);γ 为干湿表常数(kPa/℃)。其中,R_n,Δ 和 γ 可利用公式计算,G 有时候在计算中可以忽略,其他 T,u_2,e_a 等为气象站观测资料。

2.3.2　相对湿润度指数的干旱分级评价订正

(1)南方地区应用相对湿润度指数指标存在的问题

相对湿润度指数指标反映作物生长季节的水分平衡特征,也间接指示某地区干湿状况,适用于作物生长季节旬以上尺度的干旱监测和评估。相对湿润度指数以蒸发量为参考基准,结合了实际的水分收支因素,能基本反映作物水分收支变化。根据公式(2.3)和公式(2.4)能计算旬以上月、季、年不同时间尺度的相对湿润度指数,但在《GB/T 20481—2006 气象干旱等级》中仅提出了一个评估分级指标,且未对该分级应用的时间尺度进行说明。显然,不同时间尺度不可能通用同一个分级指标,因此需要对分级指标进行订正。

相对湿润度指数主要考虑 2 个因素,即降水与蒸散。南方地区大部分降水丰沛,从南方地区各站年降水量和年蒸散量分布(表 2.6)来看,总体平均状况,南方地区降水量要多于蒸散量,降水量丰沛的地区,降水量大多数年份多于蒸散量,如果按标准推荐的指标,在年尺度上,基本上不会有干旱发生。从各季节来看:冬季是降水量最少的季节,降水量明显少于蒸散量,水分有亏缺,但也达不到标准给定的干旱标准;春、秋季也有部分地区降水量会少于蒸散量,水分有亏缺;夏季降水量一般多于蒸散量,很难发生水分亏缺。

表 2.6　南方地区各站多年平均年和季节降水量和降水变率分布情况

时间尺度	降水量(mm)			蒸散量(mm)		
	范围	80%范围	平均	范围	80%范围	平均
全年	329~2 763	831~1 766	1 311	635~1 572	830~1 200	1 010
春季	26~853	135~638	367	178~538	234~366	280
夏季	227~1 572	415~834	582	225~490	308~424	374
秋季	57~1 068	171~349	259	124~387	175~303	231
冬季	1.9~275	22~215	115	83~339	95~201	139

（2）相对湿润度指数干旱分级评价订正

从相对湿润度指数的意义和适用范围来看,标准分级在年尺度和季尺度上过于苛刻,不能较准确地反映南方地区降水量多的特征,需要适当订正分级标准。相对湿润度指标在应用中如果时间跨度太大,一般较难反映时段内的降水分配不均。因此,在应用到年和季尺度时,有一定的局限性。而在月尺度上,由于时间尺度缩小,相对湿润度指数在一定程度上能较敏感地指示干旱变化。

综合降水和蒸散的特点及南方地区的实际情况,对比大量数据分异归类,结合以前降水距平百分率,对相对湿润度指数(M)分级做如下订正(表 2.7)。

表 2.7　相对湿润度指数干旱等级划分

等级	类型	年尺度 （12 个月）	作物生长季尺度 （6~8 个月）	季尺度 （3 个月）	月尺度 （1 个月）
1	无旱	$M>-0.15$	$M>-0.20$	$M>-0.30$	$M>-0.40$
2	轻旱	$-0.30<M\leqslant-0.15$	$-0.35<M\leqslant-0.20$	$-0.50<M\leqslant-0.30$	$-0.70<M\leqslant-0.40$
3	中旱	$-0.40<M\leqslant-0.30$	$-0.50<M\leqslant-0.35$	$-0.65<M\leqslant-0.50$	$-0.90<M\leqslant-0.70$
4	重旱	$-0.45<M\leqslant-0.40$	$-0.60<M\leqslant-0.50$	$-0.80<M\leqslant-0.65$	$-0.99<M\leqslant-0.90$
5	特旱	$M\leqslant-0.45$	$M\leqslant-0.60$	$M\leqslant-0.80$	$M\leqslant-0.99$

经修正后的相对湿润度指数能更真实地反映干旱发生情况。

2.4　标准化降水指数的建立和应用

由于降水量的分布一般不是正态分布,而是一种偏态分布,所以在进行降水分析和干旱监测、评估中,采用 Γ 分布概率来描述降水量的变化。标准化降水量指标就是在计算出某时段内降水量的 Γ 分布概率后,再进行正态标准化处理,最终用标准化降水累积频率分布来划分干旱等级。标准化降水量指标目前应用最多的是 Z 指数和标准化降水指数(SPI)。下面主要应用 SPI 指标进行分析应用。

2.4.1　标准化降水指数的概念和计算方法

标准化降水指数(SPI)是表征某时段降水量出现的概率多少的指标,该指标适合于月以上尺度相对于当地气候状况的干旱监测与评估(袁文平 等 2004,张强 等 2004)。SPI 采用 Γ 分布概率来描述降水量的变化,将偏态概率分布的降水量进行正态标准化处理,最终用标准化降水累积频率分布来划分干旱等级。标准化降水指数(SPI),是在 Z 指数基础上,进一步标准化处理,其计算步骤(王密侠 等 1998,国家气候中心 等 2006)为:

（1）假设某时段降水量为随机变量 x,则其 Γ 分布的概率密度函数为:

$$f(x) = \frac{1}{\beta^{\gamma}\Gamma(\gamma)}x^{\gamma-1}\mathrm{e}^{-x/\beta} \qquad x>0 \tag{2.5a}$$

式中:$\beta>0,\gamma>0$ 分别为尺度和形状参数,β 和 γ 可用极大似然估计方法求得:

$$\hat{\gamma} = \frac{1+\sqrt{1+4A/3}}{4A} \tag{2.5b}$$

$$\hat{\beta} = \bar{x}/\hat{\gamma} \tag{2.5c}$$

其中：

$$A = \lg \bar{x} - \frac{1}{n}\sum_{i=1}^{n} \lg x_i \tag{2.5d}$$

式中：x_i 为降水量资料样本；$\bar{x}$ 为降水量气候平均值。

确定概率密度函数中的参数后，对于某一年的降水量 x_0，可求出随机变量 x 小于 x_0 事件的概率为：

$$F(x < x_0) = \int_0^{x_0} f(x)\mathrm{d}x \tag{2.5e}$$

利用数值积分可以计算用(2.5a)式代入(2.5e)式后的事件概率近似估计值。

(2)降水量为 0 时的事件概率由下式估计：

$$F(x = 0) = m/n \tag{2.5f}$$

式中：m 为降水量为 0 的样本数；n 为总样本数。

(3)对 Γ 分布概率进行正态标准化处理，即将(2.5e)式和(2.5f)式求得的概率值代入标准化正态分布函数，即：

$$F(x < x_0) = \frac{1}{\sqrt{2\pi}}\int_0^{x_0} \mathrm{e}^{-z^2/2}\mathrm{d}x \tag{2.5g}$$

对(2.5g)式进行近似求解可得：

$$Z = S\,\frac{t - (c_2 t + c_1)t + c_0}{[(d_3 t + d_2)t + d_1]t + 1.0} \tag{2.6}$$

式中：$t = \sqrt{\ln\dfrac{1}{F^2}}$，$F$ 为由(2.5e)式或(2.5f)式求得的概率。并当 $F > 0.5$ 时，$S = 1$；当 $F \leqslant 0.5$ 时，$S = -1$。其他参数取如下值：$c_0 = 2.515\,517$，$c_1 = 0.802\,853$，$c_2 = 0.010\,328$，$d_1 = 1.432\,788$，$d_2 = 0.189\,269$，$d_3 = 0.001\,308$。

s

2.4.2　标准化降水指数的应用

(1)干旱等级划分

标准化降水指数(SPI)通过对降水样本进行标准化处理，将偏态分布的降水量正态化，使不同时间尺度和不同地点的降水能够进行对比。由于 SPI 指标采取同样的标准化处理，因此不同时间尺度的值可以直接对比。SPI 干旱等级可直接采取《GB/T 20481—2006 气象干旱等级》推荐的分级指标(见表 2.8)。

表 2.8　标准化降水指数干旱等级划分

等级	类型	SPI
1	无旱	$SPI > -0.5$
2	轻旱	$-1.0 < SPI \leqslant -0.5$
3	中旱	$-1.5 < SPI \leqslant -1.0$
4	重旱	$-2.0 < SPI \leqslant -1.5$
5	特旱	$SPI \leqslant -2.0$

(2)SPI 干旱强度

单站的某时段内的干旱强度一般可由 SPI 值反映,SPI 绝对值越大,表示干旱越严重。某区域内多年的干旱程度可由式(2.7)得到,即定义干旱强度(S_{ij}):

$$S_{ij} = \frac{1}{m} \sum_{i=1}^{m} |SPI_i| \tag{2.7}$$

式中:S_{ij} 为干旱强度,用来评价平均干旱严重程度;$|SPI_i|$ 为发生干旱时的 SPI 的绝对值。

根据干旱分级可推出,当 $1 > S_{ij} \geq 0.5$ 时为轻度干旱;当 $1.5 > S_{ij} \geq 1$ 时为中度干旱;当 $S_{ij} \geq 1.5$ 时为重度干旱。

SPI 指标在干旱监测和评估中有较广泛应用,其优点是计算简单易行,只需要降水作为输入量,资料容易获取,同时在各个地区和各个时段都具有良好的计算稳定性,能有效地反映旱涝状况,可以较好地用于降水和季节差异较大的大范围区域内的干旱监测分析评估。SPI 指标主要按概率分布设定干旱等级,将偏离一定程度的降水量分别定为不同干旱程度等级,其本身就包括固定的概率分布,因此也存在明显的不足:由于 SPI 的计算特性,不同地点干旱等级频度相同,即假定了所有地点发生旱涝极端事件的概率相同,无法反映旱涝频发地区(张强等 2004)。但是能较好地反映长时间尺度的变化趋势,得到较好结果。

(3)SPI 指标应用评价

SPI 和 Z 指数的计算只需要降水作为输入量,资料容易获取,也避免了机理模型繁杂的计算和大量经验性参数的输入,同时又抓住了反映干旱的主项——降水。而且由于不涉及具体的干旱机理,其时空适应性强,克服了机理性干旱指标因为寒冷、地形、土壤类型等因素所造成的使用上的制约。SPI 则是通过概率密度函数求解累积概率,再将累积概率标准化,计算过程中没有涉及与降水量的时空分布特性有关的参数,降低了指标值计算的时空变异,对不同时空的旱涝状况都有良好的反映。同 Z 指数一样存在因不涉及干旱机理而产生的不足。首先,由于 SPI 的计算特性,不同地点干旱等级频度相同,即假定了所有地点发生旱涝极端事件的概率相同,无法反映旱涝频发地区。其次,除由于降水偏少影响以外,气候变暖、蒸发加大也是造成干旱的重要因素(方修琦 等 1997),但 SPI 没有考虑气温、蒸发对干旱的影响。最后,SPI 值的计算是建立在长时间序列基础上的,其单月值是在该时间序列同一时期平均水平上的反映,这样会造成与湿季同样多的降水量甚至是更少的降水量在旱季的 SPI 值会大得多。

SPI 计算简单易行,资料容易获取,同时在各个地区和各个时段都具有良好的计算稳定性,能有效地反映旱涝状况,优于在我国有着成熟应用的 Z 指数。而且还具有优越的多时间尺度应用特性,可以满足不同地区、不同应用的需求。因而可以为我国的水资源评估和不同时间尺度的干旱监测服务。

2.5　连续无有效降水日数指标的建立和应用

连续无有效降水日数(Dnp)指标综合考虑了降水量和降水日数。一方面,降水量能反映农田降水的收支情况,降水量的多少直接反映了农田作物水分的收入。另一方面,连续无有效降水日数能反映较短时间内土壤水分盈亏过程,无有效降水日数越长,土壤水分持续亏缺时间也越长;同时也间接反映农田系统供水情况,一般情况下,农田系统有一定灌溉条件,能在降水过程结束后一段时间内供给农田需水。因此,连续无有效降水日数以前在业务中也较广泛应用,比较适合南方地区干旱监测和评价。连续无有效降水日数能在一定程度上反映南方地区干旱发展趋势,在南方地区应用也较广泛,特别是以水稻等为主的种植区效果好。

2.5.1　连续无有效降水日数指标的计算方法

连续无有效降水日数(Dnp)是表征农田水分补给状况的重要指标之一,适用范围为尚未建立墒情监测点的雨养农业区。连续无有效降水(降雪、积雪)日数计算公式如下:

$$Dnp = \sum_{i=1}^{n} (a \cdot Dnp_i) \tag{2.8}$$

式中:Dnp 为连续无有效降水日数(d);a 为季节调节系数,春季为 1,夏季为 1.4,秋季为 0.8;Dnp_i 为日降水量小于有效降水量的降水日或冬季牧区无积雪日(d),具体计算如下:

$$Dnp_i = \begin{cases} 1, & P < P_0 \\ 0, & P \geqslant P_0 \end{cases} \tag{2.9}$$

式中:P 为日降水(降雪、积雪)量(mm);P_0 为日有效降水(降雪)量临界值(mm)或临界有效积雪厚度(cm)。在作物的水分临界期有效降水一般取 5 mm,在作物生长其余时段有效降水取 3 mm;北方牧区有效降雪量一般取 0.1 mm;有效积雪厚度一般取 2 cm。按不同农业分区确定连续无(有效)降水日数持续天数干旱发生或干旱分级。

2.5.2　连续无有效降水日数指标计算方法修正

(1)南方地区应用连续无有效降水日数指标存在的问题

《农业干旱等级》(报批稿)对连续无有效降水日数(Dnp)按不同地区进行分类,确定为不同干旱等级。对南方地区而言,连续无有效降水日数从 10～20 d 开始就定为轻旱,以后每增加 10 d 左右增加一个干旱等级。按以上标准分级,南方地区有 5 类区,且以行政区域为分区类型,与实际情况会有较大差异。

考虑无降水日数有两个因素:一是一次干旱过程结束(或中断)的临界降水量的取值,即一次过程降水量为多少时,干旱结束;二是连续无有效降水日数持续多长时间会造成干旱。在实际应用时,需考虑以下具体情况:

1)日有效降水量和结束(或中断)连续干旱过程的有效降水量没有区分开。一般来说,降水量大于一定临界值时,降水才能达到作物耕作层,被作物吸收利用,即降水量达到一定临界值才为有效降水。但达到有效降水量不一定起结束(或中断)干旱过程的作用。例如,江南一带,如果夏季降水量≥3 mm,对作物需水有一定补充效应,可视为有效降水,但是如果前期干旱时间比较长,降水量在 3～10 mm 也不一定能缓和干旱,更不可能解除干旱。一般降水量在 20 mm 以上才视为透雨(陈端生 等 1990),对缓解或解除干旱才起作用。

2)基本水利设施对干旱的延缓作用。一般情况下,南方的平原丘陵地带,沟渠众多,小型塘坝也遍布,在水稻等灌溉作物种植地区尤其如此,这些沟渠塘坝对延缓干旱发生有一定作用。基于此,必须考虑连续无有效降水日数持续多长时间才会导致受旱。因此,有必要对《农业干旱等级》(报批稿)提供的公式(2.8)和公式(2.9)进行修正,并对干旱分级进行适当订正。

(2)连续无有效降水日数干旱指标计算方法修正

根据 Dnp 南方地区实际应用情况和效果(李艳兰 等 1999,梁巧倩 等 2001),以《农业干旱等级》(报批稿)计算方法为基础,参考广西、贵州、湖南等南方典型季节性干旱区关于干旱指标的应用结果(唐磊 2005)和地方标准(DB 43/T 234—2004;DB 52/T 501—2006),对《农业干旱等级》(报批稿)连续无有效降水日数公式(2.8)中的日降水量小于有效降水量的无有效降水日数(Dnp_i)计算方法进行修正,综合考虑日有效降水和结束(中断)干旱过程的降水量,有效降水以日降水量计算,结束(中断)干旱过程的降水量以过程降水量计算,修正方法和步骤如下。

把有效降水量分成两种情况:

1)P_i——单日降水量(mm),则有:

$$Dnp_i = \begin{cases} 1, & P_i < P_0 \\ 0, & P_n \geqslant P_k \end{cases} \tag{2.10}$$

式中:P_0为单日有效降水量临界值(mm),按不同作物季节取值,一般夏季 $P_0=5$ mm,春、秋季 $P_0=3$ mm,冬季 $P_0=1$ mm,具体数值可根据不同季节不同作物进行调整。当日降水量小于单日有效降水量临界值时,该日为无有效降水日,记为 1 d。

2)P_n——连续降水过程的降水量(mm);P_k——一次连续降水过程结束(中断)无降水日数降水量临界值(mm)。当一次降水过程的降水量达到干旱结束(中断)的临界值(P_k)时,无有效降水日数记为 0,干旱过程结束。

根据不同季节作物进行分段定义 P_k 和 a 进行修正处理,见表 2.9。

表 2.9　作物生育时段内有效过程降水量临界值(P_k)、单日有效降水量临界值(P_0)和季节调节系数(a)

作物生长时段	P_k(mm)	a	P_0(mm)	生长季时段*	代表作物
春播夏收作物生长季 (3—7 月)	10	0.9	2	3—4 月(早春季)	早稻、春玉米、春大豆
	20	1.1	5	5—7 月(夏季)	
夏播秋收作物生长季 (6—10 月)	25	1.2	5	6—8 月	晚稻、夏(秋)玉米、夏红薯
	15	1.0	3	9—11 月	
春播秋收作物生长季 (4—9 月)	15	1.0	2	4—5 月(前半季)	棉花、红薯、一季稻
	30	1.2	5	6—8 月(夏季)	
	20	1.0	3	9—10 月	
越冬作物生长季 (10 月—翌年 5 月)	10	0.9	2	10—12 月(冬前季)	冬小麦、油菜
	5	0.7	1	12 月—翌年 2 月(越冬季)	
	10	1.0	3	3—5 月(冬后季)	

* 计算时时段可以前后跨 10 d。

公式(2.10)中的 P_n 和 P_k 均为过程降水量。过程降水量与日降水量稍有不同,只要连续有降水(日降水量≥0.1 mm)均为一次连续降水过程,P_n 为连续降水过程中各日降水量之和,即 $P_n = \sum_{i=1}^{n} P_i$(DB 43/T 232—2004)。连续降水过程之间为无(有效)降水过程,连续无(有效)降水过程中无(有效)降水日数≥20 d 为一次干旱过程。

当干旱过程出现 2 次或其以上时,对各无降水过程可以累积,用来评估整个生育期(或季节)的累积干旱过程,对公式(2.8)进行修正:

$$Dnp = \sum_{i=1}^{n} (a \cdot b \cdot Dnp_i) \tag{2.11}$$

式中:Dnp 为累积连续无有效降水日数(干旱持续天数);Dnp_i 为单次连续无有效降水过程日数,意义同公式(2.8);a 意义同公式(2.8),具体取值见表 2.9;b 为无有效降水过程累积系数,

可根据上一次干旱持续过程天数(Dnp_{i-1})和中断的过程降水量(P_n)的不同情况定系数,有:

$$b = \begin{cases} 1, & a \cdot Dnp_{i-1} > 2P_n \\ 0.5 + (a \cdot Dnp_{i-1} - P_n)/Dnp_{i-1}, & P_n \leqslant a \cdot Dnp_{i-1} \leqslant 2P_n, i \geqslant 2 \\ 0.5, & a \cdot Dnp_{i-1} < P_n \end{cases} \quad (2.12)$$

式中:b 为上一次干旱过程天数与当次干旱过程累积系数;P_n 为中断的过程降水量,表示中断一次干旱过程的降水强度;Dpn_{i-1} 为上一次干旱过程的持续日数。

　　一般意义上来看,持续一定时间的干旱天数与一次中断干旱过程的降水量相当才能基本缓和这次干旱过程(约为 1 倍)。式(2.12)的含义是,P_n 与 $a \cdot Dnp_{i-1}$ 比较:(a)当 $P_n >$ $a \cdot Dpn_{i-1}$ 时,降水过程基本(或完全)能缓和上一次干旱过程,上一次干旱过程基本缓解,干旱日数一半累积到整个生长季节无降水日数(干旱日数),即累积系数为 0.5(两次分段干旱过程上一次干旱过程影响程度相当一次持续过程的一半);(b)当 $P_n \leqslant a \cdot Dnp_{i-1} \leqslant 2P_n$ 时,即降水过程不足以缓和上一次干旱过程时,多余的干旱天数仍会影响下一次干旱过程;(c)$a \cdot Dnp_{i-1} > 2P_n$ 时,即上一次干旱过程持续天数远超过中断降水过程的降水量(2 倍以上),降水过程的降水量不足以缓和上一次干旱过程,上一次干旱过程继续影响下一次干旱过程,累积系数为 1(相当于干旱过程持续)。

　　参考《农业气象等级》分级标准,根据不同区域干旱特点,结合地形地貌的保水条件对累积干旱持续天数(Dnp)作如表 2.10 所示的分级。

表 2.10　累积干旱持续天数分级　　　　　　　　　单位:d

等级	农业干旱类型	一类区 河谷、平原区	二类区 丘陵、山间盆地区	三类区 高原、山地区
0	无旱	≤30	≤25	≤20
1	轻旱	31~50	26~40	21~30
2	中旱	51~70	41~55	31~40
3	重旱	71~90	56~70	41~55
4	特旱	≥91	≥71	≥56

　　根据不同地形地貌土壤保水和灌溉条件差异划分。在南方地区也可简单根据海拔分析近似处理:东部地区(包括长江中下游地区和华南地区)以海拔<100 m,100~300 m 和≥300 m 分别为河谷、平原区,丘陵、山间盆地区和高原、山地区;西部地区(西南地区)以海拔<500 m,500~1 000 m 和≥1 000 m 分别为河谷、平原区,丘陵、山间盆地区和高原、山地区。另外对海拔在 3 000 m 以上的高寒山区(非农业区)不做重点分析,可归于二类区。

　　对不同季节的干旱进行分析时,需要对以上的有效过程降水量临界值(P_k)、单日有效降水量临界值(P_0)和季节调节系数(a)另外订正,订正结果如表 2.11 所示。

表 2.11　不同季节有效过程降水量临界值(P_k)、单日有效降水量临界值(P_0)和季节调节系数(a)

季节	P_k(mm)	a	P_0(mm)	生长季时段
春季(3—5 月)	10	1.0	3	3—5 月
夏季(6—8 月)	25	1.2	5	6—8 月
秋季(9—11 月)	15	1.0	3	9—11 月
冬季(12 月—翌年 2 月)	5	0.7	1	12 月—翌年 1 月

2.5.3　连续无有效降水日数指标在连续干旱分析中的应用

一般认为,相邻季节之间发生的跨季节连续干旱即为连续干旱,如春夏连旱、夏秋连旱、秋冬连旱、冬春连旱(DB 52/T 501—2006)。已有文献中很少对连旱下明确的定义。由于连续无有效降水日数从逐日降水量监测反映干旱的动态变化,能较好地反映跨季节连旱,因此,有必要对连续无有效降水日数在连旱中的应用进行分析研究。

(1)季节连旱定义

本书定义连旱如下:

季节连旱是指一次干旱过程跨 2 个季节(每个季节干旱日数均在 10 d 以上)且干旱持续时间在 40 d 以上;或者连续 2 个(或 2 个以上)干旱过程之间间隔时间小于 20 d,并且至少一个干旱过程跨 2 个季节或前后 2 个干旱过程在不同季节。另定义三个季节连旱,是指连续 3 个或 3 个以上(有时 2 个)干旱过程之间间隔时间小于 30 d,且每个季节干旱天数在 15 d 以上(如 2 次干旱过程跨 3 个季节,每个季节跨的天数为 10 d 以上)。以上定义两个干旱过程的间隔天数以及中间干旱间隙的降水量多少才视为打断前后两个干旱过程,即不为连旱,这在具体应用中值得进一步探讨。

通常季节划分是,3—5 月为春季,6—8 月为夏季,9—11 月为秋季,12 月—翌年 2 月为冬季;而天文上季节以二十四节气的立春(夏、秋、冬)也算进入春(夏、秋、冬)季。一般南方地区季节稍早,立春节气前后江南、华南一带已经算进入春季,在农事季节也较早于习惯的气候划分。因此兼顾两种季节划分指标,一般连旱如果时间跨 2 月也视为冬春连旱(前后两个干旱过程)、跨 5 月为春夏连旱、跨 8 月为夏秋连旱、跨 11 月为秋冬连旱。由于南方地区地域广阔,在具体地方应用时,可定义不同的时间跨度为跨季节。

(2)季节连旱评价分级

一次持续干旱过程跨季节的连旱,分级标准仍与一般干旱分级标准类同(参考表 2.10),一般连旱的干旱程度要大于普通干旱(非连旱)的干旱程度,普通干旱在中旱以上才能达到连旱标准。因此,为了统一比较,去掉轻度等级,只定义一般连旱、重度连旱和特重连旱。持续性季节连旱分级见表 2.12。

表 2.12　持续性季节连旱分级　　　　　　　　　　　　　单位:d

等级	连旱类型	一类区 河谷、平原区 (或农业 V 区)	二类区 丘陵、山间盆地区 (或农业 VI 区)	三类区 高原、山地区 (或农业 VII 区)
0	无旱	≤30	≤25	≤20
1	无连旱	31～50	26～45	21～40
2	一般连旱	51～70	46～60	41～50
3	重度连旱	71～90	61～75	51～60
4	特重连旱	≥91	≥76	≥61

一般 2 次以上干旱过程由于多次干旱累积,干旱过程总天数效果不如同量级一次干旱过程,2 次降水过程以上天数按公式(2.10)累加,当累加天数,按表 2.13 分级。

表 2.13　2 个季节连旱分级标准　　　　　　　　　　　　　单位：d

等级	连旱类型	一类区	二类区	三类区
1	轻度连旱	40～70	35～60	30～50
2	一般（中度）连旱	70～100	60～85	50～70
3	重度连旱	100～130	85～110	70～90
4	特重连旱	≥130	≥110	≥90

通过以上分级，间接反映 2 次相邻两个季节均为轻旱，或一个为轻旱、另一个为中旱，则定义为轻度连旱；若相邻两个季节均为中旱，或一个为轻旱、另一个为重旱，则定义为中度连旱；若相邻两个季节均为重旱，或一个为中旱、另一个为重旱，则定义为重度连旱；若相邻两个季节均为特重旱，或一个为重旱、另一个为特重旱，则定义为特重连旱。三季节连旱分级也可参照以上分级原则，只是干旱天数适当增加。

2.6　作物水分亏缺指数指标的建立和应用

2.6.1　作物水分亏缺指数计算方法

作物水分亏缺指数（$CWDI$）是表征作物水分亏缺程度的指标之一，作物水分亏缺为作物需水量与实际供水量之差，以百分率（%）表示。作物水分亏缺指数较好地反映了土壤、植物、气象三方面因素的综合影响，能比较真实地反映作物水分亏缺状况，是常用的作物干旱诊断指标之一（刘丙军 等 2007）。根据作物水分亏缺指数（$CWDI$）的定义，其计算方法[《农业干旱等级》（报批稿），刘宏谊 等 2003，陈凤 等 2006]如下：

$$CWDI = a \cdot CWDI_i + b \cdot CWDI_{i-1} + c \cdot CWDI_{i-2} + d \cdot CWDI_{i-3} + e \cdot CWDI_{i-4}$$

$$(2.13)$$

式中：$CWDI$ 为作物生育期按旬时段计算的累计水分亏缺指数，分别计算播种出苗—成熟的旬数；由于作物干旱主要体现为累积效应，水分亏缺指数一般计算连续 5 旬的作物亏缺指数，$CWDI_i$，$CWDI_{i-1}$，$CWDI_{i-2}$，$CWDI_{i-3}$，$CWDI_{i-4}$ 分别为该旬及前 4 旬水分亏缺指数；a, b, c，d, e 分别为对应旬的累计权重系数，一般 a 取值为 0.3，b 为 0.25，c 为 0.2，d 为 0.15，e 为 0.1，各地可根据当地实际情况确定相应的系数值。其中 $CWDI_i$ 计算如下：

$$CWDI_i = \begin{cases} [1 - (P_i + I_i)/ET_c] \times 100\%, & ET_c \geqslant P_i + I_i \\ 0, & ET_c < P_i + I_i \end{cases}$$

$$(2.14)$$

式中：ET_c 为作物某一旬潜在蒸散量（mm）；P_i 为某一旬降水量（mm）；I_i 为某一旬的灌溉量（mm）。其中，ET_c 由参考作物蒸散量（ET_0）与作物的作物系数（k_c）相乘得到（Allen 等 2000，Doorenbos 等 1997），即：

$$ET_c = k_c \cdot ET_0$$

$$(2.15)$$

式中：ET_0 为参考作物蒸散量（mm/d），采用 FAO（1998）推荐的 Penman-Monteith 公式计算，即公式（2.4）。

2.6.2　作物水分亏缺指数的修正和应用

(1)作物水分亏缺指数计算方法修正

作物水分亏缺指数（$CWDI$）直接结合作物供水和需水状况，较好地反映了土壤、植物、气象三方面因素的综合影响,能比较真实地反映出作物水分亏缺状况,是常用的作物干旱诊断指标之一。根据公式(2.12)和公式(2.13)计算方法和原理,结合实际应用发现,《农业干旱等级》(报批稿)中只考虑了水分亏缺情况,没有考虑水分过多情况。实际上,南方地区多降水,当水分过多时,土壤或多或少能储存一定的水分供后期作物生长需要。因此,考虑到水分满足(盈余)时段,对公式(2.13)做了如下改进:

$$CWDI_i = \begin{cases} (ET_c - P_i)/ET_c \times 100\%, & ET_c \geqslant P_i \\ 0, & ET_c < P_i \text{ 且 } P_i \leqslant ET_k \\ K_i \times 100\%, & P_i > ET_k \end{cases} \quad (2.16)$$

式中:$CWDI_i$ 为第 i 旬作物水分亏缺指数;ET_c 为第 i 旬作物需水量,即作物潜在蒸散量(mm);P_i 为第 i 旬降水量(mm);K_i 为降水量远大于需水量时的水分盈余系数。K_i 分三种情况计算:当作物需水量(ET_c)大于降水量(P_i);当作物需水量(ET_c)小于降水量(P_i)时,且降水量不大时(P_i 小于 ET_k)视为作物水分不亏缺,即 $CWDI_i = 0$;降水量(P_i)远大于作物基本需水量(ET_k 为作物基本需水量,约为 ET_0 的 1.2 倍)时,参考以往的研究结果(李粉婵 2005,刘战东 等 2006)。考虑有效降水和水分盈余,这里分三个量级计算盈余的不同效应,即:

$$K_i = \begin{cases} (ET_k - P_i)/ET_k, & ET_k < P_i \leqslant 1.5ET_k \\ (1.5ET_k - P_i)/2ET_k - 0.5, & 1.5ET_k < P_i \leqslant 2.5ET_k \\ -1.0, & P_i > 2.5ET_k \end{cases} \quad (2.17)$$

式中:ET_k 为作物的作物需水量基数,为了该值较稳定利用温度相关计算方法估计,即利用 $ET_k = 1.2 \times 0.16 \times \sum T$ 估计,即略多于 ET_0(卢其尧 等 1965)。当降水量在 $ET_k \sim 1.5ET_k$ 之间时,即旬降水量大于作物旬需水量基数(ET_k)且小于 1.5 倍的旬作物需水量基数($1.5ET_k$)时,盈余效果好;当降水量在 $1.5ET_k \sim 2.5ET_k$ 之间时,即旬降水量大于 1.5 倍的旬作物需水量基数,且小于 2.5 倍的旬作物需水量基数时,盈余能力减弱(仅为降水量在 $ET_k \sim 1.5ET_k$ 时的一半);当旬降水量大于 $2.5ET_k$ 时,即旬降水量大于 2.5 倍的旬作物需水量基数时,多余的降水基本成为径流流失,水分盈余稳定,$K_i = -1.0$(黄晚华 等 2009)。

(2)作物水分亏缺指数的干旱评价分级

根据 $CWDI$ 结果,对比《农业干旱等级》(报批稿)分级,结合南方地区作物生长实际,干旱订正分级见表 2.14。

表 2.14　　累积作物水分亏缺指数($CWDI$)干旱分级

等级	类型	作物水分亏缺指数	
		水分临界期	其余发育期
0	无旱	$CWDI \leqslant 30$	$CWDI \leqslant 35$
1	轻旱	$30 < CWDI \leqslant 40$	$35 < CWDI \leqslant 50$
2	中旱	$40 < CWDI \leqslant 50$	$50 < CWDI \leqslant 65$
3	重旱	$50 < CWDI \leqslant 60$	$65 < CWDI \leqslant 80$
4	特旱	$CWDI > 60$	$CWDI > 80$

(3)作物生育期和 k_c 的确定

根据已有资料和田间试验结果(中国主要农作物需水量等值线图协作组 1993),通过生育期查算(崔读昌 等 1984)和结合当前农业气象观测结果(国家气象中心 2008—2009),确定南方地区各作物平均生育期。综合 FAO 推荐的 k_c 和中国主要农作物需水量等值线图协作组研究(1993)结果,确定每旬 $CWDI_i$ 值。公式(2.13)需要在前 4 旬的 $CWDI_i$ 的基础上确定第 5 旬的 $CWDI$ 值,一般设定作物播种及播种前期的 4 旬裸地的 k_c 为 $0.05\sim0.1$。

2.7　季节性干旱评价指标体系

基于上述各节对不同干旱指标的建立和修正,可计算单年度(或时段)单站的干旱指数,为了更好地评价区域或多年平均干旱发生情况,我们引入相关干旱评价指标,构建干旱评价指标体系。

2.7.1　干旱频率

分别计算各干旱指标结果,对干旱发生进行定级,并计算历年年(季、月)时间尺度干旱发生次数。那么单站干旱频率(f):

$$f = \frac{1}{n}\sum_{i=1}^{n}N_i \qquad (2.18)$$

式中:n 为计算分析资料年限;N_i 为 n 年中某时间尺度(年、季或月)发生的某一干旱级别次数。如果发生轻旱,则为轻旱频率;发生中旱,则为中旱频率,依此类推。为了便于分析比较,本书分析的轻旱频率(也可直接称为干旱频率),包括轻旱及其以上级别的干旱频率;中旱频率包括中旱及其以上级别的干旱频率;重旱频率包括重旱及其以上级别的干旱频率。无特别说明情况下,包括干旱频率分析都包括该旱级级别以上的干旱频率。

2.7.2　干旱站次比

干旱站次比(P_j)是用某一区域内干旱发生站数占全部站数的比例来评价干旱影响范围的大小,可用以下公式表示:

$$P_j = m/M \times 100\% \qquad (2.19)$$

式中:M 为研究区域内总气象站数;m 为发生干旱的站数。干旱站次比(P_j)表示一定区域干旱发生范围的大小,也间接反映干旱影响范围的严重程度。

根据干旱影响范围大小,对干旱的影响范围定义为:

当 $P_j \geqslant 50\%$ 时,即研究区域内有一半以上的站发生干旱,为全域性干旱;

当 $50\% > P_j \geqslant 33\%$ 时为区域性干旱;

当 $33\% > P_j \geqslant 25\%$ 时为部分区域性干旱;

当 $25\% > P_j \geqslant 10\%$ 时为局域性干旱;

当 $P_j < 10\%$ 时可认为无明显干旱发生。

2.7.3　干旱强度

干旱强度(H)用来评价干旱的严重程度。单站某时段内的干旱强度一般可直接由干旱指数或其等级值大小反映,指数绝对值越大,表示干旱越严重。某站多年的干旱程度可由下式得到,即:

$$H = \frac{1}{n} \sum_{i=1}^{m} \mid H_i \mid \qquad\qquad (2.20)$$

式中:n 为该区域内发生干旱的年数站数; $\mid H_i \mid$ 为发生干旱时的干旱指标的分级值,可由前面各指标的计算公式求得和分级标准得到。分级一般也按不同干旱程度用1,2,3,4分别代表轻旱、中旱、重旱、特旱的干旱指标值。公式(2.20)也可以计算一年中区域内多站平均干旱强度,计算方法类似。但也可以用区域干旱强度指数计算。

2.7.4　区域干旱强度指数

区域干旱强度指数(I)主要反映大区域内的不同程度干旱发生的情况。鞠笑生等(1997)用区域旱涝指标分析华北区域旱涝变化;樊高峰等(2006)曾在浙江省干旱监测中应用中建立的强度指数、面积指数,评价省级区域的干旱情况。参考前人研究结果,在此建立区域干旱强度指数(I),即:

$$I = \frac{n_1 + 2n_2 + 3n_3 + 4n_4}{N} \qquad\qquad (2.21)$$

式中:I 为区域干旱强度指数,简称干旱强度;N 为研究区域内总气象站数;n_1,n_2,n_3,n_4 分别为轻旱、中旱、重旱、特旱发生的总次数。干旱强度指数越大,区域内干旱发生越严重。

2.8　小结

通过分析各干旱指标在南方地区适用性,修正了干旱指标,并进行了干旱的评价分级和应用分析,建立了适用于南方地区的干旱指标体系和分级标准,使干旱指标更适用于南方地区。各指标从不同角度反映南方地区干旱特征变化:降水量距平百分率(P_a)指标能直接反映降水偏离平均值多少,指示降水供给情况;相对湿润度指标(M)考虑水分收支两方面因素,基本反映农田水分供需状况;标准化降水指数(SPI)将长时间序列的降水量正态化,使不同时间尺度和空间尺度的干旱有了对比性,能很好地反映干旱历年演变情况;连续无有效降水日数(Dnp)基于农田降水量和降水日数因子,可逐日监测干旱动态变化,并间接考虑土壤、供水因子,能反映干旱持续时间和动态变化;作物水分亏缺指数($CDWI$)较好地反映了土壤、作物、气象三方面因素的综合影响,反映作物水分供需状况。通过对不同干旱指标的比较分析,建立了区域多站或单站多年干旱评价指标。

第 3 章　气候变化背景下南方地区农业气候资源时空特征

本章重点分析近 50 年来南方地区光、热、水农业气候资源时空特征,作为后面探讨南方地区季节性干旱的气候背景。

3.1　指标及分析计算方法

在此仅介绍与干旱特征相关的降水相对变率、干燥度的计算方法。

3.1.1　干旱特征参数的计算方法

(1)降水相对变率

相对变率用来反映样本偏离平均的离散程度,降水相对变率用如下公式计算:

$$V = \frac{1}{n} \sum_{i=1}^{n} \left| \frac{x_i - \bar{x}}{\bar{x}} \right| \tag{3.1}$$

式中:V 为降水相对变率,简称降水变率;x_i 为样本值,即降水量(mm);$\bar{x}$ 为多年平均降水量(mm);n 为统计资料年数。某一地区的降水变率越大,表明该地区降水越不稳定,年际变化差别大;反之,降水变率越小,降水越稳定。式(3.1)可以计算不同时间尺度(年、季、月)的降水变率。

(2)干燥度的计算

干燥度指数是表征一个地区干湿程度的指标,一般用参考作物蒸散量和降水量之比来计算(张家诚 1991,崔读昌 1998),即:

$$K = \frac{ET_0}{P} \tag{3.2}$$

式中:K 为干燥度指数;ET_0 为参考作物蒸散量(mm);P 为降水量(mm)。某一地区的干燥度指数值越大,表明该地区气候越干燥;反之,越湿润。ET_0 采用公式(3.1)计算。

3.1.2　气候变化趋势分析方法——线性倾向估计

用 x_i 表示样本量为 n 的某一气候变量,用 t_i 表示 x_i 对应的时间,建立 x_i 与 t_i 之间的一元线性回归方程:

$$x_i = a + bt_i, \quad i = 1,2,\cdots,n \text{ 年} \tag{3.3}$$

式中:b 通常称为倾向值,可用最小二乘法进行估计。气候要素倾向率则为 $10b$(魏凤英 2007)。这种方法即为线性倾向估计。

3.1.3　气候突变检测——曼-肯德尔(Mann-Kendall)法

曼-肯德尔(Mann-Kendall)法以气候序列平稳为前提,并且要求序列是随机独立的,其概率分布等同(符淙斌 等 2002,魏凤英 2007)。

对于具有 n 个样本量的时间序列 x,构造一秩序列:

$$s_k = \sum_{i=1}^{k} r_i, \quad k = 2,3,\cdots,n \tag{3.4}$$

其中

$$r_i = \begin{cases} +1, & \text{当 } x_i > x_j \\ 0, & \text{当 } x_i \leqslant x_j \end{cases}, \quad j = 1,2,\cdots,i \tag{3.5}$$

即秩序列 s_k 是第 i 时刻数值大于第 j 时刻数值个数的累计数。

定义统计量

$$UF_k = \frac{[s_k - E(s_k)]}{\sqrt{\text{var}(s_k)}}, \quad k = 1,2,\cdots,n \tag{3.6}$$

式中:$UF_1 = 0$;$E(s_k)$ 和 $\text{var}(s_k)$ 分别是累计数的均值和方差,在 $x_1,x_2,\cdots,x_n$ 相互独立,且有相同的连续分布时,它们可由式(3.7)算出:

$$\begin{cases} E(s_k) = \dfrac{k(k+1)}{4} \\ \text{var}(s_k) = \dfrac{k(k-1)(2k+5)}{72} \end{cases} \tag{3.7}$$

UF_i 为标准正态分布,它是按时间序列 x 顺序 $x_1,x_2,\cdots,x_n$ 计算出的统计量序列,给定显著性水平 α,查标准正态分布表,若 $|UF_i| > U_a$,则表明该序列存在明显的趋势变化。

按时间序列 x 逆序 $x_n,x_{n-1},\cdots,x_1$,再重复上述过程,同时使 $UB_k = -UF_k(k=n,n-1,\cdots,1)$,$UB_1 = 0$。这一方法的优点在于不仅计算简便,而且可明确突变开始的时间,并指出突变区域。若 $UF_k > 0$,则表明序列呈上升趋势;若 $UF_k < 0$,则表明序列呈下降趋势。当它超过临界直线时,表明上升或下降趋势显著。把超过临界线的范围确定为出现突变的时间区域。如果 UF_k 和 UB_k 两条曲线出现交点,且交点在临界线之间,那么交点对应的时刻便是突变开始的时间。

3.2　光能资源时空分布特征

3.2.1　年日照时数时空特征

(1)年日照时数空间分布特征

南方地区年日照时数的空间分布见图 3.1,从图 3.1 可看出,南方地区年日照时数以中部最少、西部最高、东部居中。年日照时数低值区为四川盆地中部和贵州北部,低于 1 200 h;高值区为川西高原、云南省大部(除东端)、海南岛及苏皖北部,高于 2 000 h,其中高原(如石渠)或干热河谷地区(如元谋)局地高于 2 400 h。长江中下游地区、华南东中部等地、四川盆地日照低值区与川西高原日照高值区之间的过渡区、云南东端和东南缘的年日照时数在 1 800~2 000 h 之间;江南西部、华南西北部以及四川盆地日照低值区周边的黔中南、鄂西南、四川盆地边缘等地的年日照时数在 1 200~1 800 h 之间。

(2)年日照时数时间变化特征

近 50 年(1959—2008 年)南方地区年日照时数呈极显著减少趋势(图 3.2),气候倾向率为

−51.4 h/(10a)。50 年平均为 1 785 h,最高值为 2 100 h(1963 年),最低值为 1 626 h(1997 年)。从年代际变化来看,20 世纪 60 年代以来,年日照时数呈明显波动下降趋势,20 世纪 60 年代最高,然后逐渐下降,2000 年以来略微上升。

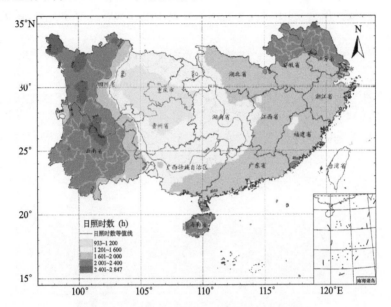

图 3.1　南方地区年日照时数空间分布图

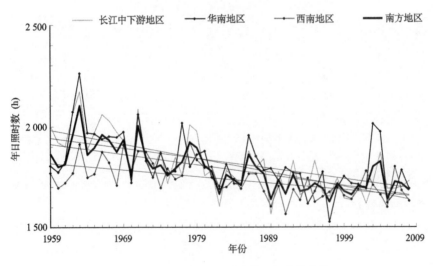

图 3.2　南方地区年日照时数历年变化曲线

　　长江中下游地区近 50 年的年总日照时数极显著减少,气候倾向率为−70.1 h/(10a)。50 年平均为 1 809 h,最高值为 2 171 h(1963 年),最低值为 1 565 h(1989 年)。从年代际变化来看,20 世纪 60 年代以来,年总日照时数呈明显波动下降趋势,20 世纪 60 年代最高,然后逐渐降低,20 世纪 90 年代以来,除了 2004 年的年总日照时数(1 869 h)明显高于平均值外,其他年份基本不超过平均值。

　　华南地区近 50 年的年总日照时数也是极显著减少的,气候倾向率为−50.5 h/(10a)。50 年平均为 1 816 h,最高值为 2 263 h(1963 年),最低值为 1 524 h(1997 年)。从年代际变化来看,20
世纪 60 年代以来,年日照时数呈明显波动下降趋势,但是 2003 和 2004 年突然增加后下降。

西南地区近 50 年的年总日照时数也是极显著减少的,气候倾向率为 −33.2 h/(10a)。50
年平均为 1 736 h,最高值为 1 918 h(1978 年),次高值为 1 909 h(1969 年),最低值为 1 567 h
(1991 年)。

年总日照时数的空间分布特征和年总辐射的空间分布特征基本一致,除云南西南部等地
增加外,其他大部分地区减少,从西向东减少的幅度逐渐增大(图 3.3)。年日照时数略有增加
的地区主要分布在云南西南缘及四川等地;减少明显的区域是长江中下游地区大部(不包括湖
南)、华南地区东南部、四川盆地中部、黔中、滇中等,每 10 年减少 5 h 以上,其中皖西北、鄂中
北部、滇中部、黔中等地减少得更明显,变幅为 −15～−10 h/(10a)。川中部、川南部、滇西北、
滇西南中部、滇东部、湘中部等地减少幅度在 5 h/(10a)以内。

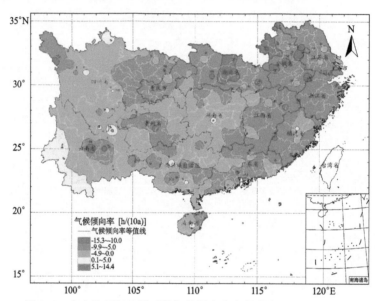

图 3.3　南方地区年日照时数气候倾向率空间分布(1959—2008 年)

3.2.2　辐射资源时空特征

(1)太阳辐射的计算

太阳辐射观测站较少,通常利用日照时数间接求得。太阳辐射由以下关系来求得:

$$R_s = \left(a_s + b_s \frac{n}{N}\right) R_a \tag{3.8}$$

式中:R_s 为太阳总辐射或短波辐射[MJ/(m² · d)],一般说的太阳辐射都是指太阳的短波辐
射;n 为实际日照时数(h);N 为最大可能日照时数(h);n/N 为相对日照;R_a 为地球外辐射
[MJ/(m² · d)];a_s 为回归常数,在阴天($n=0$)时,表示到达地球表面的地球外辐射的透过系
数;$a_s + b_s$ 为晴天($n=N$)时到达地球表面的地球外辐射的透过率。a_s 和 b_s 随大气状况(湿度、
尘埃)和太阳磁偏角(纬度和月份)而变化,当没有实际的太阳辐射资料和经验参数可以利用
时,推荐使用 $a_s=0.25, b_s=0.50$。

不同纬度一年中每日的地球外辐射 R_a 可以由太阳常数、太阳磁偏角和这一天在一年中的

位置来估计,即:

$$R_a = \frac{24 \times 60}{\pi} G_{sc} d_r (\omega_s \sin\varphi \sin\delta + \cos\varphi \cos\delta \sin\omega_s) \tag{3.9}$$

式中:G_{sc} 为太阳常数,取值 0.082 MJ/(m²・min);d_r 为反转日地平均距离,$d_r = 1 + 0.033$ $\cos\left(\frac{2\pi}{365}J\right)$,$J$ 为日序,取值范围为 1~365 或 366,如 1 月 1 日取日序为 1;ω_s 为日落时角(rad), $\omega_s = \arccos(-\tan\varphi\tan\delta)$;$\varphi$ 为纬度(rad);δ 为太阳磁偏角(rad),$\delta = 0.408\sin\left(\frac{2\pi}{365}J - 1.39\right)$。

通过太阳辐射即可计算净辐射,这里不再详述。

(2)太阳辐射空间分布特征

1)总辐射空间分布特征

南方地区的年太阳总辐射空间分布特征大体上是中部低,东、西部高[图 3.4(a)]。年太阳总辐射低值区分布在四川盆地中部,在 4 500 MJ/m² 以下,西南地区中东部等地区在 4 501~5 000 MJ/m² 之间;年太阳总辐射高值区在四川西部、云南大部、华南沿海、海南和淮北等地,年太阳总辐射在 5 500 MJ/m² 以上,其中川滇部分河谷地区、海南大部等地区的年太阳总辐射在6 000 MJ/m² 以上;江苏中南部、安徽中南部、湖北中东部、湖南东北部和南部、江西、浙江、福建中北部、广东中北部、广西中南部、贵州西部、云南东部等地区的年太阳总辐射在 5 001~5 500 MJ/m² 之间。

2)净辐射空间分布特征

南方地区的年太阳净辐射空间分布特征和太阳总辐射类似[图 3.4(b)],低值区在四川东部、重庆西南部、贵州东北部,低于 2 800 MJ/m²,西南地区北部和东部、湖南西部、湖北西部在 2 801~3 000 MJ/m² 之间;高值区在华南沿海、海南、云南中南部,高于 3 400 MJ/m²;华南中南部、云南东部和西北部、四川西部等地区为次高值区,在 3 201~3 400 MJ/m² 之间;长江中下游地区大部分在 3 001~3 200 MJ/m² 之间。

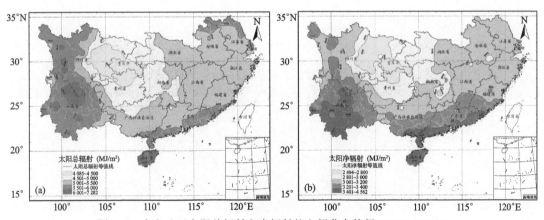

图 3.4　南方地区太阳总辐射和净辐射的空间分布特征(1959—2008 年)

(3)总辐射时间变化特征

南方地区及各分区域的太阳总辐射历年变化如图 3.5 所示。由图 3.5 可见,1959—2008 年南方地区的总辐射显著减少,气候倾向率为 −6 MJ/(m²・10a)。50 年平均为 5 329 MJ/m²,最高值为 5 736 MJ/m²(1963 年),最低值为 5 121 MJ/m²(1997 年)。各地区的表现并不完全一致。长江中下游地区、华南地区及西南地区的总辐射都呈极显著减少趋势,长江中下游地区减少幅度最大,历年在 4 843 MJ/m² (1989 年)~5 700 MJ/m² (1963 年)之间变化,气候倾向率为−92 MJ/(m²·10a);华南次之,历年在 5 139 MJ/m² (1997 年)~6 154 MJ/m² (1963 年)之间变化,气候倾向率为−72 MJ/(m²·10a);西南地区减少幅度最小,历年在 5 005 MJ/m² (1991 年)~5 473 MJ/m² (1978 年)之间变化,气候倾向率为−46 MJ/(m²·10a)。

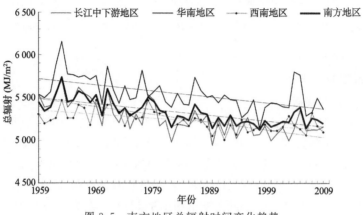

图 3.5　南方地区总辐射时间变化趋势

南方地区各地太阳总辐射气候倾向率如图 3.6 所示。由图 3.6 可见,南方地区年太阳总辐射的气候倾向率空间分布特征与日照时数基本类似:大部分地区辐射减少,从西向东减少的幅度逐渐增大。辐射增加区有云南西南缘及其他局地。辐射减少明显的区域是长江中下游地区大部、华南地区东南部、四川盆地中部、黔中、滇中等地,气候倾向率每 10 年减少 8 MJ/m² 以上,其中皖西北、鄂中北部、滇中部、黔中等地减少得更明显,气候倾向率变幅为−20~−12 MJ/(m²·10a);川西高原的东部、川西南、滇西北、滇西南中部、湘西南等地辐射的气候倾向率减少幅度在 4 MJ/(m²·10a)以内,其他大部分地区气候倾向率减少幅度为−8~−12 MJ/(m²·10a)。

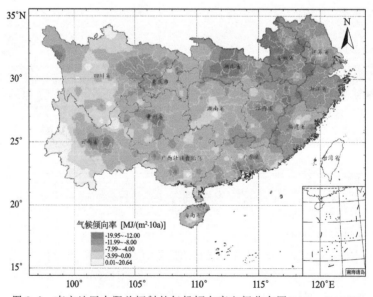

图 3.6　南方地区太阳总辐射的气候倾向率空间分布图(1959—2008 年)

　　总之,南方地区除西南地区东北部和长江中下游地区西部光照条件较差外,其他大部分地区光照条件较丰富。从光照条件随时间变化看,近 50 年除极个别地区略有增加外,其他绝大部分地区日照和辐射都呈明显减少的趋势,且长江中下游等东部地区日照和辐射减少尤为明显。

3.3　热量资源时空分布特征

3.3.1　年平均气温时空特征

(1)年平均气温空间分布特征

　　南方地区年平均气温空间分布如图 3.7 所示,总体上,随纬度的升高而降低,但也明显受海拔高度影响,海拔越高温度越低。南方地区东部(本书指华南和长江中下游地区)的年平均气温随纬度变化呈现明显的条带状,由南向北逐渐降低;另外,安徽的黄山、江西的庐山、福建的九仙山、湖南的南岳等较高海拔(1 000~2 000 m)的山区对温度影响很大,气温明显比周边低。南方地区西部(即西南地区)的年平均气温由南向北降低,但受地形影响,其东北部的盆地、低山、丘陵区的年平均气温高于西北部的高原、山地。

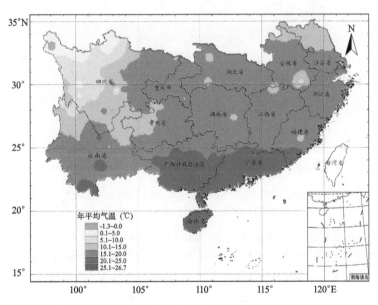

图 3.7　南方地区年平均气温空间分布图(1959—2008 年)

　　南方地区年平均气温在 −1.3~26.7 ℃之间,最高值出现在海南岛南端及南海诸岛,最低值出现在四川西北部高寒山区。长江中下游地区年平均气温大多在 14.5~18.0 ℃之间,只有淮北等地区略低于 14.5 ℃。华南大部分地区的年平均气温在 18.0~25.0 ℃之间,25°N 以南的华南地区在 20.0~25.0 ℃之间,海南南部略高于 25.0 ℃。西南地区年平均气温受地形影响地区间差异最大,云南西北部边缘地区和四川西部等高海拔山区在 10.0 ℃以下,四川中部、云南西北部和东北部、贵州西北部在 10.0~15.0 ℃之间,四川东部、重庆、贵州的东部和南部及云南中南大部在 15.0~20.0 ℃之间,而云南南端和中南部部分河谷地区在 20.0 ℃以上,其中元江等河谷地区高达 23.8 ℃。

(2)年平均气温时间变化特征

由图 3.8 可知,近 50 年(1959—2008 年)南方地区年平均气温在 16.2 ℃(1976 年)～ 17.9 ℃(1998 年)之间变动,多年平均为 16.9 ℃,呈显著上升趋势,气候倾向率平均为 0.16 ℃/(10a)。但南方不同地区之间年平均气温的时间变化特征并不完全一致(图 3.8):长江中下游地区的升温幅度最明显,高于整个南方地区平均,气候倾向率为 0.20 ℃/(10a);华南地区与南方地区的升温幅度基本一致;而西南地区的升温幅度稍小,但也呈显著上升趋势,气候倾向率为 0.14 ℃/(10a)。近 50 年长江中下游地区年平均气温在 15.7 ℃(1984 年)～17.6 ℃(2007 年)之间波动变化,多年平均为 16.5 ℃;华南地区在 20.4 ℃(1984 年)～22.2 ℃(1998 年)之间变动,多年平均为 21.2 ℃;西南地区在 13.5 ℃(1976 年)～15.0 ℃(2006 年)之间变动,多年平均为 14.1 ℃。

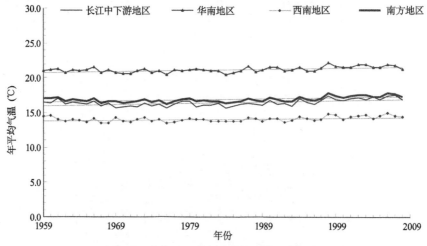

图 3.8　南方地区年平均气温历年变化曲线

注:图中上标不同符号表示通过 α 的显著性检验,"＊＊＊"表示 $\alpha=0.01$,"＊＊"表示 $\alpha=0.05$,"＊"表示 $\alpha=0.1$,下同。

南方地区各年代的年平均气温的变化结合 UF 曲线和气温累积距平曲线(图 3.9)分析得到。南方地区年平均气温在 20 世纪 60 年代到 90 年代中期呈变冷趋势,且 20 世纪 60 年代中期到 70 年代末变冷趋势显著(UF 值低于显著性水平 0.05 临界线),20 世纪 80 年代以后变冷趋势减弱;20 世纪 90 年代后期以来呈变暖趋势,且 2002 年以来变暖趋势显著(UF 值高于显著性水平 0.05 临界线);并且根据 UF 和 UB 曲线的交点位置,确定南方地区年平均气温 20 世纪 90 年代后期以来的变暖是一突变现象。南方地区不同分区域之间的年平均气温的年代变化特征也不完全一致。长江中下游地区年平均气温在 20 世纪 60 年代到 90 年代后期呈变冷趋势,且 20 世纪 60 年代中后期到 80 年代末显著变冷;20 世纪 90 年代后期以来呈变暖趋势,且 2003 年以来显著变暖。华南地区年平均气温在 20 世纪 60 年代到 90 年代初呈变冷趋势,且 20 世纪 70 年代显著变冷;20 世纪 90 年代无明显变化;20 世纪 90 年代后期以来突变增暖,2002 年以来显著增暖。西南地区年平均气温在 20 世纪 60 年代到 90 年代初呈变冷趋势,且 20 世纪 60 和 70 年代显著变冷;20 世纪 90 年代中后期无明显变化;20 世纪 90 年代后期以来呈变暖趋势,且 2001 年突变增暖,2005 年以来显著变暖。

从南方地区各地年平均气温气候倾向率空间分布(图 3.10)看,各区域内年平均气温的气候倾向率也不同:近 50 年长江中下游地区总体呈显著增暖的趋势,其东北部的气温上升幅度

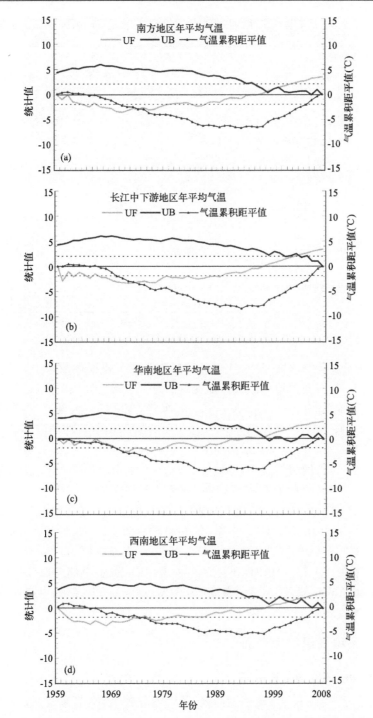

图 3.9　南方地区年平均气温累积距平曲线及其曼-肯德尔统计量历年变化曲线
（UF 代表负距平的统计量，UB 代表正距平的统计量，下同）

大于西南部。安徽、江苏、浙江东北部、湖北中东部等地区气温上升幅度高于南方地区平均气候倾向率，近 50 年显著上升了 1.0～2.0 ℃，相当于气候倾向率在 0.2～0.4 ℃/（10a）。湖南大部、江西中北部、浙江西南部、湖北西部等地区 50 年显著上升了 0.5～1.0 ℃，气候倾向率在

0.1~0.2 ℃/(10a)之间。江西南部和湖北西南部呈略上升趋势,幅度小于0.1 ℃/(10a)。

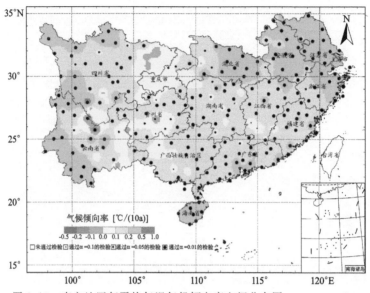

图 3.10　南方地区年平均气温气候倾向率空间分布图(1959—2008 年)

华南地区总体呈显著增暖的趋势,从东南沿海向西上升幅度逐渐减小。福建和广西部分沿海地区、珠江三角洲、海南等地气温上升幅度高于南方平均气候倾向率,近 50 年显著上升了1.0~1.5 ℃,气候倾向率为 0.2~0.3 ℃/(10a)。福建大部、广东大部、广西东北部等地区 50年显著上升了 0.5~1.0 ℃,气候倾向率为 0.1~0.2 ℃/(10a)。广西西南部呈略上升趋势,幅度小于 0.1 ℃/(10a)。

西南地区总体呈显著增暖的趋势,但地区间差异很大,从西到东增暖幅度逐渐增加,部分地区呈下降趋势。川西高原的北部和西南部、云南西部和东南部等地区近 50 年显著上升了1.0~2.0 ℃,气候倾向率为 0.2~0.4 ℃/(10a)。四川中部、云南中部和东北部、贵州东部和北部等地区 50 年显著上升了 0.5~1.0 ℃,气候倾向率为 0.1~0.2 ℃/(10a)。四川盆地大部、川西南、滇东南等地区气温略升,贵州西南部呈上升趋势,但近 50 年上升幅度不超过0.5 ℃,气候倾向率在 0.1 ℃/(10a)以下。四川盆地中部、贵州中部等部分地区气温略降,近50 年下降幅度不超过 0.5 ℃,气候倾向率在 −0.1 ℃/(10a)以上,部分川滇河谷地区近 50 年显著下降了 0.5~1.0 ℃。

3.3.2　各季节平均气温时空特征

(1)各季节平均气温空间分布特征

南方地区四季分明,各季节冷暖程度明显、温度差异较大,本节通过分析不同季节的平均气温状况来反映不同季节的冷暖情况。

1)春季平均气温空间分布特征

南方地区春季平均气温的空间分布如图 3.11(a)所示。由图 3.11(a)可见,南方地区春季平均气温空间分布特征与年平均气温分布趋势基本一致,全区的春季平均气温变化范围及各分区域的空间分布特征都类似。春季平均气温的范围为 −0.7~27.4 ℃,最高值出现在海南岛最南部,最低值出现在四川省西北部。长江中下游地区春季平均气温大多在 12.5~18.0 ℃

之间,其中江苏、安徽东部及浙江北部等地区的春季平均气温较低,在 12.5～15.0 ℃,其他地区在 15.0～18.0 ℃之间。华南大部分地区的春季平均气温在 17.0～25.0 ℃之间,其中福建大部、两广北部较低,在 17.0～20.0 ℃之间;两广大部、海南中北部在 20.0～25.0 ℃之间;海南南部在 25.0～27.4 ℃之间。西南地区的春季平均气温的地区间差异大,在 −0.7～25.5 ℃之间,云南省西北角和四川省西部高海拔山区在 10.0 ℃以下;四川省中部、云南省西北部和东北部、贵州省西北部等中高海拔山区在 10.0～15.0 ℃之间;四川省东部、重庆市、贵州东部和南部及云南省中南大部在 15.0～20.0 ℃之间;而云南南部在 20.0～25.5 ℃之间。

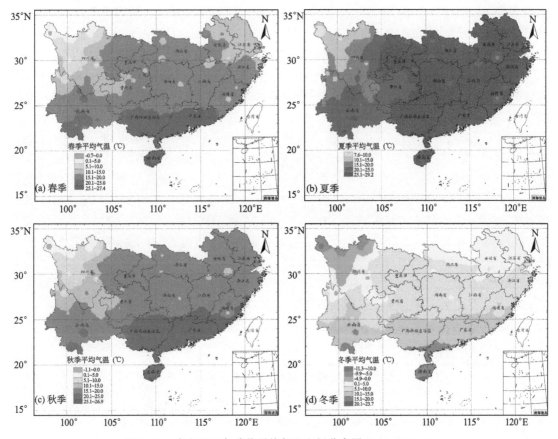

图 3.11　南方地区各季节平均气温空间分布图(1959—2008 年)

2)夏季平均气温空间分布特征

南方地区夏季平均气温的空间分布如图 3.11(b)所示。由图 3.11(b)可见,南方地区夏季平均气温的纬向分布特征已不明显,但大体上还是从南向北逐渐降低,也受海拔高度影响。南方地区夏季平均气温在 7.6～29.2 ℃之间,西南地区温度明显低于长江中下游地区和华南地区。长江中下游地区、华南和四川盆地及其南部和东部周边的中低海拔丘陵、低山地区等夏季平均气温在 25.0～29.2 ℃之间。四川盆地西部山区与高原过渡地区及云贵高原大部在 20.0～25.0 ℃之间;四川中南部、云南西北部和东北部等中高海拔高原山地在 15.0～20.0 ℃之间;四川省西部高海拔高原地区多在 10.0～15.0 ℃之间;局地高寒山区低于 10.0 ℃。

3)秋季平均气温空间分布特征

南方地区秋季平均气温的空间分布如图 3.11(c)所示。由图 3.11(c)可见,南方地区秋季平均气温的空间分布特征与年平均气温的分布也基本一致。南方地区秋季平均气温的变化范围为-1.1~26.9 ℃,最高值出现在海南岛最南部,最低值出现在四川省西北部。除了赣南的秋季平均气温略高于20.0 ℃外,长江中下游其他地区大多在15.0~20.0 ℃之间。华南大部分地区的秋季平均气温在15.0~25.0 ℃之间;闽中以北、桂北山区在15.0~20.0 ℃之间;福建南部、两广大部、海南大部在20.0~25.0 ℃之间;海南南部在25.0~26.9 ℃之间。西南地区秋季平均气温的地区间差异大,在-1.1~23.6 ℃之间,云南省西北局部地区和四川省西部高寒山区在10.0 ℃以下;四川省中部、云南省西北部和东北部、贵州省西北部在10.0~15.0 ℃之间;四川省东部、重庆市、贵州大部及云南省中南大部在15.0~20.0 ℃之间;而西双版纳州和部分河谷地带在20.0~23.6 ℃之间。

4)冬季平均气温空间分布特征

南方地区冬季平均气温空间分布如图3.11(d)所示。由图3.11(d)可见,南方地区冬季平均气温空间分布大体呈从南到北逐渐降低的特征,变化范围为-11.3~23.7 ℃。南方地区东部冬季平均气温的纬向分布很明显,20.0,15.0和10.0 ℃等气温等值线与纬线都近似平行;西南地区冬季平均气温受地形影响,使其北部的气温呈经向分布,从西到东气温逐渐增加。长江中下游地区冬季平均气温多在0~10.0 ℃之间,江苏、安徽、湖北北部等地的冬季平均气温在0~5.0 ℃之间;浙江、江西大部、湖南、湖北南部等地在5.1~10.0 ℃之间。华南地区的冬季平均气温变化范围大多在10.0~20.0 ℃之间,福建中北部和广西东北部等部分地区的冬季平均气温略低于10.0 ℃;福建南部和两广大部在10.0~15.0 ℃;两广沿海地区、海南大部等在15.0~20.0 ℃之间;海南最南部在20.0~23.7 ℃之间。西南地区的冬季平均气温在-11.3~17.6 ℃之间,四川西北部的冬季平均气温0 ℃以下;四川中部和云南西北少部分地区在0~5.0 ℃之间;四川东部和西南部、重庆市、贵州大部、云南东北部和西北部等地区在5.0~10.0 ℃之间;云南中南部多在10.0~15.0 ℃之间;云南西双版纳州等地的冬季平均气温略高于15.0 ℃。

(2)各季节平均气温时空变化特征

1)时间变化特征

春季:如图3.12所示,近50年(1959—2008年)南方地区春季平均气温在15.6 ℃(1970年)~17.9 ℃(2008年)之间变动,平均为16.9 ℃,总体呈显著上升趋势,气候倾向率为0.175

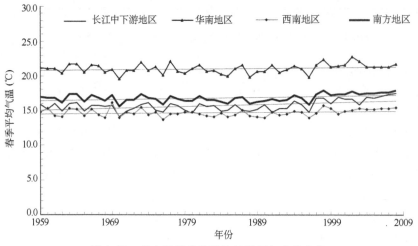

图3.12　南方地区春季平均气温历年变化曲线

℃/(10a),即 50 年约上升了 1 ℃。长江中下游地区春季平均气温在 14.2 ℃(1970 年)~17.5 ℃ (2008 年)之间变动,平均为 15.8 ℃;华南地区在 19.5 ℃(1970 年)~22.8 ℃(2002 年)之间变动, 平均为 21.1 ℃;西南地区在 13.7 ℃(1976 年)~16.1 ℃(1969 年)之间变动,平均为 14.7 ℃。

由南方地区各年代的春季平均气温的变化结合 UF 曲线和气温累积距平曲线(图 3.13)

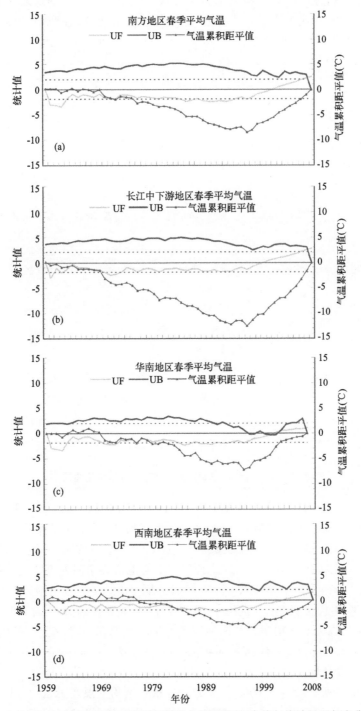

图 3.13　南方地区春季平均气温累积距平曲线及其曼-肯德尔统计量历年变化曲线

可以得到:南方地区春季平均气温在 20 世纪 60 年代到 90 年代末呈变冷趋势,其中 20 世纪 80 年代中期到 90 年代中前期显著变冷;2001—2008 年呈变暖趋势,且 2007 年以来显著变暖。南方不同地区之间春季平均气温的年代变化特征也不完全一致。

长江中下游地区春季平均气温在 20 世纪 60 年代到 90 年代末呈变冷趋势;20 世纪 90 年代末以来呈变暖趋势,且 2006 年以来显著变暖[图 3.13(b)]。华南地区春季平均气温在 20 世纪 60 年代到 90 年代末变冷;20 世纪 90 年代末以来变暖,且 2006 年以来显著增暖[图 3.13(c)]。西南地区春季平均气温在 20 世纪 60 年代到 21 世纪初呈变冷趋势;2003 年以来呈变暖趋势[图 3.13(d)]。

夏季:如图 3.14 所示,1959—2008 年,南方地区夏季气温在 24.1 ℃(1974 年)～25.8 ℃(2006 年)之间变动,平均为 24.9 ℃,总体呈显著上升趋势,气候倾向率平均为 0.075 ℃/(10a),即 50 年约上升了 0.37 ℃。长江中下游地区夏季气温在 25.7 ℃(1999 年)～27.8 ℃(1961 年)之间变动,平均为 26.7 ℃;华南地区在 26.8 ℃(1976 年)～28.2 ℃(2003 年)之间变动,平均为 27.5 ℃;西南地区在 20.2 ℃(1974 年)～22.2 ℃(2006 年)之间变动,平均为 21.1 ℃。

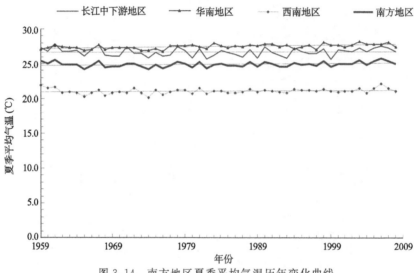

图 3.14　南方地区夏季平均气温历年变化曲线

由南方地区各年代的夏季平均气温的变化结合 UF 曲线和气温累积距平曲线(图 3.15)可以得到:南方地区夏季平均气温在 20 世纪 60 年代到 21 世纪初呈变冷趋势,其中 20 世纪 60—80 年代显著变冷;2002 年以来呈变暖趋势,且 2005 年为突变点。南方不同地区之间夏季平均气温的时间变化特征也不完全一致。长江中下游地区整个时期呈略变冷趋势,其中 20 世纪 70 年代中期到 80 年代末显著变冷;2006 年以来呈变暖趋势。华南地区夏季平均气温在 20 世纪 60 年代到 80 年代初变冷;20 世纪 80 年代初以来呈变暖趋势,其中 1989 年为增温突变点,20 世纪 90 年代以来显著增暖。西南地区夏季平均气温在 20 世纪 60 年代到 90 年代中期呈变冷趋势,其中 20 世纪 60 年代到 70 年代中期显著变冷;20 世纪 90 年代中期以来呈变暖趋势,2004 年以来突变增暖。

秋季:如图 3.16 所示,1959—2008 年南方地区秋季平均气温在 16.6 ℃(1976 年)～19.1 ℃(1998 年)之间变动,平均为 17.9 ℃,总体呈显著上升趋势,气候倾向率为 0.182 ℃/(10a),

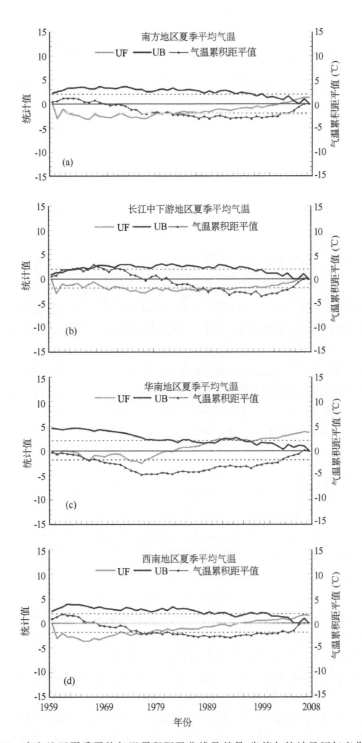

图 3.15 南方地区夏季平均气温累积距平曲线及其曼-肯德尔统计量历年变化曲线

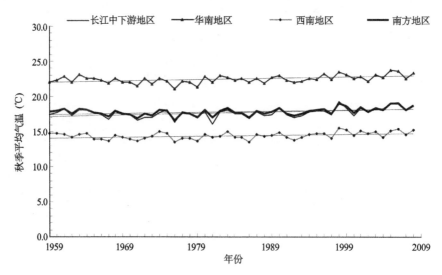

图 3.16　南方地区秋季平均气温历年变化曲线

即 50 年约上升了 1 ℃。长江中下游地区秋季平均气温在 16.0 ℃（1981 年）～19.3 ℃（1998 年）之间变动，平均为 17.7 ℃。华南地区秋季气温从 1959—2008 年在 21.0 ℃（1976 年）～23.8 ℃（2005 年）之间变动，平均为 22.5 ℃。西南地区秋季气温从 1959—2008 年在 13.5 ℃（1986 年）～15.5 ℃（1998 年）之间变动，平均为 14.4 ℃。

　　由南方地区秋季气温的年代变化特征结合 UF 曲线和气温累积距平曲线（图 3.17）可以得到：南方地区秋季平均气温在 20 世纪 60 年代到 90 年代中后期呈变冷趋势，其中 20 世纪 70 年代显著变冷；20 世纪 90 年代后期以来呈变暖趋势，且 2004 年为突变点，2006 年以来显著增温。南方不同地区之间的秋季平均气温的时间变化特征也不完全一致。长江中下游地区秋季平均气温在 20 世纪 60 年代到 90 年代末呈变冷趋势，其中 20 世纪 70 年代显著变冷；20 世纪 90 年代末以来呈变暖趋势，2007 年以来显著变暖。华南地区秋季平均气温在 20 世纪 60 年代中前期略变冷，20 世纪 60 年代后期到 80 年代后期变冷，其中 20 世纪 70 年代末、80 年代初显著变冷；20 世纪 80 年代末到 90 年代中后期略变暖，20 世纪 90 年代后期以来呈变暖趋势，其中 2003 年为增温突变点，2005 年以来显著增暖。西南地区秋季平均气温在 20 世纪 60 年代到 90 年代中期呈变冷趋势，其中 20 世纪 60 年代到 70 年代前期显著变冷；20 世纪 90 年代中期以来呈变暖趋势，2004 年突变增暖，2006 年以来显著增暖。

　　冬季：如图 3.18 所示，1959—2008 年，南方地区冬季平均气温在 5.7 ℃（1967 年）～9.7 ℃（1998 年）之间变动，平均为 7.9 ℃，总体呈显著上升趋势，气候倾向率为 0.236 ℃/（10a），即 50 年约上升了 1.2 ℃。长江中下游地区冬季平均气温在 3.2 ℃（1967 年）～7.6 ℃（1998 年）之间变动，平均为 5.4 ℃，总体呈显著上升趋势。华南地区冬季平均气温在 11.2 ℃（1983 年）～15.3 ℃（1998 年）之间变动，平均为 13.6 ℃。西南地区冬季平均气温在 4.3 ℃（1967 年）～7.5 ℃（2008 年）之间变动，平均为 6.0 ℃。

　　由南方地区冬季平均气温的年代变化特征结合 UF 曲线和气温累积距平曲线（图 3.19）可以得到：南方地区冬季平均气温在 20 世纪 60—90 年代呈变冷趋势，其中 20 世纪 60 年代显著变冷；20 世纪 90 年代以来呈变暖趋势，且 20 世纪 90 年代中期为增温突变点，2002 年以来显著增温。南方不同区域之间及区内不同地点之间冬季平均气温的时间变化特征也不完全一

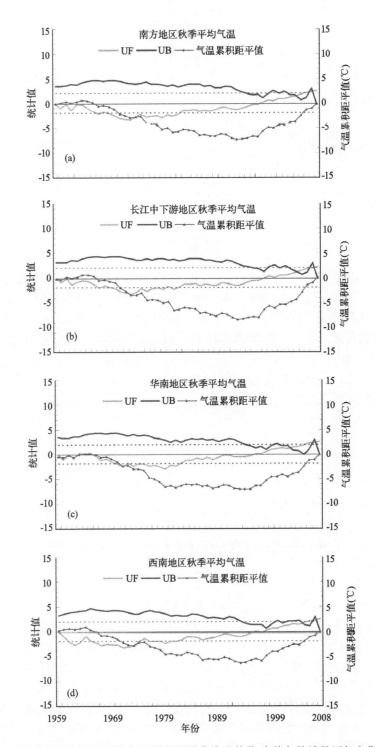

图 3.17 南方地区秋季平均气温累积距平曲线及其曼-肯德尔统计量历年变化曲线

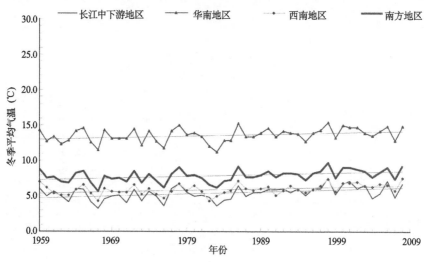

图 3.18　南方地区冬季平均气温历年变化曲线

致。长江中下游地区冬季平均气温在 20 世纪 60 年代到 90 年代初呈变冷趋势,其中 20 世纪 60 年代显著变冷;20 世纪 90 年代初以来呈变暖趋势,其中 20 世纪 90 年代中期为增温突变点,2000 年以来显著变暖。华南地区冬季平均气温在 20 世纪 60 年代到 80 年代末变冷,其中 20 世纪 60 年代初显著变冷;20 世纪 90 年代初以来呈变暖趋势,其中 20 世纪 90 年代中期为增温突变点。西南地区冬季平均气温在 20 世纪 60 年代到 80 年代末呈变冷趋势,其中 20 世纪 60 年代显著变冷;20 世纪 90 年代以来呈变暖趋势,其中 20 世纪 90 年代后期突变变暖,2003 年以来显著变暖。

2)空间变化特征

春季:从空间分布[图 3.20(a)]来看,近 50 年长江中下游地区春季平均气温总体呈显著上升趋势,其北部的气温上升幅度大于南部,气候倾向率平均为 0.29 ℃/(10a),明显高于年平均气温的上升幅度,也明显高于全南方地区及其他分区域春季平均增暖幅度。江苏、安徽、浙江北部和东南部、江西北部、湖南中北部、湖北大部等地区的春季平均气温 50 年显著上升了 1.0~2.5 ℃;湖南南部和西北部、江西中部、浙江西南部等地区的春季平均气温 50 年显著上升了 0.5~1.0 ℃;江西南部和湖北西南部的春季平均气温呈略上升趋势,增温幅度较小,50 年上升了不到 0.5 ℃。

华南地区总体呈增温趋势,从东南沿海向西升温幅度逐渐减小,气候倾向率平均为 0.12 ℃/(10a)。海南中南部及华南沿海局部地区的春季平均气温 50 年显著上升了 1.0~1.5 ℃;福建东部、广东大部、广西东部、海南北部等地区的春季平均气温 50 年上升了 0.5~1.0 ℃,但大多未通过 0.1 的显著性检验,趋势不明显;福建西部、广东东北部、广西西部的春季平均气温呈略上升趋势,50 年上升了不到 0.5 ℃;广西西北部局部地区的春季平均气温呈略微下降趋势,但降温幅度不大,50 年降温不超过 0.5 ℃。

西南地区总体呈升温趋势,但地区间差异很大:西部增温幅度大,东部增温幅度小,中间部分地区呈现降温,气候倾向率平均为 0.100 ℃/(10a)。川西高原西南部、云南的西北部和西南部等地区的春季平均气温 50 年显著上升了 1.0~2.0 ℃;四川中北部、云南中西部、贵州东部、重庆东部等地区的春季平均气温 50 年上升了 0.5~1.0 ℃;四川盆地大部、川西高原中部、贵州西部和南部、云南东北部和东南部等地区春季平均气温略升,50 年升温不超过 0.5 ℃;贵州

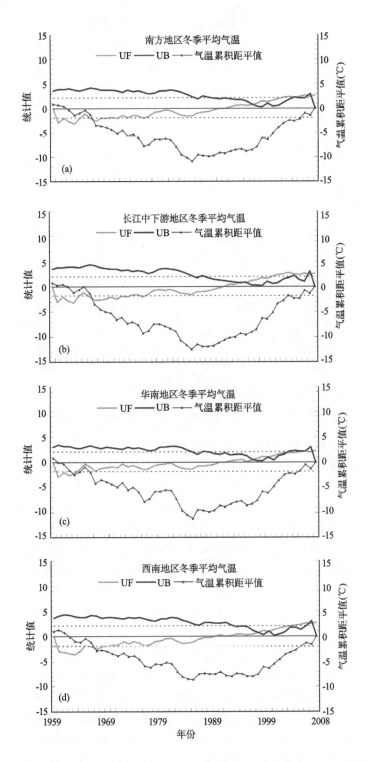

图 3.19　南方地区冬季平均气温累积距平曲线及其曼-肯德尔统计量历年变化曲线

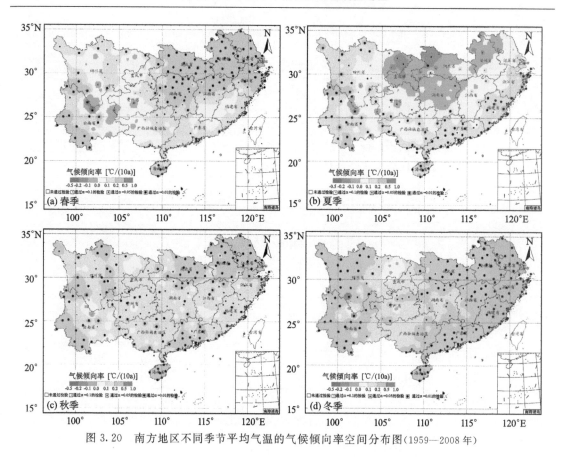

图 3.20　南方地区不同季节平均气温的气候倾向率空间分布图(1959—2008 年)

中部、四川西南部、云南东部等部分地区的春季平均气温呈略降趋势,50 年降温幅度不超过 0.5 ℃;部分川滇河谷地区的春季平均气温 50 年较显著下降,下降了 0.5~1.0 ℃。

　　夏季:从空间分布[图 3.20(b)]来看,近 50 年长江中下游地区西北部变冷,东南部变暖,气候倾向率平均为 0.024 ℃/(10a)。浙江东部沿海地区的夏季平均气温 50 年显著上升了 1.0~2.0 ℃;浙江东部、江苏东南部、上海市等地区的夏季平均气温 50 年上升了 0.5~1.0 ℃,但未通过 0.1 的显著性检验;江苏中东大部、安徽南部、浙江西部、江西大部、湖北东部、湖南南部等地区的夏季平均气温 50 年上升了不到 0.5 ℃,也未通过 0.1 的显著性检验;江苏西北部、安徽北部、湖北中部、湖南中北大部、江西西北部等地区的夏季平均气温呈略微下降趋势,50 年降温幅度不超过 0.5 ℃;湖北西北部的夏季平均气温呈下降趋势,50 年降低了 0.5~ 1.0 ℃。

　　华南地区总体呈增温趋势,南部升温幅度大,西北部升温幅度小,气候倾向率平均为 0.134 ℃/(10a)。海南中部及少部分沿海地区的夏季平均气温 50 年显著上升了 1.0~2.0 ℃;海南的东部和西部、广东大部、福建大部、广西南部沿海和东南部山区等地区的夏季平均气温 50 年显著上升了 0.5~1.0 ℃;广东北部、福建西南部等部分地区及广西大部的夏季平均气温 50 年上升了 0~0.5 ℃,但不明显,大部分未通过 0.1 的显著性检验。

　　西南地区总体仍呈升温趋势,气候倾向率平均为 0.082 ℃/(10a)。其东北部降温,东南部和中部升温幅度略小,西部升温幅度大。川东北部、滇北金沙江部分河谷地区等的夏季平均气温 50 年显著下降了 0.5~1.0 ℃;重庆、贵州中部、川滇部分河谷地区等的夏季平均气温 50 年呈略下降趋势,降温幅度不超过 0.5 ℃;贵州大部、四川中东大部、云南东部等的夏季平均气温略升,50 年升温不超过 0.5 ℃;贵州西南和西北少部分地区,云南东北部、中部和西部,四川西部等地区的夏季平均气温呈显著上升趋势,50 年上升了 0.5～1.0 ℃;云南西南部和西北部、四川西南部等局部地区,夏季平均气温上升明显,50 年显著上升了 1.0～2.0 ℃。

秋季:从空间分布[图 3.20(c)]来看,近 50 年长江中下游地区秋季平均气温整体呈显著变暖趋势,江北(长江以北)升温幅度大于江南(长江以南),气候倾向率平均为0.200 ℃/(10a)。江北和湖南北部、江西北部等地区的秋季平均气温 50 年显著上升了 1.0～2.0 ℃;浙江北部、江西中北大部、湖南大部、湖北西部等地区的秋季平均气温 50 年上升了0.5～1.0 ℃,但部分地区未通过 0.1 的显著性检验;江西南部等少部分地区的秋季平均气温50 年上升不到 0.5 ℃,升温不显著。

华南地区总体呈升温趋势,东南部升温幅度大,西北部升温幅度小,气候倾向率平均为0.183 ℃/(10a)。海南、广东中部及沿海地区、广西部分沿海地区等的秋季平均气温 50 年显著上升了 1.0～2.0 ℃;福建大部、广东北部和雷州半岛、广西大部等地区的秋季平均气温 50年显著上升了 0.5～1.0 ℃。

西南地区整体呈显著升温趋势,东部升温幅度小,西部升温幅度大,气候倾向率平均为0.165 ℃/(10a)。川滇金沙江部分河谷地区的秋季平均气温呈略降趋势,但 50 年降温幅度不超过 0.5 ℃;四川东北部、云南东部等部分地区的秋季平均气温呈略升趋势,升温幅度不超过0.5～1.0 ℃;云南西南部和西北部,以及四川西南部、西北部和东南部等地的秋季平均气温 50年显著上升了 1.0～2.0 ℃。

冬季:从空间分布[图 3.20(d)]来看,近 50 年长江中下游地区整体呈显著变暖趋势,气候倾向率平均为 0.266 ℃/(10a),即 50 年上升了约 1.3 ℃。江苏、上海、安徽、浙江、江西大部、湖南北部和南部、湖北大部等地区的冬季平均气温 50 年显著上升了 1.0～2.5 ℃;湖北西南部、湖南西北部和中部、江西西南部等少部分地区的冬季平均气温 50 年上升了 0.5～1.0 ℃,但未通过 0.05 的显著性检验。

华南地区总体呈升温趋势,东南部升温幅度大,西北部升温幅度小,气候倾向率平均为0.229 ℃/(10a)。海南、广西沿海地区、广东大部、福建大部等地区的冬季平均气温 50 年显著上升了 1.0～2.5 ℃;广西南部沿海和东部山区及广东、福建、海南大部等地区的冬季平均气温50 年上升了 1.0～2.5 ℃;广西中西部的冬季平均气温 50 年上升了 0.5～1.0 ℃,但未通过0.1 的显著性检验。

西南地区整体呈显著升温趋势,东部升温幅度小,西部升温幅度大,气候倾向率平均为0.211 ℃/(10a)。川滇金沙江部分河谷地区的冬季平均气温呈下降趋势,50 年降温幅度在0.5～1.0 ℃;四川东北部、贵州中部等少部分地区的冬季平均气温呈略降趋势,50 年降温幅度小于 0.5 ℃;四川东北部等地区的冬季平均气温呈略升趋势,升温幅度不超过 0.5 ℃;四川中东部、重庆市、贵州大部、云南东南部等地的冬季平均气温 50 年上升了 0.5～1.0 ℃,部分地区未通过 0.1 显著性检验;四川中西部、云南大部等地区的冬季平均气温 50 年显著上升了1.0～2.5 ℃。

3.3.3　最冷月和最热月气温时空特征

一般最冷月(1 月)和最热月(7 月)的温度在一定程度上能反映一年中温度变幅程度,反映一个寒暑情况,因此,最冷月和最热月气温是重要热量指标。除海洋和部分滨海地区外,一般来说,最冷月是 1 月,最热月为 7 月,为了统一分析,这里最冷月温度取 1 月平均气温,最热月温度取 7 月平均气温。

(1)最冷月和最热月平均气温空间分布特征

如图 3.21(a)所示,南方地区最冷月(1 月)平均气温呈明显的纬向分布,从南向北随着纬度的升高气温降低。东部地区的纬向分布尤为明显,20.0、15.0、10.0 和 5.0 ℃等值线与纬线大致平行。在西南地区,南部气温的纬向分布向北突出;北部气温的分布受地形影响呈经向分布,从东到西气温逐渐降低。长江中下游地区的最冷月平均气温多在 0～10.0 ℃之间变化,其中,江苏、上海、安徽大部、湖北大部、湖南中北部、江西北部、浙江北部等地区的最冷月平均气温在 0～5.0 ℃之间;浙江南部、江西中南大部、湖南南部等地区的最冷月平均气温在 5.0～10.0 ℃之间。华南地区最冷月平均气温多在 5.0～20.0 ℃之间,其中福建中北部、广东西北部、广西北部等地区最冷月平均气温在 5.0～10.0 ℃之间;福建东南部、广东大部、广西中南大部等地区的最冷月平均气温在 10.0～15.0 ℃之间;雷州半岛、海南大部的最冷月平均气温在 15.0～20.0 ℃之间;海南最南端的最冷月平均气温高达 23.2 ℃。西南地区的最冷月平均气温多在－10.0～15.0 ℃之间,只有川西高原北端的石渠、色达和若尔盖等地低于－10.0 ℃,云南南端西双版纳州和中部的元江等河谷地区高于 15.0 ℃。川西高原及云南省西北端等高海拔山区在 0 ℃以下;四川盆地外围及其周边地区、云贵高原北部在 0～5.0 ℃之间;四川盆地和云贵高原南部在 5.1～10.0 ℃之间;云南南部和北部部分河谷地区在 10.0 ℃以上。

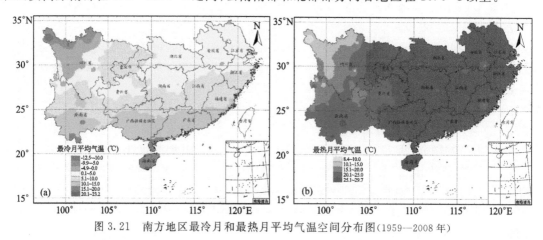

图 3.21   南方地区最冷月和最热月平均气温空间分布图(1959—2008 年)

如图 3.21(b)所示,南方地区最热月(7 月)平均气温的纬向分布不明显,受地形和海陆位置影响较大,大体呈从东到西气温逐渐降低趋势。中东部大部分地区最热月平均气温高于 25.0 ℃,其中江南中部一带在 28.0 ℃左右,是南方地区的高温中心。四川中东部、贵州中西部、云南大部等地的最热月平均气温在 20.0～25.0 ℃之间;四川中西部、云南西北部和东北部等地区的最热月平均气温在 15.0～20.0 ℃之间;四川西北部高寒山区的最热月平均气温低于 15.0 ℃。

(2)最冷月和最热月平均气温时间变化特征

1)最冷月平均气温时间变化特征

如图 3.22 所示,近 50 年(1959—2008 年)南方地区最冷月(1 月)平均气温多站平均在 4.0 ℃(1977 年)～8.4 ℃(1987 年)之间变动,平均为 6.7 ℃,总体呈上升趋势,气候倾向率平均为 0.215 ℃/(10a)，即 50 年约上升了 1 ℃。长江中下游地区最冷月平均气温在0.5 ℃(1977 年)～7.1 ℃(2002 年)之间变动，平均为 4.1 ℃，总体呈略上升趋势。华南地区最冷月平均气温在 9.4 ℃(1977 年)～14.6 ℃(1987 年)之间变动，平均为12.6 ℃。西南地区最冷月平均气温在 3.3 ℃(1983 年)～6.3 ℃(2006 年)之间变动，平均为 4.9 ℃。

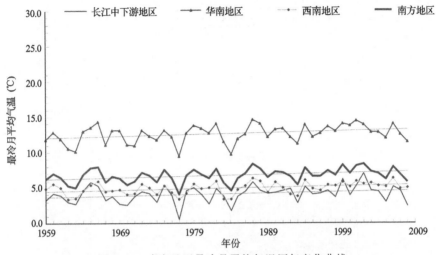

图 3.22　南方地区最冷月平均气温历年变化曲线

由南方地区最冷月平均气温的年代变化特征根据 UF 曲线和气温累积距平曲线(图3.23)可以得到:南方地区最冷月气温在 20 世纪 60 年代中前期呈变冷趋势;20 世纪 60 年代后期到 80 年代末略变冷;20 世纪 90 年代以来呈变暖趋势，且 1994 年为变暖突变点，2002年以来显著变暖。南方不同区域之间及区内不同地点之间的最冷月平均气温的时间变化特征也不完全一致。长江中下游地区最冷月平均气温在 20 世纪 60 年代中前期呈变冷趋势;20 世纪60 年代后期到 80 年代末略变冷;20 世纪 90 年代以来呈变暖趋势，且 1991 年为变暖突变点。华南地区最冷月平均气温在 20 世纪 60 年代中前期呈变冷趋势;20 世纪 60 年代后期略升，70年代略变冷，80 年代略变暖;20 世纪 90 年代以来呈变暖趋势，且 1986 年为变暖突变点，2002—2004 年显著变暖。西南地区最冷月平均气温在 20 世纪 60—80 年代变冷，20 世纪 90年代略升，1996 年为变暖突变点，2000 年以来变暖。

从南方地区最冷月平均气温气候倾向率空间分布(图 3.24)来看，近 50 年(1959—2008年)最冷月平均气温长江中下游地区中东部呈升温趋势，西南部呈降温趋势，气候倾向率平均为 0.191 ℃/(10a)，即 50 年上升了约 1 ℃。江苏、上海、安徽东北部、浙江北部及东部沿海等地区的最冷月平均气温 50 年显著上升了 1.0～2.5 ℃。浙江中西部、江西东部、安徽南部和西北部、湖北东北少部分地区等的最冷月平均气温 50 年上升了 1.0～2.5 ℃。湖北大部、江西大部、安徽西南部等地区的最冷月平均气温 50 年上升了 0.5～1.0 ℃，但大多未通过 0.1 的显著性检验。湖南大部、湖北西南部、江西西部等地区的最冷月平均气温 50 年上升幅度不超过0.5 ℃，多数也未通过 0.1 的显著性检验。湖南中部等少部分地区的最冷月平均气温呈略降趋势，近 50 年降温幅度不超过 0.5 ℃。

华南地区东南部升温幅度大，西北部升温幅度小，气候倾向率平均为 0.253 ℃/(10a)。福建、广东大部、海南等地区的最冷月平均气温 50 年显著上升了 1.0～2.5 ℃。广东西北部、广西东南部和西南部等地区的最冷月平均气温 50 年上升了 0.5～1.0 ℃，但大多未通过 0.1 的显著性检验。广西中部和东北部的最冷月平均气温 50 年升温幅度不超过 0.5 ℃,也未通过 0.1 的显著性检验。

西南地区东部升温幅度小或降温,西部升温幅度大,气候倾向率平均为 0.19 ℃/(10a)。川滇金沙江部分河谷地区、贵州东南部、四川东北部等地的最冷月平均气温呈下降趋势,50 年

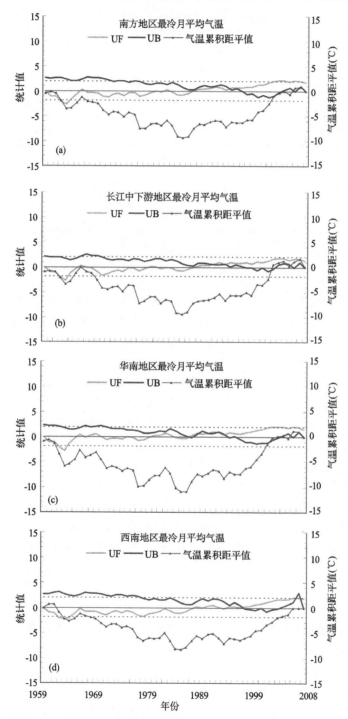

图 3.23　南方地区最冷月平均气温累积距平曲线及其曼-肯德尔统计量历年变化曲线

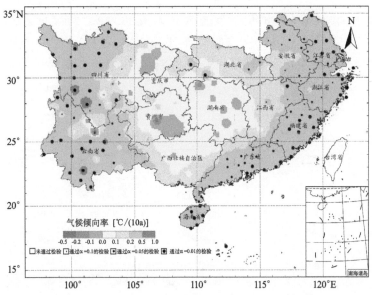

图 3.24 南方地区最冷月平均气温气候倾向率空间分布图(1959—2008 年)

降温幅度多在 0.5 ℃以内。四川东部、重庆南部、贵州东北部和中西部等地区的最冷月平均气温呈略升趋势,50 年升温幅度小于 0.5 ℃。四川中部、重庆东北部、贵州西部等地区的最冷月平均气温 50 年上升了 0.5～1.0 ℃,部分地区未通过 0.1 的显著性检验。四川中西部、云南大部等地区的最冷月平均气温 50 年显著上升了 1.0～2.5 ℃。四川西南部等少部分地区的最冷月平均气温 50 年显著上升 2.5 ℃以上。

2)最热月平均气温时间变化特征

如图 3.25 所示,1959—2008 年,南方地区最热月(7 月)平均气温在 24.6 ℃(1976 年)～26.6 ℃(2006 年)之间变动,平均为 25.7 ℃,变化趋势不明显,气候倾向率平均为 0.047 ℃/(10a),最热月升温幅度明显低于最冷月的升温幅度。长江中下游地区最热月平均气温在

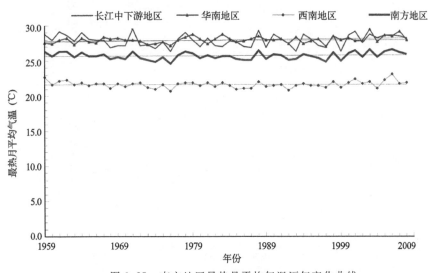

图 3.25 南方地区最热月平均气温历年变化曲线

26.4 ℃(1999 年)～29.6 ℃(1971 年)之间变动,平均为 27.9 ℃。华南地区最热月平均气温在 27.0 ℃(1997 年)～29.4 ℃(2003 年)之间变动,平均为 28.0 ℃。西南地区最热月平均气温在 20.6 ℃(1976 年)～23.1 ℃(2006 年)之间变动,平均为 21.7 ℃。

结合 UF 曲线和气温累积距平曲线(图 3.26)可见,南方地区最热月平均气温在 20 世纪

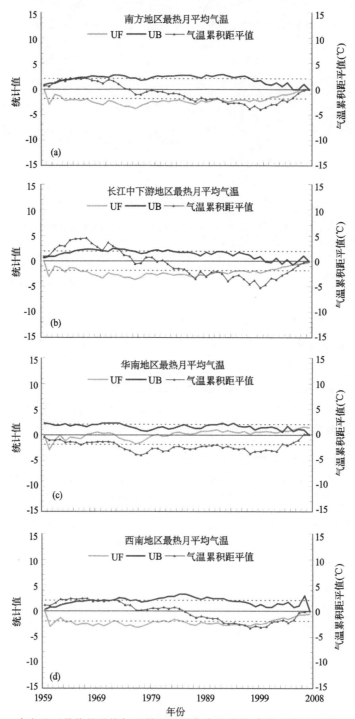

图 3.26 南方地区最热月平均气温累积距平曲线及其曼-肯德尔统计量历年变化曲线

60—90 年代显著变冷；20 世纪 90 年代以来略变冷，但近几年有上升趋势。南方不同地区之间的最热月平均气温的年代变化特征也不完全一致。长江中下游地区最热月平均气温在 20 世纪 60—90 年代显著变冷；20 世纪 90 年代以来略变冷，但近几年有上升趋势。华南地区最热月平均气温在 20 世纪 60 年代中前期略变冷；20 世纪 60 年代后期到 70 年代前期略变暖；20世纪 70 年代中后期变冷；20 世纪 80 年代略变暖，90 年代以来变暖，且 2003 年为变暖突变点。西南地区最热月平均气温在 20 世纪 60—90 年代显著变冷；20 世纪 90 年代以来略变冷，但近几年有上升趋势。

　　从南方地区最热月平均气温气候倾向率空间分布（图 3.27）来看，近 50 年（1959—2008年）长江中下游地区西北部变冷，东南部变暖，气候倾向率平均为 0.023 ℃/（10a）。浙江东部沿海地区的最热月平均气温 50 年显著上升了 1.0～2.0 ℃。浙江中东部、上海市等地区的最热月平均气温 50 年上升了 0.5～1.0 ℃，但未通过 0.1 的显著性检验。江苏中南大部、安徽南部、浙江西部、江西大部、湖北东部、湖南南部等地区的最热月平均气温 50 年上升幅度不超过0.5 ℃，也未通过 0.1 的显著性检验。江苏西北部、安徽北部、湖北中部、湖南大部等地区的最热月平均气温呈略微下降趋势，50 年降温幅度不超过 0.5 ℃。湖北西部的最热月平均气温呈下降趋势，50 年降低了 0.5～1.0 ℃。

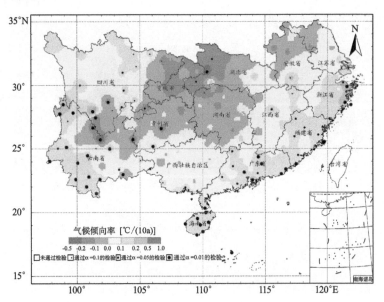

图 3.27　南方地区最热月平均气温气候倾向率空间分布图（1959—2008 年）

　　华南地区总体呈增温趋势，东南部升温幅度大，西北部升温幅度小，气候倾向率平均为0.11 ℃/（10a）。福建北部和南部，广东东北部、中部和雷州半岛，广西南部沿海地区及海南等地区的最热月平均气温 50 年显著上升了 0.5～1.0 ℃。广西大部、广东西北部和西南部、福建东南部等地区的最热月平均气温 50 年升温幅度不超过 0.5 ℃。

　　西南地区东部降温，西部升温，气候倾向率平均为 0.03 ℃/（10a）。川滇金沙江部分河谷等地区的最热月平均气温 50 年显著下降了 0.5～1.0 ℃。四川东北部、重庆东北部和中部等地的最热月平均气温 50 年下降了 0.5～1.0 ℃，但大多未通过 0.1 的显著性检验。四川东部和西南部、重庆东南部和西南部、贵州中北部、云南东北部等地区的最热月平均气温略降，50年降温幅度不超过 0.5 ℃。贵州南部、四川大部、云南东南部等地的最热月平均气温略升，50

年升温不超过 0.5 ℃。云南西南部地区的最热月平均气温呈显著上升趋势,50 年上升了 0.5~1.0 ℃。云南西北部 50 年显著升温 1.0 ℃以上。

3.3.4　高温日数、低温日数的时空特征

高温和低温发生多少在一定程度上反映一个地区热量条件的丰寡程度,一般认为,日最高气温≥35 ℃为一个高温炎热天数,即高温日;日平均气温在冰冻温度以下(日平均气温≤ 0 ℃)为寒冷低温天数,即低温日。

(1)高、低温日数空间分布特征

如图 3.28(a)所示,南方地区高温日数的空间分布特征总体呈东高西低。湖南中部和东南部、江西大部、浙江西南部、福建西北部、广东北部、云南部分河谷地区、重庆中部和西南部等地区的高温日数在 20~30 d 之间,其中江南、重庆、云南河谷等部分地区达 30 d 以上。浙江东部、江苏西南部、安徽大部、湖北大部、湖南西部和北部、重庆南部和北部、四川东北部、贵州东北部和东南部、广西大部、广东中北部、雷州半岛南部、海南中北部等地区的高温日数在 10~20 d 之间。江苏中东大部、上海、浙江沿海、福建东南沿海、广东沿海、海南南部、广西南部沿海、贵州大部、云南大部、四川中东部等山区或滨海地区的高温日数在 10 d 以内。四川省中西部、云南西北部和东北部等高海拔山区等地区无高温日出现。

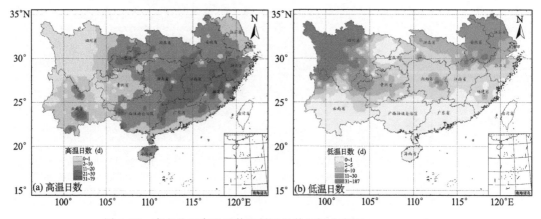

图 3.28　南方地区高温日数和低温日数空间分布图(1959—2008 年)

如图 3.28(b)所示,南方地区低温日数的空间分布大体呈南部少、北部多的特征。川西高原的低温日数在 30 d 以上。四川中部和东南部、云南东北部和西北部、安徽大部、江苏中北部等地区的低温日数在 10~30 d 之间。湖北北部、贵州中部和西北部、江苏东南部、上海、浙江北部等地区的低温日数在 6~10 d 之间。福建中北部、浙江中南部、江西中北部、湖南大部、湖北南部、重庆东北部和东南部、贵州东北部和南部、云南北部等地区的低温日数在 2~5 d 之间。四川盆地、江西南部、云南中南部和华南大部地区无日平均气温低于 0 ℃的低温日出现。

(2)高、低温日数时间变化特征

1)高温日数的时间变化特征

如图 3.29 所示,近 50 年(1959—2008 年)南方地区高温日数在 7 d(1973 年)~20 d(1967 年)之间变动,平均为 13 d,总体呈略上升趋势,气候倾向率平均为 0.23 d/(10a),即 50 年约增

加了 1.2 d。长江中下游地区高温日数近 50 年在 9 d(1993 年)～34 d(1967 年)之间变动,平均为 19 d。华南地区高温日数近 50 年在 5 d(1997 年)～26 d(2003 年)之间变动,平均为 15 d。西南地区高温日数近 50 年在 3 d(1974 年)～13 d(2006 年)之间变动,平均为 16 d。

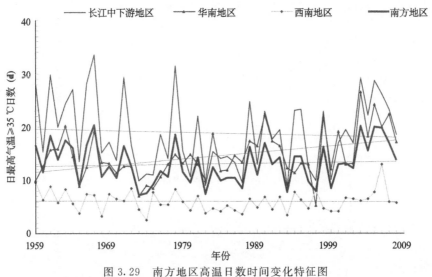

图 3.29 南方地区高温日数时间变化特征图

具体结合 UF 曲线和高温日数累积距平曲线(图 3.30)可见:南方地区高温日数在 20 世纪 60 年代减少,20 世纪 70—90 年代显著减少,20 世纪 90 年代以来略减少,但近几年有增多趋势。南方不同地区之间的高温日数的年代变化特征也不完全一致。

长江中下游地区高温日数在 20 世纪 60 年代减少,20 世纪 70—90 年代显著减少,20 世纪 90 年代以来略减少,近几年有增多趋势。华南地区高温日数在 20 世纪 60 年代前期略增加,20 世纪 60 年代中后期到 70 年代前期略减少,20 世纪 70 年代中后期显著减少,20 世纪 80 年代略减少,20 世纪 90 年代以来增多,且 2002 年为增多突变点,2007 年以来显著增多。西南地区高温日数在 20 世纪 60 年代以来显著减少,但近几年有上升趋势。

从南方地区高温日数气候倾向率空间分布(图 3.31)来看,近 50 年(1959—2008 年)长江中下游大部分地区高温日数减少,气候倾向率平均为－0.28 d/(10a)。浙江沿海地区、上海、江苏东南等沿海地区的高温日数显著增多,气候倾向率为 1～5 d/(10a)。浙江中西部的高温日数呈增多趋势,气候倾向率为 1～5 d/(10a),但未通过 0.1 的显著性检验。江苏南部、安徽东南部、江西东南部、湖北东部等地区的高温日数呈增多趋势,气候倾向率小于 1 d/(10a),也未通过 0.1 的显著性检验。江苏中北部、安徽中部、江西西北部、湖北中部和西南部、湖南北部等地区的高温日数呈减少趋势,气候倾向率为－1～0 d/(10a),也未通过 0.1 的显著性检验。安徽北部、湖北西北部、江西西部、湖南中部和南部等地区的高温日数呈显著下降趋势,气候倾向率为－5～－1 d/(10a)。

华南地区高温日数总体呈增多趋势,中东部增多幅度大,西部增多幅度小,气候倾向率平均为 1.30 d/(10a)。福建沿海地区、广东大部、广西东南部、海南中北部等地区的高温日数显著增多,气候倾向率为 1～5 d/(10a)。广西西南部和东北部、福建中西部等地区的高温日数呈增多趋势,气候倾向率小于 1 d/(10a),大多未通过 0.1 的显著性检验。广西北部地区的高温日数呈减少趋势,气候倾向率大于－1 d/(10a),也未通过 0.1 的显著性检验。

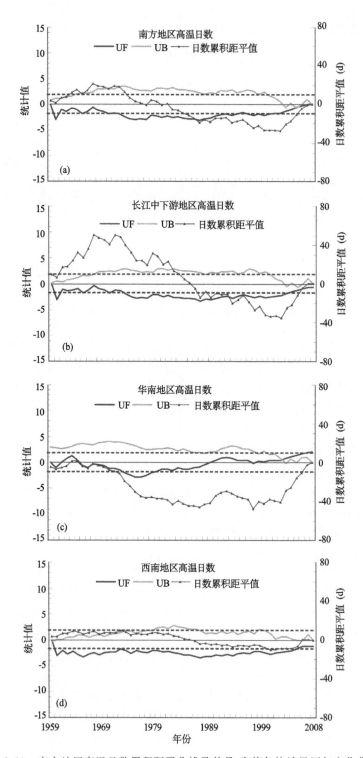

图 3.30　南方地区高温日数累积距平曲线及其曼-肯德尔统计量历年变化曲线

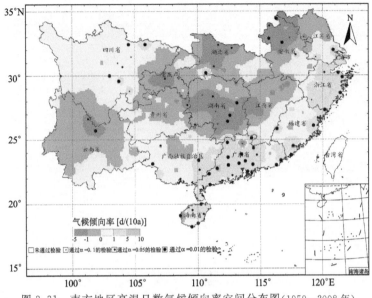

图 3.31　南方地区高温日数气候倾向率空间分布图(1959—2008 年)

　　西南地区东部和西南部高温日数减少,西北部增多,气候倾向率平均为 0.05 d/(10a)。川滇金沙江部分河谷地区、重庆西南部等地区的高温日数显著减少,气候倾向率为 −5 ～ −1 d/(10a)。四川东部和西南部、重庆市东南部、贵州东北部、云南大部等地区的高温日数呈减少趋势,气候倾向率大于 −1 d/(10a),但多未通过 0.1 的显著性检验。四川大部、重庆东北部、贵州南部、云南东南部等地区的高温日数呈增多趋势,气候倾向率小于 1 d/(10a),大多未通过 0.1 的显著性检验。四川盆地西部及云南北部等局部地区的高温日数显著增加,气候倾向率为 −1～5 d/(10a)。

　　2)低温日数的时间变化特征

　　如图 3.32 所示,近 50 年(1959—2008 年)南方地区低温日数在 6 d(2007 年)～16 d(1977 年)之间变动,平均为 10.3 d,总体呈略上升趋势,气候倾向率平均为 −0.85 d/(10a),即 50 年约减少了 4 d。长江中下游地区低温日数近 50 年在 2 d(2007 年)～22 d(1969 年)之间变动,

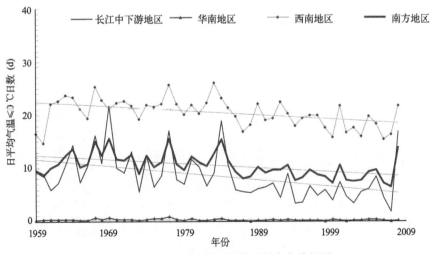

图 3.32　南方地区低温日数时间变化特征图

平均为 8 d。华南地区低温日数近 50 年在 0 d(2001 年)～1 d(1971 年)之间变动,平均为 0.29 d。西南地区低温日数近 50 年在 15 d(1960 年)～26 d(1983 年)之间变动,平均为 20 d。

具体结合 UF 曲线和低温日数累积距平曲线(图 3.33)可见:南方地区低温日数在 20 世纪 60 年代到 80 年代中期增多;20 世纪 80 年代中期以来减少,1987 年为低温日数减少突变点;

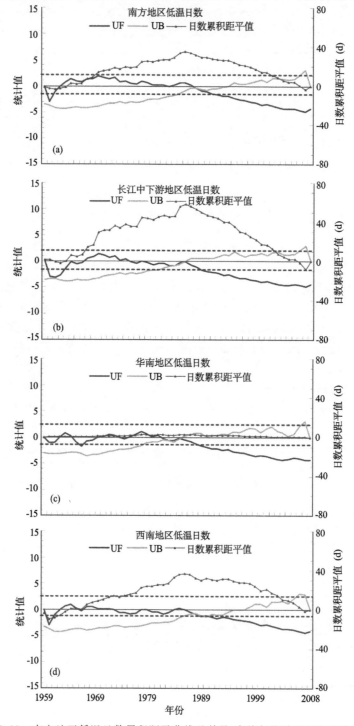

图 3.33 南方地区低温日数累积距平曲线及其曼-肯德尔统计量历年变化曲线

20 世纪 90 年代以来显著减少。南方不同地区之间低温日数的年代变化特征也不完全一致。

长江中下游地区低温日数在 20 世纪 60 年代中前期减少；20 世纪 60 年代后期到 70 年代中期显著增加；20 世纪 70 年代中期到 80 年代略减少，且 1982 年为低温日数减少突变点；20 世纪 90 年代以来显著减少。华南地区低温日数在 20 世纪 60 年代前期略减；20 世纪 60 年代中期略增；20 世纪 60 年代后期减少；20 世纪 70 年代略增；20 世纪 80 年代中前期减少，1982 年为低温日数减少突变点；20 世纪 80 年代后期以来显著减少。西南地区低温日数在 20 世纪 60 年代略增；20 世纪 70 年代到 20 世纪 80 年代略减，1987 年为低温日数减少突变点；20 世纪 90 年代以来显著减少。

从南方地区低温日数气候倾向率空间分布（图 3.34）来看，近 50 年（1959—2008 年）长江中下游地区低温日数都呈减少趋势，东北部减少幅度大于西南部，气候倾向率平均为 −1.29 d/(10a)。江苏、上海、安徽、浙江北部、江西北部、湖北北部等地区的低温日数显著减少，气候倾向率为 −5～−1 d/(10a)。浙江南部和江西中东部等地区的低温日数显著减少，气候倾向率为 −1～0 d/(10a)。江西西部和南部、湖南、湖北南部等地区的低温日数呈减少趋势，但未通过 0.1 的显著性检验，气候倾向率为 −1～0 d/(10a)。

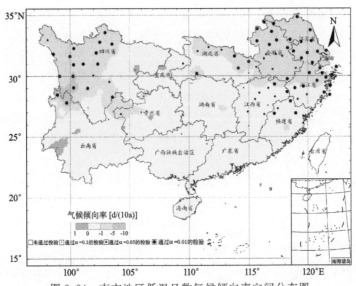

图 3.34　南方地区低温日数气候倾向率空间分布图

华南地区总体呈减少趋势，气候倾向率平均为 −0.06 d/(10a)。福建西北部的低温日数显著减少，气候倾向率为 0～−1 d/(10a)。两广、海南、福建中部和东南部等其他华南地区的低温日数呈减少趋势，但都未通过 0.1 的显著性检验，气候倾向率为 0～−1 d/(10a)。

西南地区总体呈减少趋势，西北部的减少幅度最大，气候倾向率平均为 −0.99 d/(10a)。四川西南部和云南西北部等少部分地区的低温日数每 10 年显著减少 5 d 以上。四川西北部和东南部、云南东北部、贵州西北部等地区的低温日数显著减少，气候倾向率为 −5～−1 d/(10a)。四川东部和西南部、重庆、贵州大部、云南大部等地区的低温日数呈减少趋势，大多未通过 0.1 的显著性检验，气候倾向率大于 −1 d/(10a)。

3.3.5　积温的时空特征

温度对农作物的影响表现在温度强度和持续时间两个方面，积温是表征温度强度和持续时间长短综合效应的指标。一般指的积温,即活动积温,是指高于某生物学零度(界限温度)的日平均温度的累积。在农业气象中,0和10℃积温是最常用的积温指标。0℃是农业生产上重要的界限温度,春季稳定通过0℃,万物复苏,部分春季作物开始播种,秋季0℃稳定终止时,大部分作物停止生长,因此,0℃以上的天数可作为作物生长季节的长度,这段时期的积温作为可供农业利用的总热量指标。10℃是一般喜温作物生长的起始温度,也是喜凉作物积极生长的阶段,≥10℃积温多少是反映喜温作物可利用热量的重要指标。本节采取五日滑动计算分析稳定通过0和10℃的积温和持续天数的时空分布特征。为了使指标更具有农业生产意义,这里分析的积温及其持续天数都是指80%的保证率。

(1)积温和持续天数空间分布特征

1)≥0℃积温空间分布特征

如图3.35(a)所示,南方地区≥0℃积温具有呈纬向空间分布特征,并受地形影响。东部南方区随纬度的增加积温减少,西南地区北部≥0℃积温从西向东逐渐增加,南部的纬向分布向北突出。长江中下游地区≥0℃积温大多在5 000~7 000℃·d之间,其中江苏大部、安徽大部、湖北大部、湖南西北部、江西北部和浙江北部≥0℃积温在5 000~6 000℃·d之间,浙江南部、江西大部、湖南东部等地区≥0℃积温在6 000~7 000℃·d之间。华南地区≥0℃积温大多在6 000~9 000℃·d之间,其中福建中北部、广西北部等地区≥0℃积温在6 000~7 000℃·d之间,两广大部≥0℃积温在7 000~8 000℃·d之间,雷州半岛、广西沿海地区、海南等地区≥0℃积温多在8 000~9 000℃·d之间,海南南部≥0℃积温高达9 000℃·d以上。西南地区≥0℃积温分布受地形影响差异较大,积温在930~8 000℃·d之间,其中四川西北部≥0℃积温多在1 000~3 000℃·d之间,四川中部、云南东北部和西北部、贵州西北部等地区≥0℃积温在3 000~5 000℃·d,四川中东部、重庆东北部和东南部、贵州大部、云南东部和西部等地区≥0℃积温在5 000~6 000℃·d之间,四川东北部、重庆中部和西南部、云南西南部和东南部等地区≥0℃积温在6 000~7 000℃·d之间,云南的部分河谷地区和云南的最南部等少部分地区≥0℃积温在7 000℃·d以上。

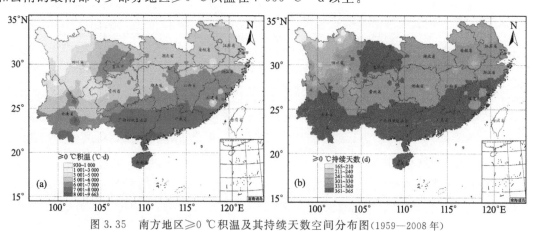

图3.35　南方地区≥0℃积温及其持续天数空间分布图(1959—2008年)

2)≥0℃持续天数空间分布特征

如图3.35(b)所示,南方地区≥0℃持续天数的空间分布也是呈纬向分布,并受地形影响。除了川西高原,南方大部分地区≥0℃持续天数都在300 d以上,其中华南大部分地区≥0℃持续天数为全年。长江中下游地区≥0℃持续天数大多在300 d以上,江苏北部和安徽北部≥

0 ℃持续天数在 300~330 d 之间，江苏南部、上海、安徽中南部、湖北大部、湖南大部、江西中北部等地区≥0 ℃持续天数在 330~360 d 之间，浙江南部、江西中南部、湖北西南部≥0 ℃持续天数多于 360 d。除了川西高原，西南地区≥0 ℃持续天数都在 300 d 以上，四川盆地、云南中南大部等地区≥0 ℃持续天数也接近全年，云南东部和西北部、贵州大部、四川西南部和中东部等地区≥0 ℃持续天数在 330~360 d 之间，四川西北部≥0 ℃持续天数大多在 240~300 d 之间。

3)≥10 ℃积温空间分布特征

如图 3.36(a)所示，南方地区≥10 ℃积温的空间分布特征与≥0 ℃积温的空间分布类似。东部南方区随纬度的增加积温减少，西南地区北部的积温从西向东逐渐增加，南部的纬向分布向北突出。长江中下游地区≥10 ℃积温大多在 4 000~6 000 ℃·d 之间，江苏、上海、安徽、湖北中西部、湖南西北部、浙江北部等地区≥10 ℃积温在 4 000~5 000 ℃·d 之间，湖北东南部、湖南大部、江西大部、浙江中南部等地区≥10 ℃积温在 5 000~6 000 ℃·d 之间。华南地区的≥10 ℃积温多在 5 000~9 000 ℃·d 之间，福建西部和东部沿海区、广西东北部等地区≥10 ℃积温在 5 000~6 000 ℃·d 之间，福建南部、广东北部、广西中北部等地区≥10 ℃积温在 6 000~7 000 ℃·d 之间，两广中南部≥10 ℃积温在 7 000~8 000 ℃·d 之间，雷州半岛南端、海南≥10 ℃积温在 8 000 ℃·d 以上，其中海南最南部≥10 ℃积温高达 9 643 ℃·d。西南地区≥10 ℃积温分布受地形影响使地区间差异较大，为 0~8 000 ℃·d，川西高原≥10 ℃积温多在 1 000~3 000 ℃·d 之间，四川中部和西南部、云南东北部和西北部、贵州大部等地区≥10 ℃积温在 3 000~5 000 ℃·d 之间，四川东北部、重庆大部、云南东南部等地区≥10 ℃积温在 5 000~6 000 ℃·d 之间，云南中南部≥10 ℃积温在 6 000~7 000 ℃·d 之间，云南最南部及部分河谷地区≥10 ℃积温高于 7 000 ℃·d。

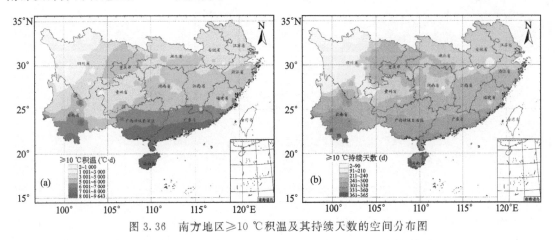

图 3.36　南方地区≥10 ℃积温及其持续天数的空间分布图

4)≥10 ℃持续天数空间分布特征

如图 3.36(b)所示，南方地区≥10 ℃持续天数的纬向分布也很明显，并受地形影响。除了川西高原，南方大部分地区≥10 ℃持续天数都在 210 d 以上。长江中下游地区≥10 ℃持续天数多在 210~300 d 之间，江苏、上海、安徽、湖北省中北部、江西北部、浙江北部、湖南中北部的持续天数在 210~240 d 之间，浙江南部、江西大部、湖南南部和西部、湖北南部等地区≥10 ℃持续天数在 240~300 d 之间。华南地区≥10 ℃持续天数在 240 d 以上，福建大部、两广北部≥10 ℃持续天数在 240~300 d 之间，广西中南部、广东中南部、福建南部等地区

≥10 ℃持续天数在 300～330 d 之间,广东沿海、广西南部、海南等地区≥10 ℃持续天数在 330 d 以上。西南地区≥10 ℃持续天数差异较大,川西高原在 210 d 以下,四川东部、重庆、贵州东北部和南部、云南东南部和西北部等地区≥10 ℃持续天数在 240～300 d 之间,贵州中北大部≥10 ℃持续天数在 210～240 d 之间,云南南部和部分河谷地区≥10 ℃持续天数多在 330～360 d 之间。

(2)积温和持续天数时间变化特征

1)≥0 ℃积温时间变化特征

如图 3.37 所示,1959—2008 年,南方地区≥0 ℃积温在 5 956 ℃·d(1976 年)～ 6 525 ℃·d(1998 年)之间变动,平均为 6 067 ℃·d,呈极显著上升趋势,气候倾向率平均为 58 ℃·d/(10a),即 50 年积温约增加了 290 ℃·d。但南方不同地区之间≥0 ℃积温的时间变化特征并不完全一致,但都呈极显著上升趋势。长江中下游地区积温增加幅度最大,气候倾向率平均为 74 ℃·d/(10a);华南次之,气候倾向率平均为 61 ℃·d/(10a);西南地区增加幅度最小,气候倾向率平均为 41 ℃·d/(10a)。从近 50 年≥0 ℃积温的平均值来看:华南地区最高,为 7 582 ℃·d;西南地区最低,为 5 105 ℃·d;长江中下游地区居中,为 5 860 ℃·d。长江中下游地区≥0 ℃积温在 5 672 ℃·d(1969 年)～6 426 ℃·d(2007 年)之间变动,西南地区在 4 994 ℃·d(1976 年)～5 505 ℃·d(2006 年)之间变动,华南地区在 7 453 ℃·d(1984 年)～8 096 ℃·d(1998 年)之间变动。

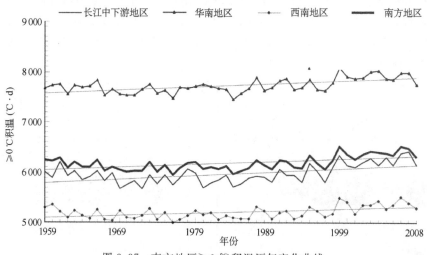

图 3.37　南方地区≥0 ℃积温历年变化曲线

由南方地区各年代≥0 ℃积温的变化结合 UF 和 UB 曲线(图 3.38)分析得到:南方地区≥0 ℃积温在 20 世纪 60 年代到 20 世纪 80 年代末呈显著减少趋势,20 世纪 90 年代减少趋势减弱,2000 年以来呈增加趋势,且 2003 年以后显著增加。并且根据 UF 和 UB 曲线的交点位置,确定南方地区≥0 ℃积温 2000 年以来的增加是一突变现象。南方不同地区之间≥0 ℃积温的年代变化特征也不完全一致。

长江中下游地区≥0 ℃积温在 20 世纪 60 年代到 90 年代中期呈减少趋势,且 20 世纪 70 年代初到 80 年代末显著减少;20 世纪 90 年代后期以来呈增加趋势,且 2003 年以来显著增加。华南地区≥0 ℃积温在 20 世纪 60 年代到 90 年代初呈减少趋势,且 20 世纪 70 年代显著减少;20 世纪 90 年代无明显变化;20 世纪 90 年代后期以来突变增加,2002 年以来显著增加。

西南地区≥0 ℃积温在 20 世纪 60—90 年代呈减少趋势,且 20 世纪 60—80 年代显著减少;2000 年以来呈增加趋势,且 2002 年突变增加,2005 年以来显著增加。

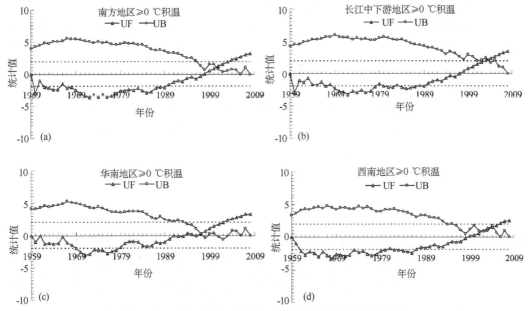

图 3.38　南方地区≥0 ℃曼-肯德尔统计量历年变化曲线

　　南方地区各地≥0 ℃积温的变化趋势也不同,见图 3.39。近 50 年从南方地区整体上看,全区≥0 ℃积温基本都呈增多趋势,极少数地区积温减少。东部和西南部地区的积温增加幅度大,且大多通过了极显著检验,多数地区的气候倾向率在 50～100 ℃•d/(10a)之间;而长江三角洲、环杭州湾等地区的积温增加幅度更明显,气候倾向率在 100～200 ℃•d/(10a)之间。中部及西北部地区增加幅度小,气候倾向率多在 0～50 ℃•d/(10a)之间。

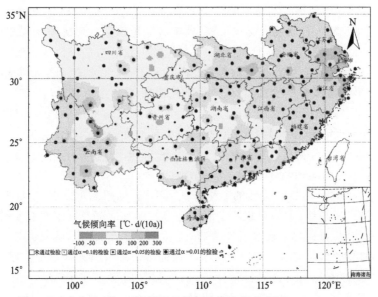

图 3.39　南方地区≥0 ℃积温气候倾向率空间分布图(1959—2008 年)

2)≥0 ℃持续天数时间变化特征

如图 3.40 所示,1959—2008 年,南方地区≥0 ℃持续天数在 335 d(1964 年)～356 d(2007年)之间变动,平均为 343 d,呈极显著上升趋势,气候倾向率平均为 1.4 d/(10a),即 50 年约增加了 7 d。但南方不同分区域之间≥0 ℃持续天数的时间变化特征并不完全一致。长江中下游地区≥0 ℃持续天数增加幅度最大,在 317 d(1964 年)～362 d(2007 年)之间变动,平均为336 d,气候倾向率为 2.7 d/(10a);西南地区次之,在 327 d(1977 年)～345 d(1999 年)之间变动,平均为 333 d,气候倾向率为 1.1 d/(10a);华南地区常年气温多在 0 ℃,因此年际变化也很小,在 359 d(1996 年)～366 d(1988 年)之间变动,平均为 365 d,气候倾向率为 0.1 d/(10a)。

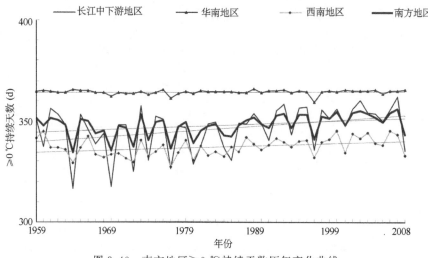

图 3.40　南方地区≥0 ℃持续天数历年变化曲线

南方地区各年代≥0 ℃持续天数的变化结合 UF 和 UB 曲线(图 3.41)分析得到。南方地区≥0 ℃持续天数在 20 世纪 60—80 年代呈减少趋势,且 20 世纪 60 年代到 80 年代中期减少趋势显著;20 世纪 90 年代增减趋势不明显;2000 年以来呈增加趋势,且 2002 年以来增加趋势显著。并且根据 UF 和 UB 曲线的交点位置,确定南方地区≥0 ℃持续天数 2000 年以来的积温增加是一突变现象。南方不同地区之间≥0 ℃持续天数的年代变化特征也不完全一致。

长江中下游地区≥0 ℃持续天数在 20 世纪 60 年代到 90 年代初呈减少趋势,且 20 世纪60 年代末到 70 年代初显著减少;20 世纪 90 年代初期以来突变增加,且 2003 年以来显著增加。华南地区≥0 ℃持续天数在 20 世纪 60 年代到 90 年代初呈减少趋势,且 20 世纪 70 年代显著减少;20 世纪 90 年代无明显变化;2000 年以来呈增加趋势。西南地区≥0 ℃持续天数在20 世纪 60 年代到 90 年代初呈减少趋势,且 20 世纪 60 年代到 80 年代中期显著减少;20 世纪90 年代初期以来突变增加,2003 年以来显著增加。

南方地区各区域≥0 ℃持续天数的变化特征也不同,见图 3.42。近 50 年从南方地区整体上看,南部地区呈减少趋势,中部和北部呈增加趋势。江苏南部及云南西北角等地区≥0 ℃持续天数增加幅度最大,且通过了极显著性检验,气候倾向率在 5 d/(10a)以上;长江中下游地区及西南地区的四川西部、云南东北部、贵州中北部的≥0 ℃持续天数增加幅度也较大,其中皖苏浙部分地区及川西北等地通过了显著性检验,气候倾向率多在 1～5 d/(10a)之间;四川盆地、云南东南部和西北部、贵州南部、广西北部、广东北部、福建大部等地区≥0 ℃持续天数增加幅度略小,气候倾向率小于 1 d/(10a);云南南部及华南中南部地区常年气温基本上都在

0 ℃以上,≥0 ℃持续天数无明显变化。

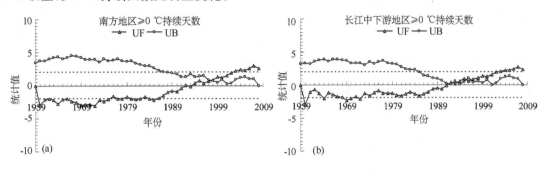

图 3.41　南方地区≥0 ℃持续天数的曼-肯德尔统计量历年变化曲线

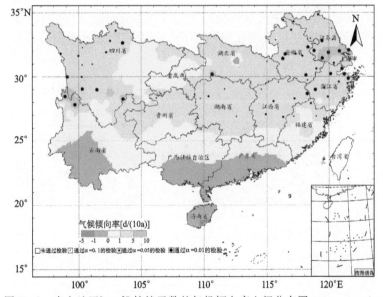

图 3.42　南方地区≥0 ℃持续天数的气候倾向率空间分布图(1959—2008 年)

3)≥10 ℃积温时间变化特征

如图 3.43 所示,1959—2008 年,南方地区≥10 ℃积温在 5 171 ℃·d(1976 年)~ 5 952 ℃·d(2006 年)之间变动,平均为 5 441 ℃·d,呈极显著上升趋势,气候倾向率平均为 65 ℃·d/(10a),即 50 年积温约增加了 290 ℃·d。南方不同地区之间的≥10 ℃积温都呈极显著上升趋势,但随时间变化特征并不完全一致。其中,华南地区积温增加幅度最大,在 6 715 ℃·d(1976 年)~7 702 ℃·d(2002 年)之间变动,平均为 7 055 ℃·d,气候倾向率为

82 ℃·d/(10a);长江中下游地区次之,在 4 794 ℃·d(1987 年)~5 653 ℃·d(2003 年)之间变动,平均为 5 086 ℃·d,气候倾向率为 71 ℃·d/(10a);西南地区增加幅度最小,在4 274 ℃·d(1976 年)~4 929 ℃·d(2006 年)之间变动,平均为 4 509 ℃·d,气候倾向率为48 ℃·d/(10a)。

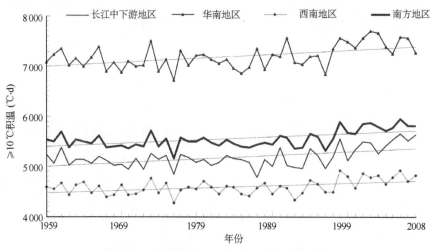

图 3.43　南方地区≥10 ℃积温历年变化曲线

由南方地区各年代≥10 ℃积温的变化结合 UF 和 UB 曲线(图 3.44)分析得到:南方地区≥10 ℃积温在 20 世纪 60—90 年代呈减少趋势,且 20 世纪 60—70 年代减少趋势显著;2000年以来呈增加趋势,且 2005 年以来增加趋势显著。南方不同地区之间≥10 ℃积温的年代变化特征也不完全一致。

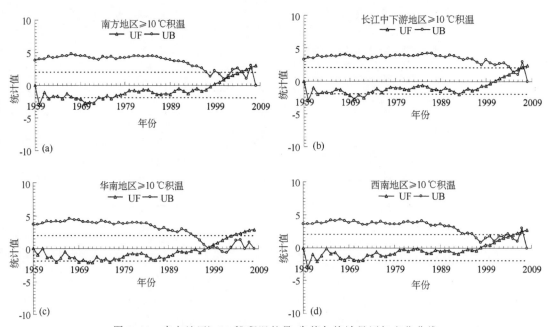

图 3.44　南方地区≥10 ℃积温的曼-肯德尔统计量历年变化曲线

　　长江中下游地区≥10 ℃积温在 20 世纪 60 年代到 90 年代后期呈减少趋势；2000 年以来呈增加趋势。华南地区≥10 ℃积温在 20 世纪 60 年代到 90 年代末呈减少趋势；20 世纪 90 年代末以来突变增暖，2003 年以来显著增暖。西南地区≥10 ℃积温在 20 世纪 60—90 年代呈减少趋势；2000 年以来呈增加趋势，且 2005 年以来显著增加。

　　南方地区各区域≥10 ℃积温的变化特征也不同，见图 3.45。近 50 年从南方地区整体上看，全区≥10 ℃积温基本都呈增多趋势，中西部的极少数地区积温减少。中东部和西南部地区的积温增加幅度大，且大多通过了显著性检验，多数地区的气候倾向率在 50～100 ℃·d/(10a)之间；而东南沿海及云南西南部地区的积温增加幅度更大，气候倾向率在 100～200 ℃·d/(10a)之间；中部及西北部地区增加幅度小，气候倾向率多在 0～50 ℃·d/(10a)之间。

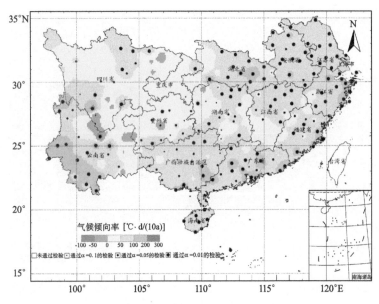

图 3.45　南方地区≥10 ℃积温气候倾向率空间分布图(1959—2008 年)

　　4)≥10 ℃持续天数时间变化特征

　　如图 3.46 所示，1959—2008 年，南方地区≥10 ℃持续天数在 243 d(1976 年)～278 d(2002 年)之间变动，平均为 343 d，呈极显著上升趋势，气候倾向率平均为 2.4 d/(10a)，即 50 年增加了 12 d。但南方不同地区之间≥10 ℃持续天数的时间变化特征并不完全一致，长江中下游地区和西南地区呈极显著变化趋势，华南也呈显著变化趋势。其中，长江中下游地区≥10 ℃持续天数增加幅度最大，在 214 d(1987 年)～259d(2008 年)之间变动，平均为 336 d，气候倾向率为 2.8 d/(10a)；华南次之，在 292 d(1996 年)～340 d(1973 年)之间变动，平均为 365 d，气候倾向率为 2.3 d/(10a)；西南地区增加幅度最小，在 228 d(1976 年)～263 d(2001 年)之间变动，平均为 333 d，气候倾向率为 2.2 d/(10a)。

　　由南方地区各年代≥10 ℃持续天数的变化结合 UF 和 UB 曲线(图 3.47)分析得到：南方地区≥10 ℃持续天数在 20 世纪 60 年代到 90 年代中期呈减少趋势；20 世纪 90 年代后期以来呈增加趋势，且 2004 年以来增加趋势显著。南方不同地区之间≥10 ℃持续天数的年代变化特征也不完全一致。

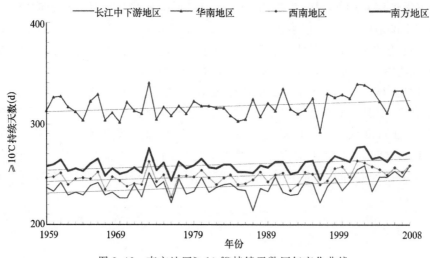

图 3.46　南方地区≥10 ℃持续天数历年变化曲线

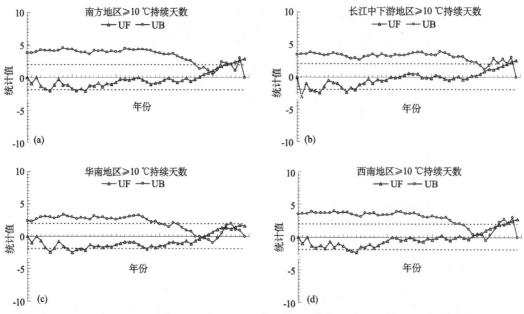

图 3.47　南方地区≥10 ℃持续天数的曼-肯德尔统计量历年变化曲线

长江中下游地区≥10 ℃持续天数在 20 世纪 60—70 年代呈减少趋势；20 世纪 80 和 90 年代变化幅度较小；2000 年以来呈增加趋势。华南地区≥10 ℃持续天数在 20 世纪 60 年代到 90 年代末呈减少趋势；2000 年以来呈增加趋势。西南地区≥10 ℃持续天数在 20 世纪 60—70 年代呈减少趋势；20 世纪 80 和 90 年代无明显变化；2000 年以来呈增加趋势，2005 年以来显著增加。

南方地区各地≥10 ℃持续天数的变化趋势特征也不同(图 3.48)。近 50 年从南方地区整体上看，全区≥10 ℃持续天数大都呈增多趋势。南方多数地区增加幅度基本一致，气候倾向率在 1～5 d/(10a)之间，浙江沿海地区多通过了极显著性检验。四川西南端及云南西端等少数地区增加幅度较大，气候倾向率在 5～10 d/(10a)之间。四川东南部、贵州西北部及云南西南部等少部分地区增加幅度较小,气候倾向率小于 1 d/(10a)。海南大部及云南东北部等地区呈减少趋势,气候倾向率在 $-5 \sim -1$ d/(10a) 之间。

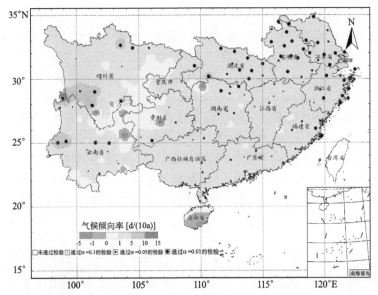

图 3.48　南方地区≥10 ℃持续天数的气候倾向率空间分布图(1959—2008 年)

综上对南方地区热量条件分析,南方地区热量条件丰富,除高海拔山区外,南方地区大部分年平均气温在 14 ℃以上,最冷月平均气温在 0 ℃以上,最热月平均气温在 20 ℃以上。南方地区高温较多的地区集中在中东部地区,其中江南大部、华南北部和四川盆地及云南干热河谷地区高温日多;低温日较多集中在长江流域,以高海拔山区和四川西部高寒山区低温日多。南方地区≥0 ℃活动积温多在 5 000 ℃·d 以上,持续天数在 300 d 以上;≥10 ℃活动积温多在 4 000 ℃·d 以上,持续天数在 210 d 天以上。

从热量的时间变化来看,南方绝大多数地区年平均气温随年际都呈变暖的趋势,以长江中下游的江北及西南地区西部和华南地区南部部分地区变暖尤其明显。从年际变化看,20 世纪 60—80 年代有一段明显变冷期,自 20 世纪 90 年代以来,气温变暖明显;从各季节看,各季节以冬季升温明显,夏季升温幅度最小,其中长江中游和下游北部及西南地区东北部夏季气温有明显变凉的趋势。最冷月升温明显,长江下游、华南地区中西部和西南地区西部近 50 年升温幅度都在 1 ℃以上;最热月升温幅度较小,南方近 50 年升温在 1 ℃以内,淮北、长江中游及西南地区西部和中部等地还有变凉的趋势。淮北、长江中游和西南地区东部和云南大部等高温日数呈减少趋势,南方其他地区高温日数增多;南方地区低温日数绝大部分地区减少。从积温变化趋势看,南方地区活动积温和持续天数都呈明显增多的趋势。

3.4　水分资源时空分布特征

3.4.1　降水量时空特征

降水是最重要的气象要素之一,降水多寡直接影响气候、植被等状况,也是影响干旱的直接原因。同时降水变率会造成降水季节性分配不均(隋月 等 2012)。

(1)年降水量时空特征

1)年降水量空间分布特征

如图 3.49 所示,南方地区年降水量空间分布特征大体是东南部降水多,西部、北部降水少。降水低值区分布在川西高原和部分云南河谷地区,年降水量低于 800 mm;降水高值区分布在江西中东部、福建西北部、浙江西南部、广东大部、广西东南部、海南大部及中高海拔山区等地,年降水量高于 1 600 mm,其中两广沿海地区、海南中部和云南南部等部分地区及中高海拔山区的迎风坡面的年降水量高于 2 000 mm。长江中下游地区的年降水量大多在 800~1 800 mm 之间,湖北北部和淮北地区的年降水量在 1 000 mm 以下,江北大部分地区的年降水量在 1 000~1 200 mm 之间,江南地区的年降水量在 1 200 mm 以上。华南地区的年降水量大多在 1 500 mm 以上。西南地区与南方地区东部相比,年降水量较少,除云南南部外大多在 1 500 mm 以下。重庆中东部、贵州南部、云南南部等地区的年降水量在 1 200~1 500 mm 之间;四川盆地大部、贵州中北部、云南东南部和西部等地区的年降水量在 1 000~1 200 mm 之间;四川盆地西北部、云南中北部等地区的年降水量在 800~1 000 mm 之间;川西高原的年降水量在 800 mm 以下。

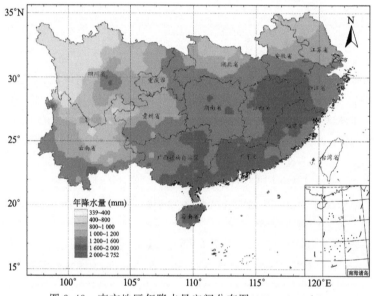

图 3.49　南方地区年降水量空间分布图(1959—2008 年)

2)年降水量时间变化特征

近 50 年(1959—2008 年)南方地区年降水量在 1 178 mm(1963 年)~1 563 mm(1973 年)之间变动,平均值为 1 352 mm,呈略增趋势,气候倾向率为 4 mm/(10a),但未通过 0.1 的显著性检验。综合降水量距平值和 UF 统计值[图 3.50(a)]来看,南方地区降水量在 20 世纪 60 年代显著偏少,20 世纪 70 年代前期偏多、后期偏少,20 世纪 80 年代也是前期偏多、后期偏少,20 世纪 90 年代降水量偏多,2000 年以来先偏多然后偏少。根据 UF 和 UB 曲线的交点可得出,20 世纪 90 年代初的降水量增加是一突变现象,同时 2002 年以来的降水量减少也是突变现象。但南方各区及区域内部的变化并不一致。

长江中下游地区年降水量近 50 年在 970 mm(1978 年)~1 599 mm(2002 年)之间变动,平均值为 1 319 mm,呈略增趋势,气候倾向率为 11 mm/(10a),但未通过 0.1 的显著性检验。

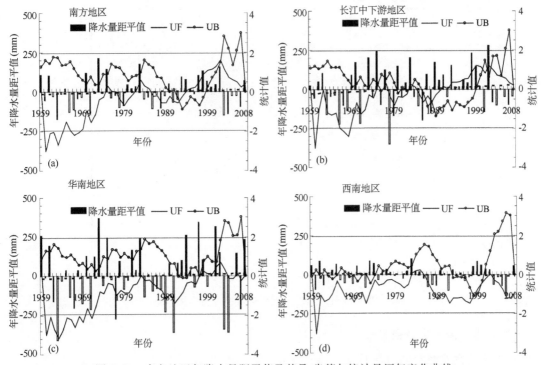

图 3.50　南方地区年降水量距平值及其曼-肯德尔统计量历年变化曲线

综合降水量距平值和 UF 统计值[图 3.50(b)]来看,长江中下游地区降水量在 20 世纪 60 年代显著减少,20 世纪 70 年代前期偏少、中期偏多、后期偏少,20 世纪 80 年代偏少,20 世纪 90 年代偏多,2000 年以来先偏多然后偏少。根据 UF 和 UB 曲线的交点可得出,20 世纪 90 年代初的降水量增加是一突变现象,同时 2002 年以来的降水量减少也是突变现象。

华南地区年降水量近 50 年在 1 254 mm(1963 年)～2 052 mm(1973 年)之间变动,平均值为 1 662 mm,呈略增趋势,气候倾向率为 7 mm/(10a),但未通过 0.1 的显著性检验。综合降水量距平值和 UF 统计值[图 3.50(c)]来看,华南地区降水量在 20 世纪 60 年代显著偏少,20 世纪 70 年代前期偏多、中期偏少、后期偏多,20 世纪 80 年代前期偏多、后期偏少,20 世纪 90 年代降水量偏多,2000 年以来先偏多然后偏少。

西南地区年降水量近 50 年在 1 010 mm(2006 年)～1 246 mm(1983 年)之间变动,平均值为 1 145 mm,呈略减趋势,气候倾向率为 −4 mm/(10a),但未通过 0.1 的显著性检验。综合降水量距平值和 UF 统计值[图 3.50(d)]来看,近 50 年西南地区降水量在 20 世纪 60 年代到 80 年代中期呈减少趋势,20 世纪 80 年代中期略增,20 世纪 80 年代后期以来又呈减少趋势,其中 20 世纪 90 年代末呈略增加趋势。根据 UF 和 UB 曲线的交点可得出,20 世纪 90 年代末的降水量略增加是一突变现象。

南方地区年降水量的气候倾向率空间分布(图 3.51)特征:南方地区中东部和西南地区西部的年降水量呈增加趋势,西南地区中东部的年降水量呈减少趋势。长江中下游大部分地区、华南沿海、西南地区西部等地的年降水量呈增加趋势,平均每 10 年增加 10～50 mm,但大多没有通过 0.1 的显著性检验。川中地区的年降水量呈显著减少趋势,平均每 10 年减少 50 mm 以上。四川中东部、贵州西北部、云南东部和西南部、广西中南部及江苏东北部等地的年降水量呈减少趋势,平均每 10 年减少 10～50 mm,大多也没有通过 0.1 的显著性检验。

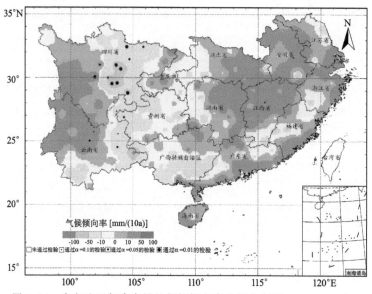

图 3.51　南方地区年降水量的气候倾向率空间分布图(1959—2008 年)

(2)各季节降水量时空特征

1)各季节降水量空间分布特征

南方地区各季节的降水量空间分布相差较大,以夏季降水量最多,春季降水量次之,秋季降水量再次,冬季降水量最少。冬、春季降水量的空间分布相似,夏、秋季降水量的分布相似,但量级相差较多。

如图 3.52(a)所示,南方地区春季降水量的空间分布呈东南多、西北少的特征。春季降水量高值区分布在江西大部、浙江西南部、福建西北部、广东北部、广西东北部等地区,在 600～800 mm 之间。春季降水量低值区分布在四川西南部、云南北部等少部分地区,在 100 mm 以下。淮北、四川盆地西北部、川西高原中东部、云南中北部、海南西部等地区的春季降水量也较少,在100～200 mm 之间。江北地区、四川盆地大部、贵州高原、云南南部和西部、广西西部、海南大部、雷州半岛等地区的春季降水量在 200～400 mm 之间。江南、华南的其他地区的春季降水量多在400～600 mm 之间。

如图 3.52(b)所示,南方地区夏季降水量的空间分布呈南多、北少的特征。夏季降水量高值区分布在两广沿海、云南西南部及高山区等地,在 800 mm 以上。夏季降水量低值区分布在川西北部,在 229～400 mm 之间。华南中南部、云南南部、四川东南部、江西东北部、安徽南部等地区的夏季降水量也较多,在600～800 mm 之间。而南方大部分地区的夏季降水量集中在400～600 mm 之间。

如图 3.52(c)所示,南方地区秋季降水量的空间分布也是南多、北少的特征。秋季降水量高值区分布在海南中部山区,在 800～1 098 mm 之间;海南北部和南部的秋季降水量也在600～800 mm 之间,海南西部和雷州半岛的秋季降水量在 400～600 mm 之间。秋季降水量低值区分布在四川西部、云南西北部、淮北等地区,在 100～200 mm 之间。其他南方大部分地区的秋季降水量都在 200～400 mm 之间。

如图 3.52(d)所示,南方地区冬季降水量的空间分布呈东南部高、西部低的特征。冬季降水量高值区分布在浙江西南部、江西大部、湖南中南部、福建西北部等江南中部一带,在 200～

274 mm 之间。江苏南部、安徽中部、湖北东部、湖南北部、浙江东部、福建东南部、广东大部、广西中东部、海南东部等地区的冬季降水量在 100~200 mm 之间。淮北、湖北西北部、广西西北部、海南中西部、西南地区大部等的冬季降水量在 100 mm 以下。

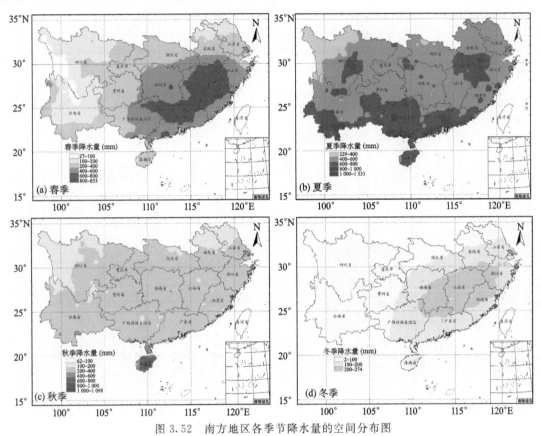

图 3.52　南方地区各季节降水量的空间分布图

2)各季节降水量时间变化特征

近 50 年(1959—2008 年)南方地区春季降水量在 277 mm(1963 年)~498 mm(1973 年)之间变动,平均值为 364 mm,呈略减趋势,气候倾向率为－3 mm/(10a),但未通过 0.1 的显著性检验。综合降水量距平值和 UF 统计值[图 3.53(a)]来看,南方地区春季降水量在 20 世纪 60 年代呈显著减少趋势;20 世纪 70 年代减少趋势减弱;20 世纪 80 年代前期呈增多趋势,后期呈弱减少趋势;20 世纪 90 年代呈减少趋势。根据 UF 和 UB 曲线的交点可得出,20 世纪 90 年代降水量减少是一突变现象。但南方各分区域内部的变化并不一致。

近 50 年南方地区夏季降水量在 474 mm(1978 年)~687 mm(1998 年)之间变动,平均值为 585 mm,呈显著增加趋势,气候倾向率为 12 mm/(10a),通过了 0.05 的显著性检验。综合降水量距平值和 UF 统计值[图 3.53(b)]来看,南方地区夏季降水量在 20 世纪 60 年代到 90 年代初呈减少趋势,20 世纪 90 年代中期以来呈增加趋势。根据 UF 和 UB 曲线的交点可得出,20 世纪 90 年代中期降水量增加是一突变现象。

近 50 年南方地区秋季降水量在 178 mm(1992 年)~338 mm(1961 年)之间变动,平均值为 255 mm,呈显著减少趋势,气候倾向率为－9 mm/(10a),通过了 0.05 的显著性检验。综合降水量距平值和 UF 统计值[图 3.53(c)]来看,南方地区秋季降水量在 20 世纪 60 年代前期呈增加趋势;20 世纪 60 年代后期以来呈减少趋势,且 2000 年以来呈显著减少趋势。

近 50 年南方地区冬季降水量在 49 mm(1962 年)～198 mm(1997 年)之间变动,平均值为112 mm,呈略增趋势,气候倾向率为 5 mm/(10a),未通过 0.1 的显著性检验。综合降水量距平值和 UF 统计值[图 3.53(d)]来看,南方地区冬季降水量在 20 世纪 60 年代呈减少趋势,20世纪 70 年代前期呈增多趋势,20 世纪 70 年代中期到 80 年代呈减少趋势,20 世纪 90 年代以来呈增多趋势。根据 UF 和 UB 曲线的交点可得出,20 世纪 90 年代以来的降水量增加是一突变现象。

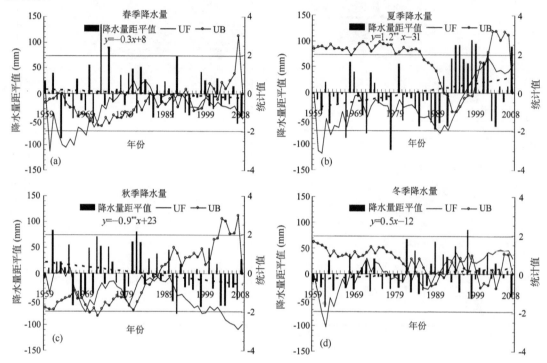

图 3.53　南方地区各季节降水量距平值及其曼-肯德尔统计量历年变化曲线

从南方地区各季节降水量气候倾向率空间分布特征(图 3.54)来看,南方大部分地区春、秋季的降水量呈减少趋势,夏、冬季的降水量呈增加趋势,与年际变化特征一致。

由南方地区春季降水量气候倾向率的空间分布[图 3.54(a)]来看:中东部春季降水量减少,华南沿海和西部地区春季降水量增加。云南中西部和福建沿海部分地区的春季降水量增加幅度最大,在 10～50 mm/(10a)之间,其中云南西北部地区春季降水量的增加趋势通过了0.05 以上的显著性检验,即显著增加。四川西部、云南东部、华南沿海部分地区等的春季降水量呈增加趋势,增加幅度在 10 mm/(10a)以内。春季降水量减少幅度最大的地区分布在浙江大部、安徽中南部、江西西北部和东北部、湖南中西部、湖北东南部、贵州东部、广西南部部分、福建西北部等地区,每 10 年减少 10～50 mm,其中湖南西部和贵州等部分地区的减少趋势通过了 0.05 以上的显著性检验。中东部其他地区的春季降水量每 10 年的减少幅度不超过10 mm。

由南方地区夏季降水量气候倾向率的空间分布[图 3.54(b)]来看:中东部夏季降水量增加,西部减少。夏季降水量增幅最大的地区分布在长江中下游地区大部、四川盆地、贵州高原东部和南部及华南部分地区,为 10～50 mm/(10a)之间,其中浙江沿海等地区的增加趋势通过了 0.01 的显著性检验，四川盆地和湖南东北部等地区的增加趋势通过了 0.1 的显著性检验，其他地区多没通过显著性检验。夏季降水量减幅最大的地区分布在四川中部和云南西南部等地区，每 10 年减少 10～50 mm，其中四川中部呈显著减少趋势。

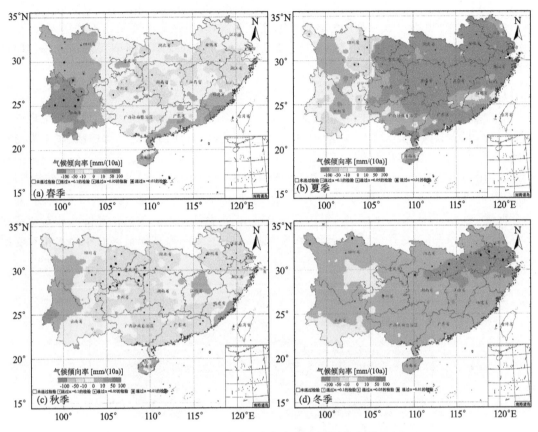

图 3.54　南方地区各季节降水量气候倾向率空间分布图(1959—2008 年)

由南方地区秋季降水量气候倾向率的空间分布[图 3.54(c)]来看：西部秋季降水量略增加，中东部减少。减少幅度最大的地区分布在江淮地区、湖北和湖南两地的西部、四川盆地、云贵高原中东部、两广大部等地区，每 10 年减少 10～50 mm，其他湘西、鄂西、川、渝、黔等地及江淮部分地区的秋季降水量也呈较显著减少趋势。四川西部、云南西北部、福建沿海区、海南东北部和西南部、江西北部等地区的秋季降水量呈增加趋势，但都未通过显著性检验，增幅在 30 mm/(10a) 以内。

由南方地区冬季降水量气候倾向率空间分布[图 3.54(d)]来看：四川东南部和云南南部冬季降水量呈略减少趋势，其他地区都呈增加趋势。冬季降水量增幅最大的地区分布在长江中下游平原地区，且多通过了 0.05 以上的显著性检验，幅度为 10～50 mm/(10a) 之间。其他大部分地区的增加幅度在 10 mm/(10a) 以内，但都未通过显著性检验。

3.4.2　降水变率的时空特征

降水变率反映一个地区降水年际之间的变幅程度，降水变率越大，降水越不稳定。如果降水明显低于降水常年值，造成农业生产用水短缺，就会造成季节性干旱。在统计学上，降水相

对变率用来反映样本偏离平均的离散程度,降水相对变率用如下公式计算:

$$V = \frac{1}{n} \sum_{i=1}^{n} \left| \frac{x_i - \bar{x}}{\bar{x}} \right| \tag{3.1}$$

式中:V 为降水相对变率,简称降水变率;x_i 为样本值,即降水量(mm);$\bar{x}$ 为多年平均降水量(mm);n 为统计资料年数。某一地区的降水变率越大,表明该地区降水越不稳定,年际变化差别大;反之,降水变率越小,降水越稳定。用以上公式可以计算不同时间尺度(年、季、月)的降水变率。

(1)年降水变率

南方地区年降水变率的空间分布特征:中、西部变率小,东部变率大;东部地区又呈现中部变率小,南、北变率大(图 3.55)。年降水变率较大的地区为长江以北的苏皖地区、华南沿海地区、海南岛及四川盆地西北部的小范围地区,在 17.6%~23.1% 之间。年降水变率较小的地区分布在川西高原北部、四川盆地西南边缘、贵州中西部、云南澜沧江以西地区、云南东南缘、黔湘交界处等地,在 8.2%~12.5% 之间。江南北部的苏皖地区、浙西、赣北、鄂中东部、湘南缘、湘北缘、粤大部、桂东南、闽东南、川西高原北部、四川盆地中北部等地的年降水相对变率略大,在 15.1%~17.5% 之间。江南丘陵、闽浙丘陵、云南中北部等其他地区的年降水相对变率略小,在 12.6%~15.0% 之间。

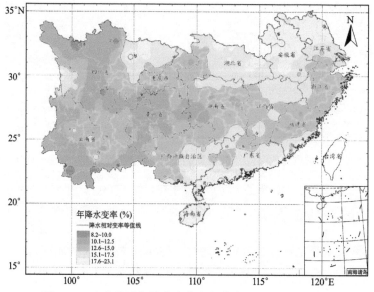

图 3.55　南方地区年降水变率空间分布图(1959—2008 年)

(2)各季节降水变率

春季降水变率:西南地区西南部、华南沿海及淮河以北地区春季降水变率最大,集中在 31%~40% 之间,而其中云南楚雄和丽江东南部、四川攀枝花市和凉山州南部、四川得荣附近、海南西南缘、苏皖交界最北端等地的春季降水变率则达到 41%~57%。春季降水变率较小的区域分布在长江以南的长江中下游地区、川西高原东北部、四川盆地大部(除西北部)、贵州中东部、华南地区北部等地,春季降水变率在 14%~25% 之间,其中湖南中南部、江西中部、贵州东部、川西高原东北角、鄂西南等地变率更小,降水变率都在 20% 以下[图 3.56(a)]。

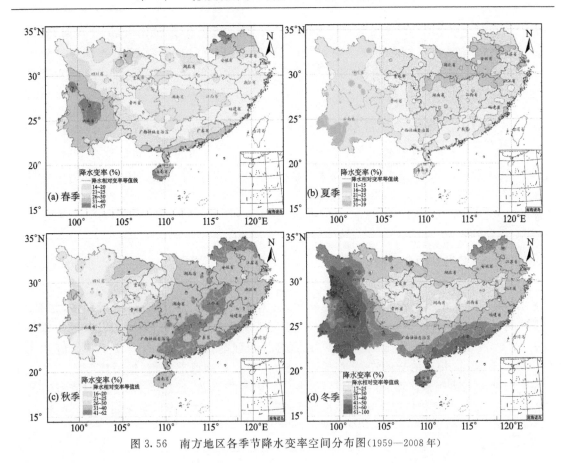

图 3.56　南方地区各季节降水变率空间分布图(1959—2008 年)

夏季降水变率:南方中东部夏季降水变率大,西部小。长江中下游地区夏季降水变率普遍较大,大多在 25%~40% 之间,其中湖北中东部、安徽大部、湖南和江西两地的北部、长三角及闽东南沿海等地的夏季降水变率更大,在 30% 以上。华南大部分地区夏季降水变率在 20%~30% 之间,其中福建大部、广东西南角、广西东部和海南西部等地是华南地区夏季降水变率稍高的地区,在 26%~30% 之间。西南地区夏季降水变率普遍较小,四川盆地大部、云贵高原东部夏季降水变率相对较大,在 21%~30% 之间,而其中川东北、渝中东部、黔东部等地变率在 26%~30% 之间,四川中西部、云南省、贵州西部的变率在 20% 以下,而云南西南部分地区则在 15% 以下[图 3.56(b)]。

秋季降水变率:秋季降水变率以东部大,西部小。长江中下游大部、华南地区的秋季降水变率在 30% 以上,而华南沿海、两广交界、南岭附近、江西大部、苏皖北端等地的秋季降水变率则高达 41%~62%。四川盆地东南部、云贵高原北端小部分地区、川西高原大部、云南澜沧江下游地区等秋季降水变率较小,在 25% 以下。四川盆地东北部和西南角、贵州东南部等地是西南地区秋季降水变率最大的地区,在 31%~40% 之间。云南中北部和东部、贵州中部、四川盆地西部等地变率略高,在 26%~30% 之间[图 3.56(c)]。

冬季降水变率:冬季降水变率中部小,外围降水变率逐渐增大,而西南部降水变率最大。江南丘陵大部、洞庭湖平原、皖浙赣交界、四川盆地中南部、云贵高原东北部等地区是冬季降水变率低值区,在 17%~30% 之间,其中四川盆地东南部、湖南中部等地的变率更小,在 25% 以下。长江中下游其他地区(除苏皖北端)、闽中北部、桂中北部、黔西南、四川盆地北部、川西高原东北角等地变率稍高,在 31%～40% 之间。广东大部、福建南端、海南大部、广西南端、云南大部、四川西部和南部冬季降水变率很大,在 40% 以上,其中广东沿海、云南中部等地的变率在 51%～60% 之间,而海南西南端、云南西南局部和北部、四川西南部等地的冬季降水变率则高达 60% 以上[图 3.56(d)]。

3.4.3　不同量级的年降水日数时空特征

不同量级的降水日数从降水强度反映一个地区降水的丰歉程度。根据气象学规定,这里统计日降水量≥0.1 mm 为小雨以上降水日数,简称“雨日”;日降水量≥10.0 mm 为中雨以上降水日数,简称“中雨日数”;日降水量≥25.0 mm 为大雨以上降水日数,简称“大雨日数”;日降水量≥50.0 mm 为暴雨以上降水日数,简称“暴雨日数”;日降水量≥100.0 mm 为大暴雨以上降水日数,简称“大暴雨日数”。本节主要对年尺度不同量级降水日数进行分析。

(1)年降水日数空间分布特征

1)雨日空间分布特征

南方地区雨日的空间分布如图 3.57 所示,由图 3.57 可见,年雨日呈中、南部多,北部、西部及华南沿海少的特征。年雨日高值区分布在川东南、黔西北、滇西北等地以及其他中高海拔山区,在 180 d 以上,其中雅安和峨眉山等山区迎风坡面雨日高达 254 d。年雨日低值区分布在淮北地区,滇北、川南的金沙江、元江等河谷地区,以及海南西部等地,年雨日不足 120 d,其中苏皖两地北部边缘地区在 90 d 以下。江南、华南大部、西南地区中东部及南部等地的年雨日在 150～180 d 之间。长江沿江及江北、华南沿海、云南中北部、四川西南部等地区的年雨日在 120～150 d 之间。

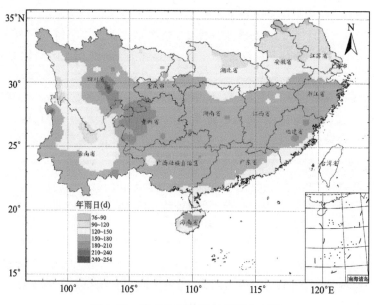

图 3.57　南方地区年雨日空间分布图

2)中雨日数空间分布特征

日降水量≥10.0 mm 的中雨日数空间分布见图 3.58(a),由此图可见:南方地区从东南部到西北部中雨日数逐渐减少。高值区分布在江西东部、安徽南部、浙江西南部、福建西北部、广东中部、海南中部及中高海拔山区等地区，年中雨日数在 50 d 以上。江南大部、华南大部、云南南部等地区的年雨日数在 40～50 d 之间。长江沿江及江北、西南地区东部和南部等地区的年中雨日数在 30～40 d 之间。淮北、湖北北部、四川大部、云南东北部等地的年中雨日数在 30 d 以下，其中四川西部在 20 d 以下，是南方年中雨日数最少的地方。

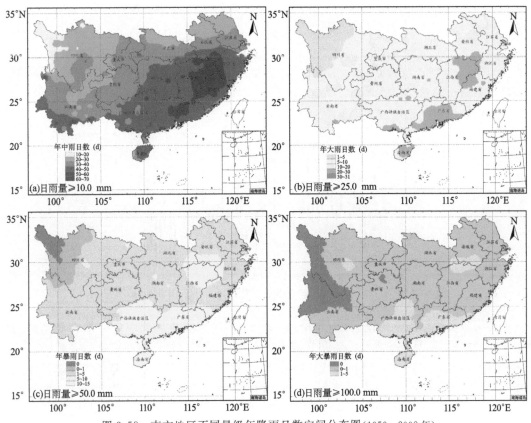

图 3.58　南方地区不同量级年降雨日数空间分布图(1959—2008 年)

3)大雨日数空间分布特征

日雨量≥25.0 mm 的大雨日数空间分布如图 3.58(b)所示，由图可见：分布趋势与中雨日数类似，即从东南到西北呈减少趋势。高值区分布在江西东北部、安徽南部、福建西北部、广东大部、海南中东部、广西沿海等地，年大雨日数多在 20～30 d 之间，局地高达 30 d 以上。低值区分布在四川西北部，少于 5 d。其他四川中东部、云南中北部、湖北北部、安徽北部、江苏西北部等地区的年大雨日数也较少，在 5～10 d 之间。南方中东大部地区的年大雨日数在 10～20 之间。

4)暴雨日数空间分布特征

日雨量≥50.0 mm 的暴雨日数空间分布特征是江南中部、华南多，西北少[图 3.58(c)]。高值区分布在 25°N 以南的华南地区和湖北东南部、江西北部、安徽南部、浙江西部等江南中部地区以及中东部的中海拔山区，多在 5～10 d 之间，局地高达 10 d 以上。低值区分布在四川西部的高寒山区，年暴雨日数少于 1 d 或不发生。南方其他地区年暴雨日数在 1～5 d 之间。

5)大暴雨日数空间分布特征

日雨量≥100.0 mm 的大暴雨日数呈南部多、西部少的空间分布特征[图 3.58(d)]。高值区分布在华南中南部以及皖南、赣西北等中东部的中高海拔山区,年大暴雨日数在 1～5 d 之间。低值区分布在四川西南部、云南北部和贵州局部,基本上无大暴雨出现。南方其他地区的年大暴雨日数在 0.1～1 d 之间。

(2)年降水日数时间变化特征

1)雨日时间变化特征

近 50 年(1959—2008 年)南方地区年雨日在 132 d(2003 年)～165 d(1975 年)之间变动,平均值为 149 d,气候倾向率为－2.47 d/(10a),呈极显著下降趋势。从图 3.59 来看,20 世纪 60 年代年雨日呈减少趋势,20 世纪 70 年代中前期增加、后期减少,20 世纪 80 年代前期增加、中期以来呈减少趋势,且 2000 年以来显著减少。从 UF 和 UB 曲线的交点可确定 20 世纪 90 年代以来雨日的减少是一突变现象。

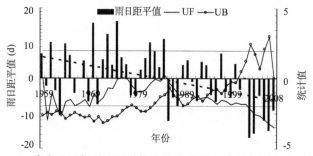

图 3.59　南方地区年雨日距平值及其曼-肯德尔统计量历年变化曲线

从年雨日气候倾向率的空间分布(图 3.60)来看,除了四川西北部的年雨日是增加的以外,其他地区基本都呈减少趋势。年雨日减少最多的地区分布在云南西南部以及黔、桂、川的少部分地区,每 10 年减少 5 d 以上,且通过了 0.01 的显著性检验。年雨日增加最多的地区分布在四川西北部,在 1～5 d/(10a)之间。云南西北部、江西北部、湖北北部及浙江东北部等少

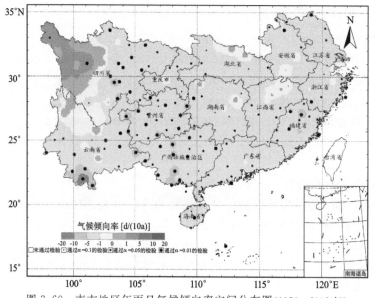

图 3.60　南方地区年雨日气候倾向率空间分布图(1959—2008 年)

部分地区增减幅度不大,在 −1～1 d/(10a)之间。其他大部分地区的年雨日每 10 年减少 1～
5 d,其中西南大部、广西大部、福建西北部、海南中部、淮北等地区的减少趋势都通过了 0.05
的显著性检验。

　　2)中雨日数时间变化特征

　　近 50 年南方地区日降水量≥10.0 mm 的中雨日数在 34 d(1963 年)～44 d(1973 年)之间
变动,平均值为 38 d,呈减少趋势,气候倾向率为 −0.062 d/(10a),但未通过 0.1 的显著性检
验。从图 3.61(a)来看,20 世纪 60 年代年中雨日数呈减少趋势,20 世纪 70 年代中前期增加、
后期减少,20 世纪 80 年代前期增加,20 世纪 80 年代中期到 90 年代中期年中雨日数呈减少趋
势,20 世纪 90 年代后期到 2002 年呈增加趋势,2003 年以来呈减少趋势。

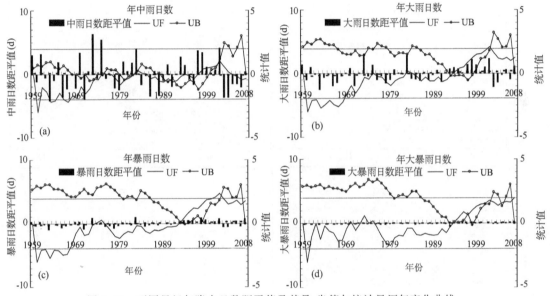

图 3.61　不同量级年降水日数距平值及其曼-肯德尔统计量历年变化曲线

　　3)大雨日数时间变化特征

　　近 50 年南方地区日降水量≥25.0 mm 的大雨日数在 11 d(1963 年)～17 d(1973 年)之间
变动,平均值为 14 d,呈增多趋势,气候倾向率为 0.172 d/(10a),但未通过 0.1 的显著性检验。
从图 3.61(b)来看,20 世纪 60 年代年大雨日数呈显著减少趋势,20 世纪 70 年代中前期增加、
后期减少,20 世纪 80 年代前期增加,20 世纪 80 年代中期到 90 年代初年大雨日数呈减少趋
势,20 世纪 90 年代初以来呈增加趋势,且这一增加趋势为突变现象。

　　4)暴雨日数时间变化特征

　　近 50 年南方地区日降水量≥50.0 mm 的暴雨日数在 3 d(1963 年)～5 d(1983 年)之间变
动,平均值为 4 d,呈显著增多趋势,气候倾向率为 0.095 d/(10a)。从图 3.61(c)来看,20 世纪
60 年代年暴雨日数呈显著减少趋势;20 世纪 70 年代到 90 年代初呈减少趋势,其中 20 世纪 70
年代中期略增多;20 世纪 90 年代中期以来呈增加趋势,而且根据 UF 和 UB 曲线的交点位置
可确定其为突变现象。

　　5)大暴雨日数时间变化特征

　　近 50 年南方地区日降水量≥100.0 mm 的大暴雨日数在 0.4 d(1977 年)～1 d(2008 年)
之间变动,平均值为 0.7 d,呈极显著增多趋势,气候倾向率为 0.029 d/(10a)。从图 3.61(d)

来看,年大暴雨日数在 20 世纪 60 年代减少,20 世纪 70 年代中前期增加,20 世纪 70 年代末到 90 年代初减少,20 世纪 90 年代初以来增多,并可确定其为突变增多。

　　不同量级年降水日数气候倾向率的空间分布特征如图 3.62 所示。中雨日数的气候倾向率的空间分布特征为东部和西部增多、中部减少,减少幅度最大的地区为四川盆地西部,每 10 年显著减少 1~5 d,其他地区的变化幅度基本在 −1~1 d/(10a) 之间。大雨、暴雨、大暴雨日数气候倾向率的特征相似,都呈现西北部略减、其他地区增加的特征,而且变化幅度基本都在 −1~1 d/(10a) 之间。

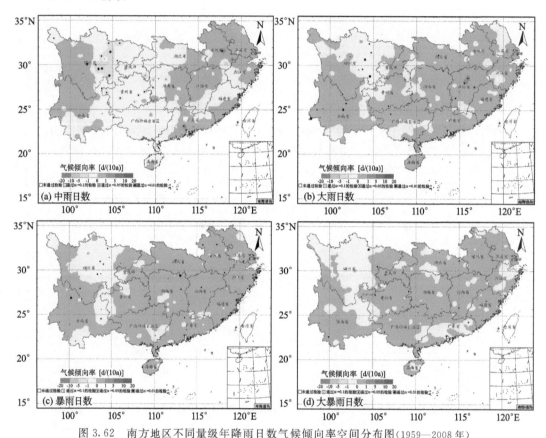

图 3.62　南方地区不同量级年降雨日数气候倾向率空间分布图(1959—2008 年)

3.4.4　参考作物蒸散量时空特征

　　蒸散量是农田水分支出的重要部分,一般包括土壤蒸发和作物蒸腾。不同气候环境和地表环境的蒸散量差别很大,为了研究方便,一般引用参考作物蒸散量(ET_0),即作物基准蒸散量的参照表面蒸散速率,单位为 mm/d,假定相近的地表状况用来比较不同气候条件下的水分支出差异。本节采用联合国粮食及农业组织推荐的 FAO Penman-Monteith 修正公式计算参考作物蒸散量,参照表面为非常类似于水分充足、生长旺盛、高度一致、完全遮盖地面的开阔草地,作物的高度为 0.12 m,叶面阻力为 70 s/m,反射率为 0.23,具体计算见第 2 章公式(2.4)。

(1)年参考作物蒸散量时空特征

1)年参考作物蒸散量空间分布特征

　　如图 3.63 所示,南方地区年参考作物蒸散量的空间分布大体呈北部低、南部高的特征。

低值区分布在四川盆地局部地区以及皖南等中高海拔山区,在 655~800 mm 之间。高值区则分布在雷州半岛、海南、云南部分河谷地区等,在 1 200~1 575 mm 之间。华南大部、云南大部、四川西南部、江西大部、安徽北部等地区的年参考作物蒸散量在 1 000~1 200 mm 之间。长江中下游其他地区、西南其他大部分地区等的年参考作物蒸散量在 800~1 000 mm 之间。

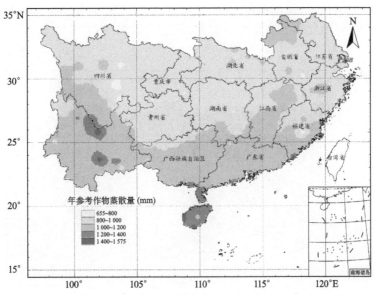

图 3.63　南方地区年参考作物蒸散量空间分布图(1959—2008 年)

2)年参考作物蒸散量时间变化特征

近 50 年南方地区年参考作物蒸散量在 973 mm(1982 年)~1 090 mm(1963 年)之间变动,平均值为 1 023 mm,呈显著减少趋势,气候倾向率为−5.92 mm/(10a),通过了 0.05 的显著性检验。从图 3.64 来看,近 50 年南方地区年参考作物蒸散量呈减少趋势,其中 20 世纪 70年代中期以来呈显著减少趋势。从参考作物蒸散量距平值来看,南方地区年参考作物蒸散量在 20 世纪 60 年代偏高,20 世纪 70 年代略偏高,20 世纪 80 和 90 年代偏低,2000 年以来略偏高(见图 3.64)。

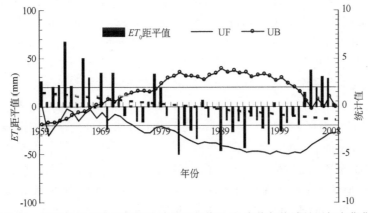

图 3.64　南方地区年参考作物蒸散量距平值及曼-肯德尔统计量历年变化曲线

南方地区年参考作物蒸散量气候倾向率空间分布特征见图 3.65:大部分地区的年参考作

物蒸散量都呈减少趋势,西南部和部分沿海地区呈增加趋势。年参考作物蒸散量减少幅度最
大的地区分布在安徽西部和北部、江苏西北部、湖北大部、江西大部、湖南南部、四川东北部、重
庆大部、贵州中部、云南中部及华南部分地区等,气候倾向率多在-50~-10 mm/(10a)之间,
且大多通过了0.01的显著性检验。年参考作物蒸散量增加的地区分布在云南西部、海南中西
部、广西沿海、雷州半岛及广东西南部、福建中北部、浙江沿海、长江三角洲等部分地区,增幅多
在10 mm/(10a)以内,部分地区通过了0.05的显著性检验。南方其他大部分地区的年参考作
物蒸散量呈略减少趋势,每10年减少量不超过10 mm,且大多未通过0.1的显著性检验。

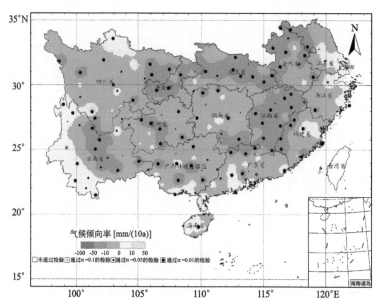

图 3.65　　南方地区年参考作物蒸散量气候倾向率空间分布图(1959—2008 年)

(2)各季节参考作物蒸散量时空特征

1)各季节参考作物蒸散量空间分布特征

南方地区的春季参考作物蒸散量呈西南部高、中东部低的空间分布特征[图 3.66(a)]。
高值区分布在滇北川南的金沙江河谷地区、滇南的元江河谷地区、海南最西部等地区,在400~
533 mm 之间。低值区分布在中高海拔高山地区,在 174~200 mm 之间。四川西南部、云南大
部、海南大部、雷州半岛、安徽北缘等地区的春季参考作物蒸散量在 300~400 mm 之间。南方
其他地区的春季参考作物蒸散量都在 200~300 mm 之间。

南方地区的夏季参考作物蒸散量呈中东部高、西部低的空间分布特征[图 3.66(b)]。高
值区分布在江南大部、江北部分地区、海南等,在 400~483 mm 之间。低值区分布在云南西
部、四川东南部等部分地区,在 226~300 mm 之间。其他大部分地区的夏季参考作物蒸散量
都在300~400 mm 之间。

南方地区的秋季参考作物蒸散量呈东南部高、西北部低、中部居中的空间分布特征
[图 3.66(c)]。高值区分布在华南沿海区,在 300~374 mm 之间。低值区分布在四川大部、云
南东北部、重庆、贵州中北部、湖南西北部、湖北西部等地区,在 126~200 mm 之间。其他大部
分地区的秋季参考作物蒸散量在 200~300 mm 之间。

南方地区的冬季参考作物蒸散量呈北低、南高的空间分布特征[图 3.66(d)]。高值区分

布在云南中西部、海南西南部等地,在 200~327mm 之间。低值区分布在四川东部、重庆、贵州东北部、南西南部、湖北西部、江苏北部等地区,在 82~100 mm 之间。其他大部分地区的冬季参考作物蒸散量在 100~200 mm 之间。

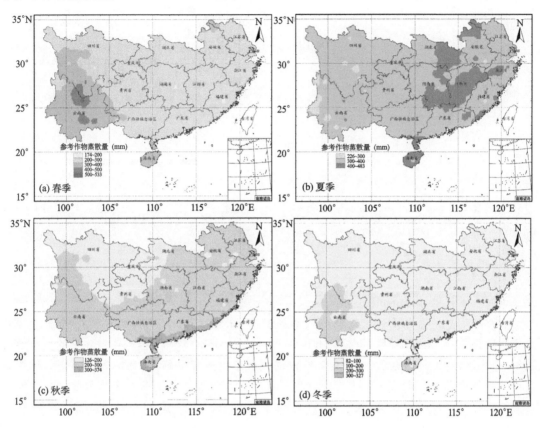

图 3.66　南方地区各季节参考作物蒸散量空间分布图(1959—2008 年)

2)各季节参考作物蒸散量时间变化特征

近 50 年南方地区春季参考作物蒸散量在 262 mm(1989 年)~303 mm(1963 年)之间变动,平均值为 280 mm,呈略增趋势,气候倾向率为 0.6 mm/(10a),但未通过 0.1 的显著性检验。从 UF 统计值来看,春季参考作物蒸散量在 20 世纪 60 年代呈增加趋势;20 世纪 70 年代以来呈减少趋势,其中 20 世纪 90 年代呈显著减少趋势。从参考作物蒸散量距平值来看,春季参考作物蒸散量在 20 世纪 60 年代偏高,20 世纪 70 年代略偏高,20 世纪 80 和 90 年代偏低,2000 年以来偏高[见图 3.67(a)]。

近 50 年南方地区夏季参考作物蒸散量在 341 mm(1999 年)~407 mm(1967 年)之间变动,平均值为 374 mm,呈显著减少趋势,气候倾向率为-5 mm/(10a),通过了 0.01 的显著性检验。从 UF 统计值来看,近 50 年夏季参考作物蒸散量呈减少趋势,其中 20 世纪 70 年代以来呈显著减少趋势。从参考作物蒸散量距平值来看,夏季参考作物蒸散量在 20 世纪 60 年代偏高,20 世纪 70 和 80 年代略偏低,20 世纪 90 年代偏低,2000 年以来略偏低[见图 3.67(b)]。

近 50 年南方地区秋季参考作物蒸散量在 213 mm(1982 年)~248 mm(1966 年)之间变动,平均值为 231 mm,呈略减趋势,气候倾向率为-0.4 mm/(10a),但未通过 0.1 的显著性检验。从 UF 统计值来看,近 50 年秋季参考作物蒸散量呈减少趋势,其中 20 世纪 80 年代中期到 21 世纪初呈显著减少趋势。从参考作物蒸散量距平值来看,秋季参考作物蒸散量在 20 世纪 60 和 70 年代偏高,20 世纪 80 和 90 年代偏低,2000 年以来略偏高[见图 3.67(c)]。

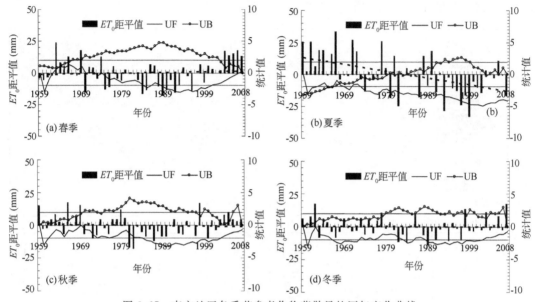

图 3.67　南方地区各季节参考作物蒸散量的历年变化曲线

近 50 年南方地区冬季参考作物蒸散量在 125 mm(1989 年)～156 mm(2008 年)之间变动,平均值为 139 mm,呈略减趋势,气候倾向率为 −0.1 mm/(10a),但未通过 0.1 的显著性检验。从 UF 统计值来看,近 50 年冬季参考作物蒸散量也呈减少趋势,其中 20 世纪 60 年代后期到 70 年代中期、20 世纪 90 年代这两个时段呈显著减少趋势。从参考作物蒸散量距平值来看,冬季参考作物蒸散量在 20 世纪 60 和 70 年代偏高,20 世纪 80 和 90 年代偏低,2000 年以来略偏高[见图 3.67(d)]。

从各季节参考作物蒸散量气候倾向率的空间分布来看,大部分地区的各季参考作物蒸散量呈减少趋势,少部分地区呈略增趋势。夏季参考作物蒸散量下降的幅度最大,呈下降趋势的地区范围最广;相比之下,春季参考作物蒸散量呈增加趋势的地区范围较广且集中。

如图 3.68 所示,春季参考作物蒸散量减少的地区分布在西南大部、华南大部,每 10 年减少量不超过 10 mm,其中四川西部、贵州中部等地区通过了 0.05 的显著性检验;春季参考作物蒸散量增加的地区分布在长江中下游大部、福建北部、海南西南部、四川盆地西部、云南西部等地区,每 10 年增加量不超过 10 mm,其中江北地区、湖南中北部、浙江沿海等地区通过了 0.01 的显著性检验。夏季参考作物蒸散量减少幅度最大的地区分布在长江中下游中北部地区,每 10 年极显著减少 10～50 mm;云南西部、海南、雷州半岛等少部分地区呈增加趋势,气候倾向率小于 10 mm/(10a),且都未通过 0.1 的显著性检验;其他南方大部地区的夏季参考作物蒸散量每 10 年减少 10 mm 以内,且大部分地区通过了 0.1 的显著性检验。秋季参考作物蒸散量的气候倾向率空间分布特征为中东部减少,西部和东北部及南部等地区增加,但是增减幅度都不超过 10 mm/(10a),且都未通过 0.1 的显著性检验。冬季参考作物蒸散量增减幅度也都不超过 10 mm/(10a),江苏东南部、湖南中北部、贵州东北部和西南部、云南西部、四川北部、华南东南部等地区呈增加趋势,其他地区呈减少趋势。

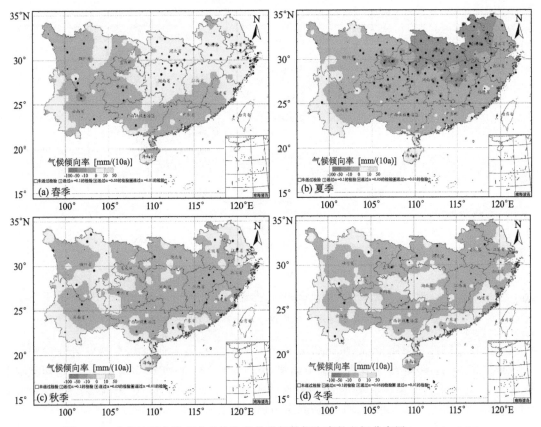

图 3.68　南方地区各季节参考作物蒸散量气候倾向率的空间分布图(1959—2008 年)

3.4.5　干燥度时空特征

干燥度指数(K)是表征一个地区干湿程度的指标,用某一地区水分收支与热量平衡来表示。一般用参考作物蒸散量和降水量之比计算(张家诚 1991,崔读昌 1998),即

$$K = \frac{ET_0}{P} \tag{3.10}$$

式中:K 为干燥度指数;ET_0 为参考作物蒸散量(mm);P 为降水量(mm)。

某一地区的干燥度指数值越大,表明该地区气候越干燥;反之干燥度值越小,则气候越湿润。为了全书结果统一比较,ET_0 仍采用第 2 章公式(2.4)计算。

(1)年尺度干燥度时空特征

1)年尺度干燥度空间分布特征

如图 3.69 所示,南方地区年干燥度的空间分布特征大体呈中东部高、西部低。年干燥度最小的地区是黄山等中高海拔山区,低于 0.5,气候极湿润。年干燥度最大的地区是川西高原及滇北河谷等局部地区,高于 2.0,气候干燥。淮北、鄂北、琼西南地区的南方东部地区,以及西南地区的东半部、云南南部等南方地区的年干燥度在 0.5~1.0 之间,是湿润气候区。淮北、鄂北、琼西南、川中、滇中北等地区的年干燥度在 1.0~1.5 之间,气候较湿润。川西部分地区的年干燥度在 1.5~2.0 之间,气候较干燥。

2)年尺度干燥度时间变化特征

近 50 年南方地区年干燥度在 0.8(1973 年)~1.0(1978 年)之间变动,平均值为 0.89,呈

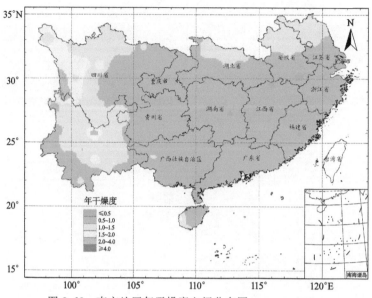

图 3.69　南方地区年干燥度空间分布图(1959—2008 年)

略减小趋势,即气候变湿润,气候倾向率为 $-0.010/(10a)$,但未通过 0.1 的显著性检验。从 UF 统计值来看,近 50 年年干燥度呈减小趋势,其中 20 世纪 90 年代中期到 21 世纪初呈显著减小趋势。从年干燥度距平值来看,南方地区年干燥度在 20 世纪 60 年代偏高,20 世纪 70 和 80 年代略偏高,20 世纪 90 年代偏低,2000 年以来略偏高(见图 3.70)。

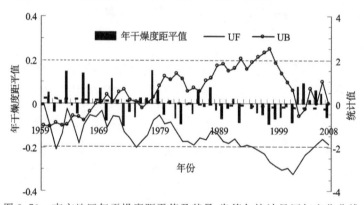

图 3.70　南方地区年干燥度距平值及其曼-肯德尔统计量历年变化曲线

　　从年干燥度气候倾向率的空间分布(图 3.71)来看,东部和西部呈减小趋势,中部呈增加趋势。四川东部、贵州西北部、云南东北部和西南部、广西南部、广东西南部、江苏东部等地区的年干燥度呈增加趋势,即气候变干燥,每 10 年增加 0.1 以内,仅四川中部通过了 0.05 的显著性检验。其他大部分地区的年干燥度呈减小趋势,即气候变湿润,每 10 年减少 0.1 以内,且大多未通过 0.1 的显著性检验。

(2)季尺度干燥度时空特征

1)季尺度干燥度空间分布特征

　　如图 3.72(a)所示,南方地区春季干燥度的空间分布大体呈以东南部为中心向北、向西逐

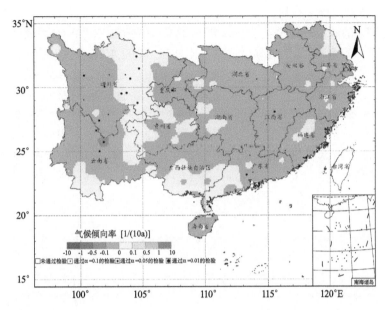

图 3.71　南方地区年干燥度气候倾向率的空间分布图（1959—2008 年）

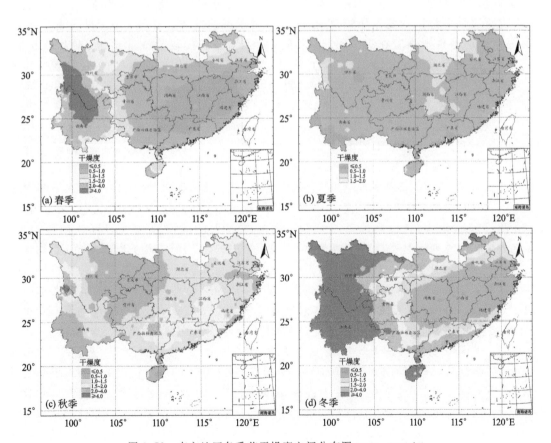

图 3.72　南方地区各季节干燥度空间分布图（1959—2008 年）

渐增加的特征。高值区分布在川西南、滇北,春季干燥度高于 4.0,属于干旱气候。低值区分布在浙江西南部、江西、湖南中南部、广西东北部、广东北部、福建西北部等地区,小于 0.5,属于湿润气候。江南其他地区、华南其他地区、贵州东部、重庆等地区的春季干燥度在 0.5~1.0 之间,属于湿润气候。江淮地区、海南中东部、广西西北部、贵州西部、四川东部等地区的春季干燥度在 1.0~1.5 之间,属于半湿润气候。淮北、四川西北部、云南大部、海南西南部等地区的春季干燥度在 1.5~4.0 之间,属于半干旱气候。

如图 3.72(b)所示,南方地区夏季干燥度的空间分布特征呈南低北高。低值区分布在两广沿海、云南西南部等地,低于 0.5。分布在安徽北部、湖北中北部、湖南东北部和南部及四川西部等地区,在 1.0~1.5 之间,属于半湿润气候。其他地区的夏季干燥度都在 0.5~1.0 之间,属于湿润气候。

如图 3.72(c)所示,南方地区秋季干燥度的空间分布特征呈东部高,中、西部低。淮北、江西大部、湖南南端、福建南部、广东东北部和西北部、广西东北部、四川西部等地区,在 1.5~4.0 之间,属于半干旱气候。长江中下游其他地区、广东中南部、广西西部、云南东部和西北部、四川西北部等地区的秋季干燥度在 1.0~1.5 之间,属于半湿润气候。四川中东部、重庆、贵州大部、云南西南部、雷州半岛、海南、浙江沿海、湖北西部、湖南西北部等地区,秋季干燥度小于 1.0,属于湿润气候。

如图 3.72(d)所示,南方地区冬季干燥度的空间分布特征呈中、东部低,西部高。江南、福建西北部等地区的冬季干燥度低于 1.0,属于湿润气候。江淮地区、两广北部、贵州东部等地区的冬季干燥度在 1.0~1.5 之间,属于半湿润气候。淮北地区、湖北西北部、重庆大部、四川东南部、贵州中西部、广西中西部、广东中南部等地区的冬季干燥度在 1.5~4.0 之间,属于半干旱气候。海南、雷州半岛南部、云南、四川大部、安徽和江苏的最北部等地区的冬季干燥度高于 4.0,属于干旱气候。

2) 季尺度干燥度时间变化特征

近 50 年南方地区春季干燥度在 0.9(1990 年)~5.3(1963 年)之间变动,平均值为 1.55,呈显著减小趋势,气候倾向率为 -0.128/(10a),通过了 0.05 的显著性检验。从 UF 统计值来看,近 50 年春季干燥度呈减小趋势,其中 20 世纪 70 年代中后期呈显著减小趋势。从干燥度距平值来看,南方地区春季干燥度在 20 世纪 60 年代偏高,20 世纪 70 年代偏低,20 世纪 80 年代略偏高,20 世纪 90 年代以来略偏低[见图 3.73(a)]。

近 50 年南方地区夏季干燥度在 0.6(1993 年)~1.1(1967 年)之间变动,平均值为 0.79,呈极显著减小趋势,气候倾向率为 -0.035/(10a),通过了 0.01 的显著性检验。从 UF 统计值来看,近 50 年夏季干燥度呈减小趋势,其中 20 世纪 90 年代中期以来呈显著减小趋势。从干燥度距平值来看,南方地区夏季干燥度在 20 世纪 60 年代偏高,20 世纪 70 年代略偏高,20 世纪 80 年代略偏低,20 世纪 90 年代以来偏低[见图 3.73(b)]。

近 50 年南方地区秋季干燥度在 0.8(1982 年)~2.0(1998 年)之间变动,平均值为 1.27,呈减小趋势,气候倾向率为 -0.053/(10a),通过了 0.1 的显著性检验。从 UF 统计值来看,秋季干燥度在 20 世纪 60 年代中前期呈减小趋势,20 世纪 60 年代后期到 70 年代中期呈增大趋势,20 世纪 70 年代后期到 90 年代中期呈减小趋势,20 世纪 90 年代后期以来呈增大趋势。从干燥度距平值来看,南方地区秋季干燥度在 20 世纪 60 年代前期偏低,20 世纪 60 年代中后期偏高,20 世纪 70 年代略偏高,20 世纪 80 年代偏低,20 世纪 90 年代以来偏高[见图 3.73(c)]。

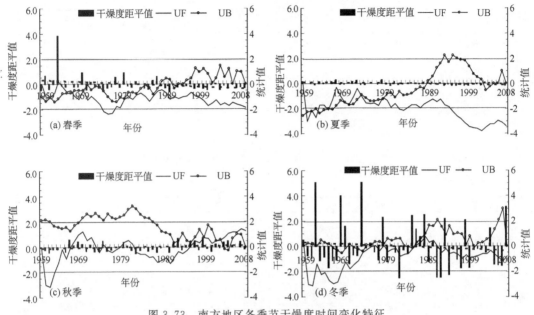

图 3.73　南方地区各季节干燥度时间变化特征

近 50 年南方地区冬季干燥度在 2.3(1982 年)~9.9(1962 年)之间变动,平均值为 4.92,呈略减小趋势,气候倾向率为 −0.164/(10a),未通过 0.1 的显著性检验。从 UF 统计值来看,冬季干燥度在 20 世纪 60 年代到 80 年代中期呈减小趋势,20 世纪 80 年代后期到 90 年代初呈增加趋势,20 世纪 90 年代中期以来呈减小趋势。从干燥度距平值来看,南方地区冬季干燥度在 20 世纪 60 年代前期偏低,20 世纪 60 年代后期到 70 年代略偏高,20 世纪 80 年代中前期偏低,20 世纪 80 年代后期偏高,20 世纪 90 年代以来略偏低,但是年与年之间的干燥度差异很大[见图 3.73(d)]。

从各季节干燥度气候倾向率的空间分布来看,冬、夏季的干燥度呈减小趋势的地区范围比增加趋势的地区广,春季干燥度增、减趋势的地区范围差不多,而秋季干燥度呈增加趋势的地区远多于呈减小趋势的地区;四个季节对比来看,冬季干燥度的增减幅度最大,夏季干燥度的增减幅度最小。

如图 3.74 所示,春季干燥度气候倾向率的空间分布特征为西部和南部减小、北部和东部增加。四川西南部、云南中北部、海南西部等地区的春季干燥度减小的幅度最大,在 −10/(10a)~−1/(10a)之间,且通过了 0.1 的显著性检验;淮北部分地区的春季干燥度增加幅度最大,在 0.1/(10a)~0.5/(10a)之间。大部分地区夏季干燥度都呈减小趋势,幅度多在 0.1/(10a)以内。秋季干燥度中、东大部呈增加趋势,西部小部分地区呈减小趋势。江北地区及华南大部的秋季干燥度增加幅度最大,在 0.1/(10a)~0.5/(10a)之间。大部分地区冬季干燥度呈减小趋势,两广、湖南南部及其他少部分地区的冬季干燥度呈增加趋势。云南中部、四川西北部和西南部分地区减小幅度最大,在 −10/(10a)~−1/(10a)之间;江北、四川北部、云南东部、福建沿海、雷州半岛、海南西部和北部等地区的减小幅度在 −0.1/(10a)~−1/(10a)之间;四川西部少部分地区、云南西南部等地区的冬季干燥度的增加幅度最大,在 1/(10a)~10/(10a)之间。

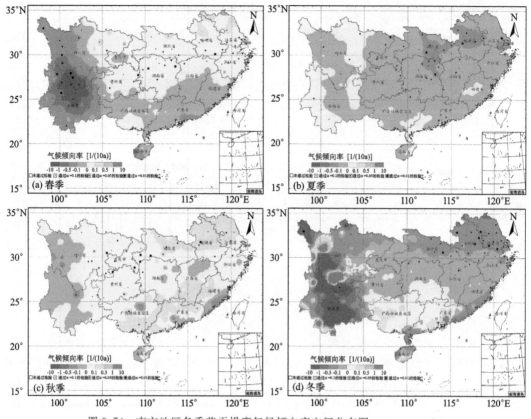

图 3.74　南方地区各季节干燥度气候倾向率空间分布图(1959—2008 年)

3.5　小结

本章分析了南方地区光、热、水资源的时空分布特征。光资源的指标包括总辐射、净辐射和日照时数;热量资源的指标包括年平均气温、季平均气温、最热月平均气温、最冷月平均气温、≥0 ℃积温、≥10 ℃积温、≥0 ℃持续天数、≥10 ℃持续天数、高温日数、低温日数等;水分资源包括年降水量、季降水量、年参考作物蒸散量、季参考作物蒸散量、年干燥度、季干燥度等。最终得出 1959—2008 年南方地区的光、热、水农业气候资源的时空变化特征如下:

(1)光能资源

南方地区除西南地区东北部和长江中下游地区西部光能资源较差外,其他大部分地区光能资源较丰富,年日照时数在 1 200 h 以上,总辐射在 4 500 MJ/m²。1959—2008 年,南方地区的总辐射呈显著减少趋势,50 年减少了345.6 MJ/m²,长江中下游地区、西南地区、华南地区的年总辐射显著减少,50 年分别减少了 460.6,229.2 和 358.1 MJ/m²;年日照时数也呈显著减少趋势,50 年减少了 256.8 h,其中长江中下游地区、西南地区、华南地区的年日照时数显著减少,50 年分别减少了 350.3,166.4 和 252.7 h。

(2)热量资源

我国南方地区热量资源丰富,除高海拔山区外,其他地区年平均气温在 14 ℃以上,最冷月平均气温在 0 ℃以上,最热月平均气温在 20 ℃以上。南方地区高温较多的地区集中在中东部地区,其中江南大部、华南北部和四川盆地及云南干热河谷地区高温日数多;低温日较多集中在长江流域,以江北、高海拔山区和四川西部高寒山区低温日数最多。南方地区≥0 ℃活动积温多在 5 000 ℃·d 以上,持续天数在 300 d 以上;≥10 ℃活动积温多在 4 000 ℃·d 以上,持续天数在 210 d 天以上。1959—2008 年,南方地区大部分地区年平均气温呈变暖的趋势,以长江中下游的江北、西南西部和华南南部部分地区变暖尤其明显;自 20 世纪 90 年代以来,气温升高明显;各季节比较以冬季升温明显,夏季升温幅度最小,其中长江中游和下游北部以及西南地区东北部,夏季有明显变凉的趋势。最冷月平均气温升温明显,长江下游、华南中西部和西南地区西部近 50 年升温幅度都在 1 ℃以上;最热月平均气温升温幅度较小,南方地区近 50 年升温在 1 ℃以内,淮北、长江中游及西南地区西部和中部等地还有变凉的趋势。淮北、长江中游和西南地区东部和云南大部等高温日数呈减少趋势,南方其他地区高温日数增多;南方地区低温日数绝大部分地区减少。从积温变化趋势看,南方地区活动积温和持续天数都呈明显增多的趋势。

(3)水分资源

南方地区降水丰沛,大部分地区年降水量在 800 mm 以上,江南、华南年降水量在 1 200 mm 以上;降水季节差异较大,以夏季降水量较多,春季降水量次之,秋季降水量再次,冬季降水量最少;年降水变率在 10%～20% 之间,各季节以冬季降水变率最大。南方地区大部分地区降水日数在 120 d 以上,其中中雨在 25 d 以上,大雨在 10 d 以上,暴雨多在 1～10 d,大暴雨多在 1 d 左右。年参考作物蒸散量为 800～1 200 mm。南方地区干燥度多在 0.5～1.0 之间,气候湿润;在冬、春季部分地区干燥度在 1.0 以上,干旱明显。

南方地区在 20 世纪 60 和 80 年代降水偏少,20 世纪 90 年代降水偏多,近几年降水又有减少趋势;近 50 年降水呈略增多趋势,其中南方中东部地区和西南地区西部年降水量呈增加趋势,西南地区中东部年降水量呈减少趋势。比较不同季节可以看出,春、秋季的降水量呈减少趋势,夏、冬季的降水量呈增加趋势。从降水日数年际变化看,南方降水日数呈减少趋势,但大雨日数、暴雨日数呈增加趋势。年参考作物蒸散量呈减少趋势,以夏季蒸散量减少最为明显。南方大部分地区的年干燥度呈减小趋势,即气候变湿润;特别是夏、冬季两季变湿明显。

第4章 南方地区季节性气象干旱时空特征

依据第 2 章构建的南方季节性干旱指标体系中降水量距平百分率(P_a)、相对湿润度指数(M)和标准化降水指数(SPI)3 个气象干旱指标的分级标准,统计分析南方地区不同干旱程度(轻旱、中旱、重旱、特旱)的干旱频率和干旱强度,得到不同时间尺度(年、季、月)的干旱频率空间特征和干旱强度、干旱范围(站次比)的年际变化特征(黄晚华 等 2010,2013)。

4.1 基于降水量距平百分率的气象干旱时空特征

4.1.1 年尺度干旱时空特征

(1)年尺度干旱空间分布特征

南方地区年尺度轻旱及其以上的干旱发生频率的空间分布特征呈东部高、西部低的特点,即长江中下游地区和华南地区干旱发生频率高,川西北发生频率较低。鄂东南部和鄂北端、皖大部(除皖东北部)、浙西北部、赣大部、粤大部、桂东北缘和东南端、海南岛及四川盆地东北部干旱发生频率较高,在 33.4%~50.0%(即 3 年一遇到 2 年一遇)之间,其中安徽南部局地达 2 年一遇。川西高原北部及滇东北部等地区干旱发生频率较低,在 8.3%~20.0%之间。川西高原南部、川东南部、滇西南部及黔西北部等地干旱发生频率在 20.1%~25.0%之间。南方其他大部分地区干旱发生频率在 25.1%~33.3%之间[图 4.1(a)]。

南方地区年尺度中旱及其以上的干旱发生频率的空间分布特征也是东部高、西部低。长江中下游的中北部及华南沿海地区为中旱高发区,发生频率在 10.1%~20.0%(即 10 年一遇到 5 年一遇)之间,其中广东的南部沿海发生频率在 20.1%~25.0%之间。四川省西部、云南省除去中北部的其他地区及湘西北部是中旱低发区,少于 5.0%(即 20 年一遇)。浙江省、福建省、广西大部、云南北部、四川盆地中西部等其他地区中旱以上的干旱发生频率在 5.1%~10.0%之间[图 4.1(b)]。

南方地区年尺度重旱及其以上的干旱发生频率的空间分布特征为东部高,中、西部低。沿淮及淮北、华南南部、海南岛是重旱以上干旱发生频率较高值区,在 5.0%以上,其中广东西南沿海部分地区发生频率在 10.0%以上。鄂北、苏皖南部、赣北、闽东南、粤东北、桂东南及四川盆地北部等地发生频率在 2.6%~5.0%之间。鄂西南、浙江省大部、闽东北、闽西、赣南、湘东南、粤西北、桂中部、西南的乌蒙山区和云南楚雄等地发生频率在 1.1%~2.5%之间,中西部其他大部分地区重旱以上的干旱发生频率在 1.0%以下,即 100 年一遇以下[图 4.1(c)]。

南方地区年尺度特旱发生频率的空间分布特征:大部分地区在 1.0%以下;江淮地区和两广沿海区及海南岛发生频率较高[图 4.1(d)]。

(2)年尺度干旱时间变化特征

由图 4.2(a)可见:近 50 年(1959—2008 年)长江中下游地区干旱强度略有上升,但不明

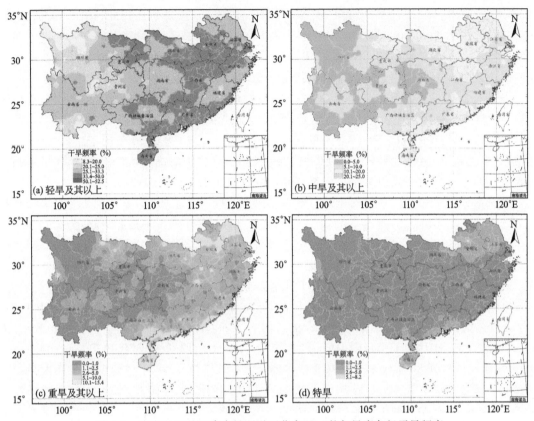

图 4.1　南方地区基于降水量距平百分率(P_a)的年尺度各级干旱频率
空间分布图(1959—2008 年)

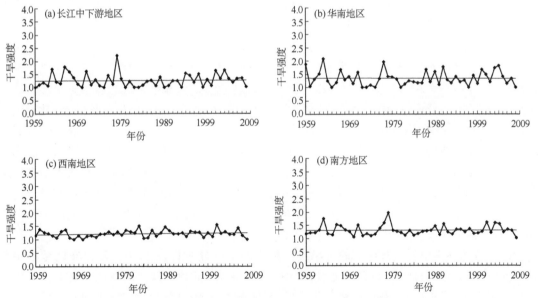

图 4.2　南方地区基于降水量距平百分率(P_a)的年尺度干旱强度历年变化曲线

注:趋势线公式中一次项系数的上标表示是否通过显著性检验,其中"*"表示通过 $\alpha=0.1$ 的显著性检验;"**"表示通过 $\alpha=0.05$ 的显著性检验;"***"表示通过 $\alpha=0.01$ 的显著性检验;没有上标即未通过 $\alpha=0.1$ 的显著性检验。下同。

显,干旱强度平均为1.27。干旱强度最大的年份是1978年,达到2.2;1959,1970,1975,1980, 1982,1983,1989,1993,1998和2008年的干旱强度最小,为1.0。20世纪60年代初期干旱强度偏低,20世纪60年代中期到70年代末干旱强度偏高,20世纪80年代到90年代初干旱强度偏低,20世纪90年代中后期以来干旱强度略高,但2004年以来又呈下降趋势。

由图4.2(b)可见:近50年华南地区干旱强度略有下降,但亦不明显,干旱强度平均为1.34。干旱强度最大的年份是1963年,达到2.1,次高值为1977年的2.0;1960,1965,1972, 1973,1975,1981,1997和2008年的干旱强度最小,为1.0。20世纪60年代干旱强度偏高,20世纪70年代到80年代中期干旱强度偏低,20世纪80年代末略高,20世纪90年代干旱强度偏低,20世纪90年代后期以来干旱强度略高,但2005年以后略低。

由图4.2(c)可见:近50年西南地区干旱强度略增,但也不明显,干旱强度平均为1.22。干旱强度最大的年份是2001年,为1.6;1968,1970和2008年的干旱强度最小,为1.0。20世纪60年代中期以前干旱强度偏高,20世纪60年代后期到80年代初干旱强度偏低,80年代中后期偏高,90年代干旱强度偏低,21世纪以来普遍偏低,但2001年的干旱强度达到50年来的最高值,2006年的干旱强度在50年中达到了第四强。

由图4.2(d)可见:近50年南方地区干旱强度略增,但也很不明显,干旱强度平均为1.31。干旱强度最大的年份是1978年,为2.0,次高值为1963年的1.8;2008年干旱强度最小,为1.0。20世纪60年代初干旱强度偏低;20世纪60年代中后期到70年代初干旱强度偏高;20世纪70年代中期到80年代末干旱强度总体偏低,但1977和1978年连续发生了两次强度很强的干旱,而且1978年的强度是50年来的最高值;20世纪80年代末、90年代初干旱强度略高;20世纪90年代中后期干旱强度偏低;21世纪以来略有回升后下降;2004年以来基本在平均强度以下。

4.1.2　季尺度干旱时空特征

(1)季尺度干旱空间分布特征

1)春季干旱频率

南方地区春季轻旱及其以上的干旱发生频率的空间分布特征为:104°E以东的地区呈中部频率低、外围频率高;104°E以西的地区呈中、南部频率高,北部频率低。春季干旱高发区分布在云南大部、川西南缘、华南沿海地区和淮北地区等地,干旱频率在25.0%以上,其中滇北和四川南端、海南中南部和苏皖北端等地干旱发生频率更高,在33.3%以上。低发区分布在湖南东部、江西西部及四川阿坝藏族自治州的中北部等地,干旱频率在10.0%以下。汉水以东、长江以北的湖北地区,淮河以北的地区,四川盆地的西北部和西南部,从四川大雪山东南端开始经由云南东北角、贵州西南部到广西中部的西北—东南走向的区域,以及粤中部等地的干旱发生频率在20.1%～25.0%之间。南方其他大部分地区的干旱发生频率在10.1%～20.0%之间[图4.3(a)]。

南方地区春季中旱及其以上的干旱发生频率的空间分布特征为:104°E以东的地区中部频率低、外围频率高;104°E以西的地区中、南部频率高,北部频率低。高发区分布在云南中北部和四川南端、广东沿海、海南岛和淮北等地,干旱频率在10.1%～20.0%之间。低发区在川西高原北部、重庆中东部、贵州东部、湖北西部及江南大部、闽北等地,干旱频率在1.0%(即100年一遇)以下。云南省境边缘、广西西南大部、广东中部、江淮地区等频率也较高,在5.1%～

10.0%之间,长江中下游流域、四川盆地中西部、贵州中西部、广东西北部等地一般在1.1%~5.0%之间[图4.3(b)]。

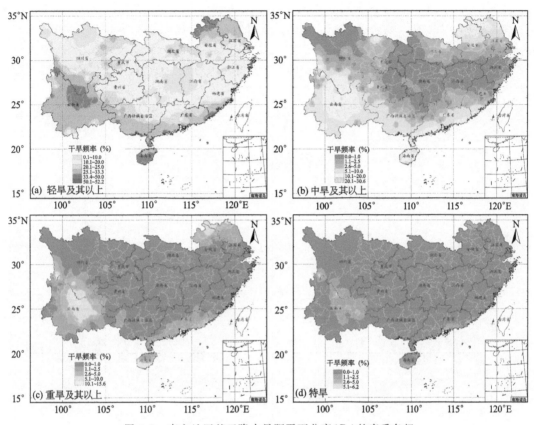

图 4.3 南方地区基于降水量距平百分率(P_a)的春季各级
干旱频率空间分布图(1959—2008 年)

南方地区春季重旱及其以上的干旱发生频率的空间分布特征:大部分地区频率都低于1.0%,仅西南地区、华南沿海和海南等少部分地区频率高一些。较高发区在澜沧江以东、南盘江下游以北的云南地区,四川南部金沙江沿线,海南南部及淮北等地,在2.6%~15.5%之间。其中,云南中北部、海南南部、苏皖北部交界处干旱频率更高,在5.0%以上;而云南的元谋和华坪等河谷地区、海南南端等干旱频率则在10.0%以上[图4.3(c)]。

南方地区春季特旱发生频率的空间分布特征:除云南中北部外,其他地区春季特旱发生频率基本都在1.0%以下。仅云南哀牢山以西、南盘江下游以北的云南中北部,四川西南缘,海南西南部及苏皖交界的北端等地的特旱频率在1.1%~6.2%之间,云南、四川局地河谷地区在5.0%以上,即20年一遇[图4.3(d)]。

总体看,南方地区春旱发生较频繁区域主要分布在西南地区西南部、华南南部及淮北等地;春旱以轻旱和中旱为主,重旱和特旱很少。

2)夏季干旱频率

南方地区夏季轻旱及其以上的干旱发生频率的空间分布呈长江中下游地区频率最高,向西、向南逐渐降低的特征。高发区分布在长江中下游大部分地区(除苏皖北部、苏东南部的长江沿线、浙东南、赣南、湘南缘、巫山以东的湖北西部地区)、四川盆地中部和东北部及福建近海等地区,干旱频率在 25.0% 以上,其中 114°~115.5°E 之间的湖北地区、湖南洞庭湖平原东北部、皖浙赣三省交界处、天目山以西的皖浙交界处及环钱塘江湾等地,干旱频率更高,在 33.4%~43.9% 之间。低发区分布在川西高原及云南西北角等地,频率在 5.0% 以下。云南东部和西南部,以及四川雅砻江以东、大渡河以南的地区干旱发生频率也较低,在 5.1%~10.0% 之间。两广大部,海南岛大部,贵州中西部,四川盆地西部,云南省元江以北、南盘江西段以西的中北部等地区发生频率较高,在 10.1%~20.0% 之间。闽大部、赣南、黔东部等地干旱发生频率也很高,在 20.1%~25.0% 之间[图 4.4(a)]。

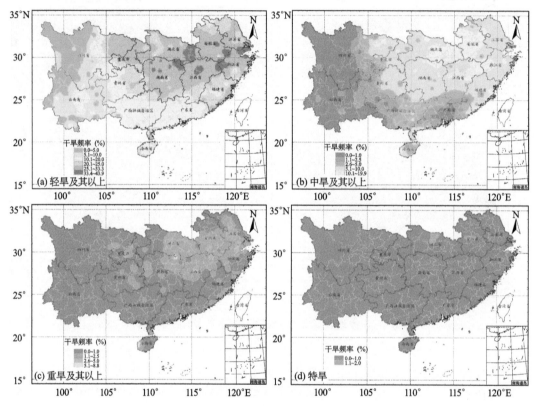

图 4.4 南方地区基于降水距平百分率(P_a)的夏季各级
干旱频率空间分布图(1959—2008 年)

南方地区夏季中旱及其以上的干旱发生频率的空间分布特征和夏季轻旱及其以上的干旱发生频率的空间分布类似,仅相应地区的频率低一些而已。低发区在 104°E 以西的地区、云南的南盘江中下游以南的地区、广西西南缘及广东中部等,在 1.0% 以下。四川盆地西南边缘、贵州西部、广西西部等频率也较低,在 1.1%~2.5% 之间。广西中东部、广东北部、江西南部、海南中东部、重庆西南部、四川盆地西部等地区的中旱频率略高,在 2.6%~5.0% 之间。较高发区分布在长江中下游地区及西南地区东北部,干旱频率在 5.0% 以上,其中湖北中东部、安徽中西部、江西东北部、浙江西角等地区,干旱频率高,在 10.1%~19.9% 之间[图 4.4(b)]。

南方地区夏季重旱及其以上的干旱发生频率的空间分布特征:长江中下游平原、福建沿海、海南西部等频率最高,在 1.1%~8.8% 之间;其他地区都很低,在 1.0% 以下[图 4.4(c)]。

南方地区夏季发生特旱的频率基本都在 1.0% 以下,只有湖北的钟祥和枣阳、安徽的六安和合肥等地特旱频率在 1.1%~2.0% 之间[图 4.4(d)]。

总体来说,夏旱频率以中旱和轻旱为主,重旱很少发生;夏旱发生主要分布在长江中下游地区、华南东部和西南地区东北部;与春旱相比,夏旱的发生频率要低于春旱。

3)秋季干旱频率

南方地区秋季轻旱及其以上的干旱发生频率的空间分布呈东高西低趋势。高发区主要分布在长江中下游和华南等地,频率大部分在 33.3% 以上。鄂西、湘西、浙江、闽东北、闽中、海南岛、桂西南、滇东、黔中和四川盆地北部等地干旱发生频率也很高,在 25.1%~33.3% 之间。低发区在川西高原、四川盆地南缘、云贵高原北端等地,频率大多在 20.0% 以下,其中四川的甘孜、马尔康、松潘、稻城、九龙、越西、昭觉等高寒山区和贵州的习水等地干旱频率更低,在 10.0% 以下。云南西南部、四川盆地中部等少部分地区干旱发生频率一般在 20.1%~25.0% 之间[图 4.5(a)]。

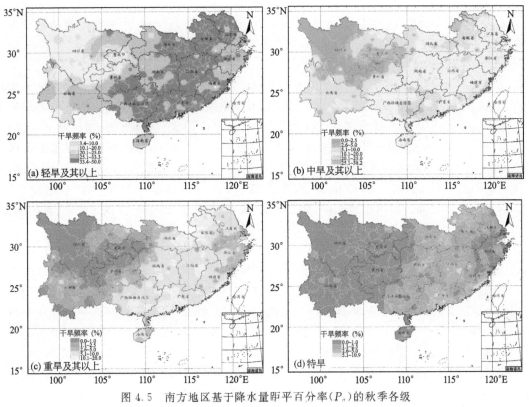

图 4.5　南方地区基于降水量距平百分率(P_a)的秋季各级
干旱频率空间分布图(1959—2008 年)

南方地区秋季中旱及其以上的干旱发生频率的空间分布整体也是东高西低。较高发生区分布在湖北东部、安徽中北部、江苏北缘、两广交界及周边地区、福建闽南沿海等地,干旱频率集中在 20.1%~25.0% 之间,其中安徽西北端高达 25.1%~38.2%。低发区分布在川西高原北部、四川盆地南部至云贵高原北端,在 2.5% 以下。四川盆地大部、云南大部、贵州西北部、湖北西部、湖南西北部等地中旱发生频率在 2.6%~10.0% 之间。长江中下游大部、福建大部、广东东北部、广西中西部、贵州东南部等地中旱频率较高,在 10.1%~20.0% 之间[图 4.5(b)]。

　　南方地区秋季重旱及其以上的干旱发生频率的空间分布特征也是东高西低,只是相应地区的频率低一些。高发区分布在江汉平原以东的湖北东部地区、淮河以北的安徽北部、广东中部、广西东南部等地,在10.1%～20.0%之间。江苏大部、安徽巢湖平原、湖北中部、江南丘陵大部、闽浙丘陵中西部、粤东北、桂东北、桂西、琼中西部等重旱频率较高,在5.1%～10.0%之间。鄂西北、苏浙皖交界区、浙江沿海区、闽东北角、琼东、黔东南、滇西北、川东北角等重旱发生频率略高,在2.6%～5.0%之间。低发区在川西高原、四川盆地南部、云贵高原北部、云南西南缘等地,频率在1.0%以下。云南中南部、贵州中部、四川盆地中部等地重旱发生频率较低,在1.1%～2.5%之间[图4.5(c)]。

　　南方地区秋季特旱发生频率的空间分布也是东高西低。西南地区(除云南的元谋和大理、四川的得荣和万源),111°E以西、28°N以南的湘鄂地区、桂西北部、琼大部、长江以南的苏皖地区,浙江的钱塘江流域,浙江的中部,以及浙赣闽交界等地区是特旱的低发区,在1.0%以下。高发区分布在江汉平原以东的湖北东部地区、淮河以北的安徽北部、江苏西北部、湖南中部、江西中南部、福建沿海区、广东中部等地,集中在2.6%～5.0%之间;福建沿海、江西广昌等地则在5.1%～10.9%之间。长江中下游其他地区以及广西大部、广东西南部的特旱发生频率较高,在1.1%～2.5%之间[图4.5(d)]。

　　4)冬季干旱频率

　　南方地区冬季轻旱及其以上干旱发生频率呈中部低、南北高的分布态势。高发区分布在川西南、云南大部、华南等地,集中在33.3%以上,其中珠江三角洲以及四川的巴塘干旱发生频率则高达50.0%以上。低发区分布在鄂赣边沿江、皖南山区、湖南大部、四川盆地中南部、贵州东北部、川西高原东北部等地,频率集中在10.1%～20.0%之间,其中贵州遵义市西南部、四川及江南等高海拔地区干旱频率在10.0%以下。鄂北、皖北、江苏、渝东北、滇东部、滇西北角、桂中北部、湘南缘、赣中南部、闽中北部、浙东南角等地干旱发生频率也较高,在25.1%～33.3%之间。四川盆地北部、湖北中部、安徽北部、浙江大部、江西东北部、贵州南部、广西东北部等其他地区干旱发生频率一般在20.1%～25.0%之间[图4.6(a)]。

　　南方地区冬季中旱及其以上的干旱发生频率的空间分布特征:104°E以东的地区中部频率低、南北频率高;104°E以西的地区中南部频率高、北部频率低。高发区在西南地区的西南部、华南地区的中南部及沿淮一带和赣南等地,中旱频率集中在10.1%～25.0%之间,其中,广东沿海区、海南三亚、云南的华坪和西双版纳州的东南角、四川得荣到巴塘一带等地中旱发生频率则高达25.1%～48.8%。低发区分布在云贵高原东北部、四川盆地南部、川西高原北部及湖南中北部等地,频率在2.5%以下,其中贵州的习水,重庆的沙坪,四川的若尔盖、红原和石渠,以及湖南的吉首、芷江和安化等地则低于1.0%。四川盆地中北部和西南部、贵州中部、广西东北部、湖南零陵和衡阳一带、赣江以西的江西西北部、湖北长江以南的东南部、皖浙赣交界、浙赣闽交界、浙江中西部等地中旱频率也不高,在2.6%～5.0%之间。30.5°～32.5°N之间的长江中下游地区、四川盆地西缘、贵州西南部、广西的河池—柳州—蒙山—贺县(现贺州市)一带、湖南南部、江西遂川—广昌一带、福建中北部等地,中旱频率稍高,在5.1%～10.0%之间[图4.6(b)]。

　　南方地区冬季重旱及其以上的干旱发生频率的空间分布特征:中北部大部分地区频率低于1.0%,西南和东南部频率高。广东大部、福建西南部、海南、云南大部、四川西南部、苏皖淮河以北地区,重旱频率较高,在2.5%以上,其中云南的会泽—宜良—蒙自—屏边一线以西的大部分地区、四川的巴塘—稻城—盐源一线以西的地区、广东中南部、福建东南角、海南西部、安徽的亳州和宿县等地区的重旱频率则在 5.0% 以上,四川巴塘到得荣一带、广东东南沿海、云南无量山和澜沧江之间的南部地区频率更高,在 10.1%~31.3% 之间。广西大部、川西高原西北部、江西南部、江西东北部、浙江中部、福建中部、江淮部分地区等重旱发生的频率也较低,在 1.1%~2.5% 之间[图 4.6(c)]。

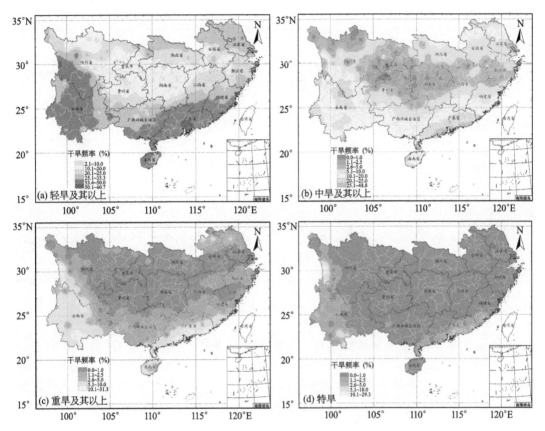

图 4.6 南方地区基于降水距平百分率(P_a)的冬季各级干旱频率空间分布图(1959—2008 年)

南方地区冬季特旱发生频率大部分地区在 1.0% 以下,川西高原西部、云南西部、广东沿海、福建东南角等频率高一些,集中在 1.1%~5.0% 之间,云南的思茅、江城和勐腊在 5.1%~10.0% 之间,而得荣到巴塘一带则高达 10.1%~29.3%[图 4.6(d)]。

(2)季尺度干旱时间变化特征

1)春季干旱强度时间变化特征

长江中下游地区:近 50 年(1959—2008 年)长江中下游地区春季干旱强度略降,但极不明显,干旱强度平均为 1.02。干旱强度最大的年份是 1978 年,达到 1.8,次高值为 2001 年的 1.7;1973,1977,1992 和 1998 年干旱强度最小,为 0。20 世纪 60 年代前期干旱强度略高;20 世纪 60 年代中期到 70 年代中后期干旱强度偏低;20 世纪 70 年代末到 90 年代初干旱强度偏高;20 世纪 90 年代中后期干旱强度偏低;21 世纪以来初期偏高,但 2002 年以后略低[图 4.7(a)]。

华南地区:近 50 年华南地区春季干旱强度略有下降,但很不明显,干旱强度平均为 1.28。干旱强度最大的年份是 1963 年,达到 2.2,次高值为 1978 年的 2.0;1959,1965,1966,1970,

1979,1981,1997,1998,2006 和 2007 年干旱强度最小,为 1.0。20 世纪 60 年代到 70 年代初干旱强度普遍偏低,但 1963 年发生了近 50 年中最强的一次干旱;20 世纪 70 年代中期到 90 年代初干旱强度偏高;20 世纪 90 年代中期以来干旱强度偏低[图 4.7(b)]。

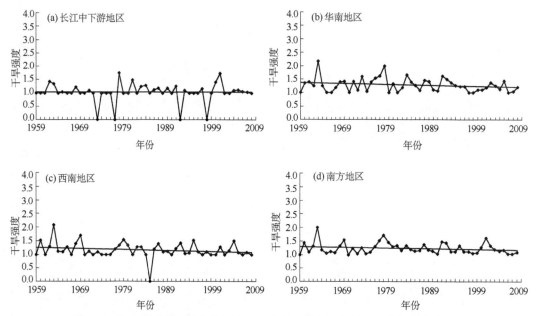

图 4.7　南方地区基于降水量距平百分率(P_a)的春季干旱强度的历年变化曲线

西南地区:近 50 年西南地区春季干旱强度略降,但也不明显,干旱强度平均为 1.16。干旱强度最大的年份是 1963 年,为 2.1;1985 年干旱强度最小,为 0。20 世纪 60 年代干旱强度偏高;20 世纪 70 年代中前期干旱强度偏低;20 世纪 70 年代后期到 90 年代中期干旱强度略高,但 1985 年春季无旱;20 世纪 90 年代中后期干旱强度偏低;21 世纪以来有所上升后又降低[图 4.7(c)]。

南方地区:近 50 年南方地区春季干旱强度略减,但也不明显,干旱强度平均为 1.23。干旱强度最大的年份是 1963 年,为 2.0,次高值为 1978 年的 1.7;1959,1965,1970,1972,1974,1990,2006 和 2007 年干旱强度最小,为 1.0。20 世纪 60 年代初干旱强度偏高,20 世纪 60 年代中后期到 70 年代中期干旱强度偏低,20 世纪 70 年代后期干旱强度略高,20 世纪 80 年代干旱强度略低,20 世纪 90 年代初略高,20 世纪 90 年代中后期干旱强度偏低,21 世纪以来回升后下降,2003 年以来都在平均强度以下[图 4.7(d)]。

总体而言,春旱都呈略有减轻的趋势,20 世纪 70 年代末到 90 年代初干旱较强,近期干旱强度有所减轻。

2)夏季干旱强度时间变化特征

长江中下游地区:近 50 年长江中下游地区夏季干旱强度呈减小趋势,50 年来干旱强度下降了 0.20,干旱强度平均为 1.27。干旱强度最大的年份是 1967 年,达到 1.85,次高值为 1972 年的 1.75;1962,1980,1982,1993,1995,2002 和 2008 年干旱强度最小,为 1.0。20 世纪 60 年代前期干旱强度略低;20 世纪 60 年代中期到 70 年代末干旱强度偏高;20 世纪 80 年代干旱强度偏低;20 世纪 90 年代以来干旱强度有所升高,但 2007 和 2008 年偏低[图 4.8(a)]。

华南地区:近 50 年华南地区夏季干旱强度略增,但不明显,干旱强度平均为 1.21。干旱强度最大的年份是 2008 年,达到 2.0;1973 年干旱强度最小,为 0。20 世纪 60 年代中前期干旱强度偏低;20 世纪 60 年代末、70 年代初干旱强度偏高;20 世纪 70 年代中前期到 80 年代中期干旱强度偏低;20 世纪 80 年代末到 90 年代前期干旱强度略高;20 世纪 90 年代中期以来干旱强度偏低,但 2008 年的夏季干旱达到了 50 年来最强[图 4.8(b)]。

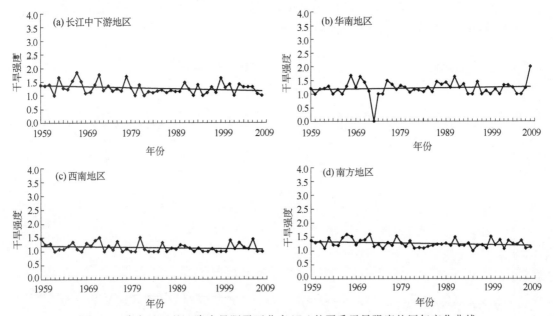

图 4.8　南方地区基于降水量距平百分率(P_a)的夏季干旱强度的历年变化曲线

西南地区:近 50 年西南地区夏季干旱强度略降,但也不明显,干旱强度平均为 1.15。干旱强度最大的年份是 1972 和 1981 年,为 1.5;1962,1968,1973,1977,1979,1980,1983,1984,1985,1987,1993,1995,1996,1998,1999,2000,2007 和 2008 年的干旱强度最小,为 1.0。20 世纪 60 年代干旱强度略低;20 世纪 70 年代中前期干旱强度偏高;20 世纪 70 年代后期到 90 年代末干旱强度普遍偏低,但 1981 年发生了干旱强度最强的夏季干旱;21 世纪以来有所回升,但 2007 和 2008 年又偏低[图 4.8(c)]。

南方地区:1959—2008 年,南方地区夏季干旱强度下降趋势明显,50 年来夏季干旱强度下降了 0.14,干旱强度平均为 1.27。干旱强度最大的年份是 1967 和 1972 年,为 1.6;1995 年干旱强度最小,为 1.0。20 世纪 60 年代中前期干旱强度略低;20 世纪 60 年代中后期到 70 年代末干旱强度偏高;20 世纪 80 年代初到 90 年代中后期干旱强度普遍偏低,但其中 1991 年夏季干旱强度偏高;20 世纪 90 年代后期以来干旱强度有所回升,但 2007 和 2008 年又偏低[图 4.8(d)]。

总体来看,除华南地区夏旱表现为略增强的趋势外,其他地区都呈现略有减轻的趋势,夏旱在 20 世纪 60 年代及 90 年代末到 21 世纪初有所增强。

3)秋季干旱强度时间变化特征

长江中下游地区:近 50 年长江中下游地区秋季干旱强度略增,但不明显,干旱强度平均为 1.51。干旱强度最大的年份是 1979 年,达到 2.3,次高值为 1998 年的 2.2;1961,1982,1984,1985,1987 和 2000 年干旱强度最小,为 1.0。20 世纪 60 年代干旱强度略高,20 世纪 70 年代干旱强度偏高,20 世纪 80 年代干旱强度偏低,20 世纪 90 年代以来干旱强度偏高[图 4.9(a)]。

华南地区:近50年华南地区秋季干旱强度略增,但很不明显,干旱强度平均为1.65。干旱强度最大的年份是2004年,达到2.5;1990年干旱强度最小,为0。20世纪60年代中前期干旱强度偏低;20世纪60年代末干旱强度偏高;20世纪70年代初干旱强度持续下降;1974年突然增强,达到了近50年中的第3强;20世纪70年代中后期到80年代末干旱强度偏低;20世纪90年代干旱强度偏高,但1990年秋季基本没发生干旱;2000年以来的前几年偏低,2003年以来又偏高,但2008年秋旱又偏低[图4.9(b)]。

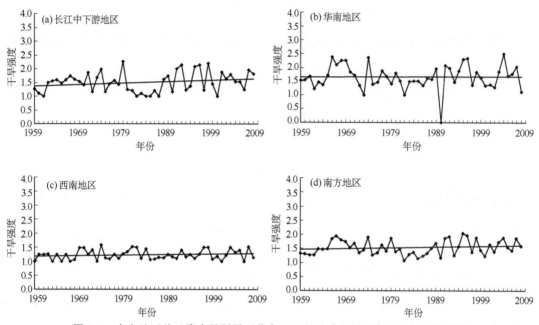

图4.9　南方地区基于降水量距平百分率(P_a)的秋季干旱强度的历年变化曲线

西南地区:近50年西南地区秋季干旱强度略增,但也不明显,干旱强度平均为1.23。干旱强度最大的年份是1974年,为1.6;1959,1963,1965,1967,1973和2001年的干旱强度最小,为1.0。20世纪60年代干旱强度略低;20世纪70年代前期干旱强度偏高;20世纪70年代中后期干旱强度偏低;20世纪80年代初干旱强度偏高;20世纪80年代中期到90年代中后期干旱强度普遍偏低;20世纪90年代末以来偏高[图4.9(c)]。

南方地区:近50年南方地区秋季干旱强度略增,但不明显,干旱强度平均为1.53。干旱强度最大的年份是1995年,为2.0,次高值为1996年的1.96;1982和1985年干旱强度最小,为1.1。20世纪60年代中前期干旱强度偏低;20世纪60年代后期到70年代末干旱强度偏高;20世纪80年代干旱强度普遍偏低;20世纪90年代以来干旱强度偏高[图4.9(d)]。

总体来看,秋旱都表现为略增强的趋势,且多数地区20世纪90年代以来明显偏强。

4)冬季干旱强度时间变化特征

长江中下游地区:近50年长江中下游地区冬季干旱强度略降,但不明显,干旱强度平均为0.95。干旱强度最大的年份是1962年,达到1.9,次高值为1967年的1.6;1963,1968,1972,1974,1984,1989,1997,2000和2002年干旱强度最小,为0。20世纪60年代干旱强度略高;20世纪70年代到80年代前期干旱强度偏低;20世纪80年代中期干旱强度略高;20世纪80年代后期以来干旱强度偏低,但2008年偏高[图4.10(a)]。

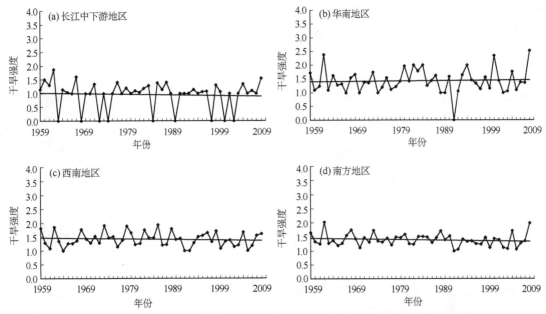

图 4.10 南方地区基于降水量距平百分率(P_a)的冬季干旱强度的历年变化曲线

华南地区：近 50 年华南地区冬季干旱强度略增，但很不明显，干旱强度平均为 1.423。干旱强度最大的年份是 2008 年，达到 2.5，次高值为 1962 年的 2.4；1991 年干旱强度最小，为 0。20 世纪 60 和 70 年代干旱强度偏低，但 1962 年发生的干旱强度达到 50 年来的第 2 强；20 世纪 80 年代前期干旱强度偏高；20 世纪 80 年代中后期到 90 年代干旱强度偏低；2000 年以来干旱强度波动较大，2002 年（1.0）及 2003 年（1.1）和 2005 年（1.1）干旱强度位列第 2 和第 3 低值，2008 年为最高值，2000 年为第 3 高值[图 4.10(b)]。

西南地区：近 50 年西南地区冬季干旱强度略降，但也不明显，干旱强度平均为 1.417。干旱强度最大的年份是 1985 年，为 1.93，次高值为 1973 年的 1.91；1964，1991，1992 和 2005 年的干旱强度最小，为 1.0。20 世纪 60 年代干旱强度略低，20 世纪 70 年代到 80 年代干旱强度略高，20 世纪 90 年代以来干旱强度偏低[图 4.10(c)]。

南方地区：1959—2008 年，南方地区冬季干旱强度略降，但不明显，干旱强度平均为 1.39。干旱强度最大的年份是 1962 年，为 2.02，次高值为 2008 年的 1.97；1991 和 1992 年干旱强度最小，为 1.0。20 世纪 60 年代前期干旱强度略高；20 世纪 60 年代中期略低；20 世纪 60 年代末到 70 年代中期干旱强度偏高；20 世纪 70 年代中后期到 80 年代干旱强度波动较小，稳定在平均值附近；20 世纪 90 年代到 2000 年初干旱强度偏低；2004 年以后偏高[图 4.10(d)]。

总体来看，冬旱都表现为略减轻的趋势，但华南地区冬旱略有所增强；20 世纪 90 年代以来冬旱表现为略降低的趋势，但是最近几年冬旱有明显增强的趋势。

4.1.3　月尺度干旱时空特征

(1)月尺度干旱空间分布特征

基于降水量距平百分率(P_a)指标月尺度的干旱频率，实际是表达降水偏离多年平均一定程度值出现的概率。月尺度时间较短、降水量相对少、降水变率大都会影响干旱频率值的大小，这里主要分析月尺度干旱频率的动态变化，为了简略描述，我们定义：干旱频率低于 10%

为干旱低发区;10%～20%为少发区;20%～33%为中等发生区,其中 20%～25%为较少发区,25%～33%为较多发区,统称中发区;33%～50%为多发区;50%～67%为高发;大于 67%为干旱频发区。南方地区 1—12 月各月干旱频率见图 4.11。

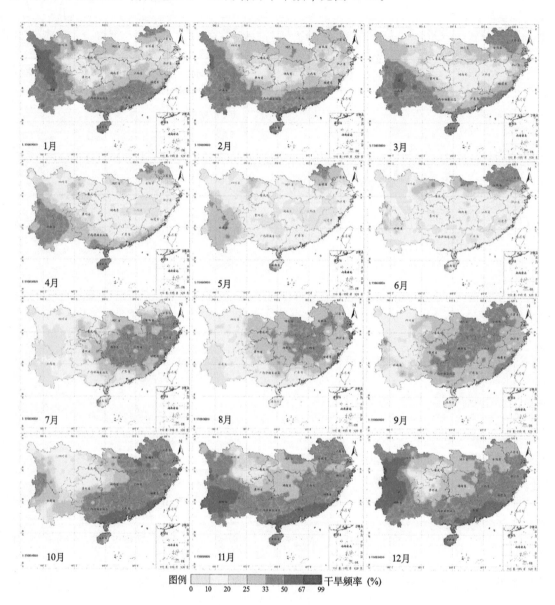

图 4.11　南方地区基于降水量距平百分率(P_a)各月干旱频率空间分布图(1959—2008 年)

1 月:南方地区干旱多发、高发主要分布在西南地区西部、华南地区及淮北等地,其中四川西南部和云南西北部为干旱频发区;干旱少发区主要分布在西南地区的四川盆地和贵州等地,长江中下游主要为干旱较少发区,局地为少发区。

2 月:2 月份南方地区干旱频率分布与 1 月份近似,只是西南地区西部的干旱频发区范围缩小一些,四川盆地的干旱少发区范围也明显缩小,干旱少发区主要分布在贵州西北部、湖南西部等地。

3 月:3 月份南方地区干旱频率较 1 和 2 月份干旱频率明显降低。干旱多发、高发区主要分布在西南地区西南半部、华南地区南部及沿淮和淮北等地,其中云南北部和四川南部交界及周边地区为干旱频发区;干旱少发区主要分布在西南地区东北部的四川盆地和渝、黔及江南大部,长江中下游其他地区为干旱中发区。

4 月:4 月份南方地区部分地区已开始雨季,干旱频率较 3 月份明显低。干旱低发区范围较大,主要分布在江南中部地区。干旱多发、高发区主要分布在西南地区的云南和四川南端、华南地区南部沿海及海南等地,干旱频发区几乎很少;西南其他地区、华南北部及长江中下游地区多为干旱少发区或较少发区。

5 月:5 月份南方地区大部分地区进入降水相对较多的雨季,干旱高发区范围很小,仅分布在云南河谷地区和淮北等地,另外云南、四川南部、华南南部沿海及海南、沿淮和淮北等地雨季出现较晚,干旱频率较高,南方其他地区多为干旱少发、低发区。

6 月:6 月份南方地区干旱多发、高发区分布在长江以北。四川北部,湖北北部,以及安徽、江苏两省中北部为干旱多发区;长江以北其他地方和云南西北部为中发区。南方其他地区多为干旱少发、低发区。

7 月:7 月份南方地区干旱多发区扩大到长江中下游大部地区和华南东北部;西南地区西部、华南地区中西部、淮北等地是干旱低发区。

8 月:8 月份南方地区干旱多发区范围有所缩小,主要分布在长江中游地区及长江三角洲和环杭州湾地区,其他长江中下游地区、西南地区东部、华南地区北部等地为干旱较多发区。西南地区西部、华南地区南部等地为干旱少发、低发区。

9 月:9 月份南方地区干旱频率明显高于 7 和 8 月。少发、低发区范围明显缩小,仅分布在四川西部和云南北部高海拔山区,以及滇南、海南等热带地区;其他多为干旱多发或较多发区,其中长江中下游、华南西北部等地为多发区。

10 月:10 月份干旱少发、低发区分布在西南地区中北部,包括四川大部、重庆西部、贵州北部等地;长江中下游、华南等地为多发、高发区,其中华南南部沿海等地为干旱高发区。

11 月:11 月份干旱少发区范围进一步缩小,仅分布在四川盆地等地;其他长江中下游区、华南地区、西南地区西部等地为多发、高发区,其中华南南部、云南等地为干旱高发区。

12 月:12 月份干旱少发区范围与 11 月份差不多,仅分布区域南移,位于四川盆地东南部、重庆西南、贵州西北等地;干旱中发范围有所扩大,西南地区东部、江南西部及江北等地为干旱中发区;其他江南中东部、华南地区、西南地区西部等地为多发、高发区,其中华南中南部、西南地区西部等地为干旱高发区,局地干旱频发。

总之,月尺度的干旱频率特征为:4—6 月份干旱多发、高发范围最小,10—12 月份干旱多发、高发区的范围最大。1—3 月份干旱多发、高发区集中分布在西南地区西部、华南及淮北等地;4—6 月份大部分地区处于汛期,干旱总体较轻,前期部分多发或较多发区仅分布在西南地区西南部、华南南部,后期多发或较多发区分布在江淮和淮北等地;7—9 月份干旱多发或较多发区主要分布在长江中下游;10 月份干旱多发或高发区扩大到华南等地;11—12 月份多发或高发区扩大到除西南地区东北部以外的广大南方地区。

总体来说,月尺度的干旱频繁分布与季尺度的干旱频率分布基本呈较一致的变化,只是月尺度更细致地反映了干旱频率的特征。

(2)月尺度干旱时间变化特征

统计南方地区及分区域的各月干旱强度的气候倾向率,结果见表 4.1。由表 4.1 可知,南方地区干旱强度呈明显季节变化:9—12月的秋季及初冬南方地区干旱强度都有增强的趋势,另外,3—5月部分地区干旱强度略有增强的趋势;其余南方地区的各月干旱强度都有不同程度减轻趋势。

表 4.1　南方地区及分区域的各月基于降水量距平百分率(P_a)干旱强度的气候变化倾向率

单位:1/(10a)

月份	1	2	3	4	5	6	7	8	9	10	11	12
长江中下游地区	−0.166	−0.041	0.012	0.040	0.023	−0.027	−0.062	−0.089	0.080	0.021	0.034	0.011
华南地区	−0.145	−0.054	−0.052	0.006	−0.035	0.008	−0.009	−0.008	0.010	0.146	0.019	−0.022
西南地区	−0.055	−0.011	−0.030	0.031	−0.018	−0.009	−0.015	0.008	0.039	0.004	−0.015	0.012
南方地区	−0.121	−0.034	−0.020	0.006	−0.008	−0.011	−0.030	−0.032	0.047	0.050	0.013	0.003

综合基于降水量距平百分率(P_a)的干旱特征分析,可见南方地区干旱季节性特征明显:

1)从年尺度看,干旱频率较高的地方主要分布在长江中下游地区和华南地区等南方地区的东部,这些地区降水较多,降水量年际变率也较大,相对易受旱,但干旱多为2~3年一遇,中旱5~10年一遇,重旱很少发生。

2)从季尺度看,春旱发生较频繁区域分布在西南地区西南部、华南南部及淮北等地,这些地区春旱以轻旱和中旱为主,干旱多为3~4年一遇,高的达2~3年一遇,中旱为5~10年一遇,重旱和特旱很少发生。夏旱主要发生在长江中下游地区、华南东部和西南地区东北部;夏旱频率以中旱和轻旱为主,干旱多为3~4年一遇,中旱10年一遇左右,重旱很少发生。秋旱主要发生在长江中下游地区和华南地区等地,这些地区秋旱较多,一般秋旱为2~3年一遇,中旱为4~10年一遇,重旱为10~20年一遇,特旱很少发生。冬旱主要发生在西南地区西部和华南地区,这些地区冬旱多为2~3年一遇,中旱为4~10年一遇,重旱为10~20年一遇,特旱很少发生。

3)从月尺度看,月尺度的干旱频率呈现明显的时空转换特征,4—6月份干旱多发、高发区范围最小,10—12月份干旱多发、高发区的范围最大。1—3月份干旱多发、高发区集中分布在西南地区西部、华南及淮北等地;4—6月份大部分地区处于汛期,干旱总体较轻,前期部分干旱多发或较多发区仅分布在西南地区西南部、华南南部,后期干旱多发或较多发区分布在江淮和淮北等地;7—9月份干旱多发或较多发区主要分布在长江中下游;10月份干旱多发或高发区扩大到华南等地;11—12月份多发或高发区扩大到除西南地区东北部以外的广大南方地区。

4)从近50年来干旱强度和干旱范围年际变化看,年尺度南方地区干旱强度有增强的趋势,各分区除华南地区干旱强度略有减轻外,其他区域干旱强度都呈略有增强的趋势。不同季节表现不尽相同,但南方地区干旱强度变化趋势呈明显季节变化:春旱都呈略有减轻的趋势,20世纪70年代末到90年代初干旱较强,近几年干旱强度有所减轻;夏旱除华南地区表现为略增强的趋势,其他地区都呈现夏旱略有减轻的趋势,夏旱在20世纪60年代及90年代末到21世纪初有所增强;秋旱都表现为略增强的趋势,且多数地区20世纪90年代以来表现为秋旱明显增强;冬旱都表现为略减轻的趋势,但华南地区冬旱略有所增强,20世纪90年代以来冬旱表现为略降低的趋势,但是最近几年冬旱有明显增强的趋势。从各月尺度看,9—12月的秋季及初冬南方地区干旱强度都有增强的趋势,另外,3—5月部分地区干旱强度略有增强的趋势;其余南方地区的各月干旱强度都有不同程度减轻趋势。

4.2　基于相对湿润度指数的干旱时空特征

4.2.1　年尺度干旱时空特征

(1)年尺度干旱频率空间分布特征

南方地区年尺度轻旱及其以上的干旱发生频率的空间分布特征呈中、东部频率低,西部频率高的特点。长江以南的长江中下游地区和华南地区大部、四川盆地大部、贵州大部等干旱发生频率低,在10%以下,其中江西大部、浙江西部、湖南西部、贵州东部、福建北部、广西东北角、广东中部等频率在1%以下。川西高原、四川南部、云南中北部、淮河以北地区、湖北北部发生频率比较高,在25%以上,其中川西高原西部、金沙江川滇河谷及云南中部干旱频率更高,在50%以上,而得荣—巴塘—德格—新龙—道孚等高寒海拔山区高达76%~100%。四川西北部、江淮地区、云南西南部等地干旱频率较低,在11%~25%之间[图4.12(a)]。

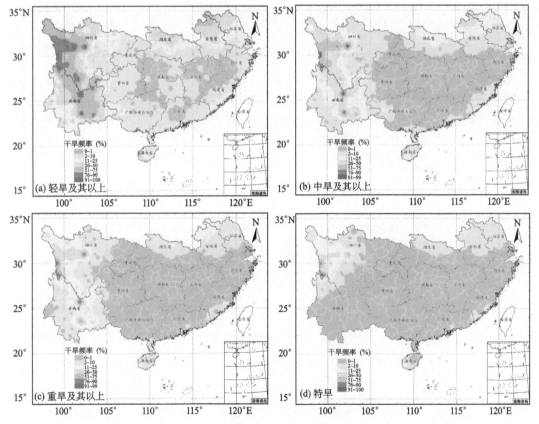

图4.12　南方地区基于湿润度指数(M)的年尺度各级干旱频率空间
分布图(1959—2008年)

南方地区年尺度中旱及其以上的干旱发生频率的空间分布特征和轻旱及其以上的干旱发生频率的空间分布类似,即淮北、西南地区西部等地中旱频率较高。低发区分布在22°~30°N

之间、105.5°E以东的大部分南方地区,频率在1%以下。四川盆地中西部、长江中下游沿江地区、云南西南部、福建沿海、海南中东部等频率也不高,在10%以下。高发区在川西高原中西部、金沙江川滇河谷、元江和南盘江之间的云南中部地区、淮北等地的中旱频率集中在26%～50%之间,其中四川得荣—巴塘—新龙—道孚一带高寒山区在50%以上[图4.12(b)]。

南方地区年尺度重旱及其以上的干旱发生频率的空间分布特征与中旱及其以上的干旱发生频率的空间分布类似。105°E以东、21.5°～31.5°N之间的南方地区,重旱频率基本在1%以下。川西高原大部、金沙江流经的云南北部、元江和南盘江之间的云南中部地区、苏皖北端等地频率较高,在10%以上,而四川得荣—巴塘—新龙—道孚一带在25%以上,得荣、巴塘则高达76%～99%。江淮地区、湖北北部、云南西南部、四川中部等重旱频率也不高,在10%以下[图4.12(c)]。

南方地区年尺度特旱发生频率的空间分布特征:大部分地区发生频率在1%以下,西北部和东北部较高。长江以北的苏皖地区、湖北北部、川西高原和四川盆地交界处、云南西北角、海南南部等地在2%～10%之间,川西高原东部在10%以上,其中四川得荣—巴塘—新龙—道孚一带在25%以上,得荣、巴塘则高达76%～100%[图4.12(d)]。

(2)年平均相对湿润度指数空间分布特征

年平均湿润指数即相对湿润度指数的值,反映降水量与蒸散量之差的相对大小,当湿润度指数为负值时表示干旱,负值越大表示干旱强度越大。年湿润度指数负值大小直接反映水分不足情况,直接反映相对湿润度指数的干旱强度。

年平均相对湿润度指数的空间分布特征见图4.13,由图4.13可见,年平均相对湿润度指数分布特征和干旱发生频率的空间分布特征类似,也是中东部地区强度小(湿润度指数的绝对值小)、西部强度大(绝对值大)。除江淮及其以北、湖北北部、川西高原、四川南部、云南中北部以及华南的珠江三角洲、雷州半岛和海南等强度较大,强度指数在-0.25以下(相当于平均强度接近中旱等级),其他江南、华南地区大部、西南东部强度指数都在-0.25以上,其中江南丘

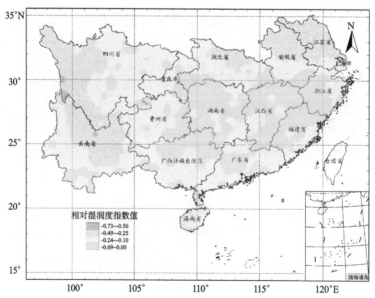

图4.13　南方地区基于湿润度指数(M)的年平均相对湿润度指数
的空间分布图(1959—2008年)

陵大部、闽浙丘陵大部、广西东北部、广东中部、西南地区东部等干旱强度更小,强度指数在
-0.10 以上或接近于 0(相当于基本无旱)。

(3)年尺度干旱时间变化特征

长江中下游地区:近 50 年长江中下游地区年干旱强度略升,但不明显,干旱强度平均为
1.51。干旱强度最大的年份是 1978 年,达到 2.8,次高值为 1966 年的 2.6;1963,1964,1969,
1982,1984,1990,2000,2007 和 2008 年干旱强度最小,为 1.0。20 世纪 60 年代到 70 年代中期
干旱强度普遍偏低,但 1966 年的干旱强度达到了 50 年的次高值;20 世纪 70 年代中后期到 80
年代干旱强度偏高;20 世纪 90 年代干旱强度略低;2000 年以来年际间波动大,但 2005 年以来
偏低[图 4.14(a)]。

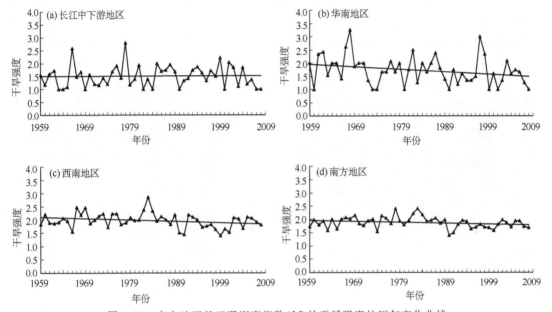

图 4.14　南方地区基于湿润度指数(M)的干旱强度的历年变化曲线

华南地区:近 50 年华南地区年干旱强度呈下降趋势,50 年来下降了 0.49,干旱强度平均
为 1.72。干旱强度最大的年份是 1968 年,达到 3.3,次高值为 1997 年的 3.0;1960,1973,
1974,1980,1990,1999,2001 和 2008 年干旱强度最小,为 1.0。20 世纪 60 年代干旱强度偏
高;20 世纪 70 年代干旱强度偏低;20 世纪 80 年代中前期略高;20 世纪 80 年代末到 90 年代中
后期干旱强度偏低;20 世纪 90 年代末以来干旱强度波动较大,1997,1998 和 2003 年强度较
大,1999,2001,2002,2007 和 2008 年强度较小[图 4.14(b)]。

西南地区:近 50 年西南地区年干旱强度也呈下降趋势,50 年下降了 0.27,干旱强度平均
为 1.97。干旱强度最大的年份是 1983 年,为 2.9,次高值为 1967 年的 2.5;1991 和 2009 年的
干旱强度最小,为 1.4。20 世纪 60 年代中前期干旱强度略低;20 世纪 60 年代后期到 80 年代
干旱强度偏高;20 世纪 90 年代以来干旱强度偏低[图 4.14(c)]。

南方地区:近 50 年南方地区年干旱强度略降,干旱强度平均为 1.88。干旱强度最大的年
份是 1978 和 1983 年,为 2.4;1990 年干旱强度最小,为 1.4。20 世纪 60 年代到 70 年代中后
期干旱强度偏低;20 世纪 70 年代末到 80 年代中期干旱强度偏高;20 世纪 80 年代中后期以来
干旱强度偏低[图 4.14(d)]。

4.2.2　季尺度干旱时空特征

(1)季尺度干旱频率空间分布特征

1)春旱频率

南方地区春季轻旱及其以上的干旱发生频率的空间分布呈中、东部频率低,西部频率高的特点。长江以南的长江中下游地区和华南地区大部、四川盆地东南边缘、云贵高原东部等地干旱发生频率低,在10%以下,其中江南丘陵大部、闽浙丘陵中北部、云贵高原东端、广西东北部等地频率在1%以下。四川中西部、云南大部及淮北地区、海南西端等地春旱发生频率比较高,在50%以上,其中川西高原西部、滇中高原干旱频率更高,在90%以上。四川盆地中西部、淮河流域、江汉平原以北的湖北西北部地区、贵州西端、广西西北角、海南中东部等干旱频率略低,在26%~50%之间。干旱高频率和低频率之间,如西南地区沙坪—叙永—毕节—安顺—望谟—田东—龙州一带以及长江以北的霍山—巢湖—常州—南通一带等的春旱频率也较低,在11%~25%之间[图4.15(a)]。

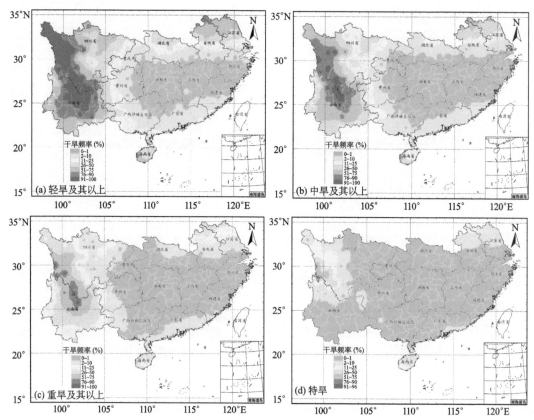

图4.15　南方地区基于湿润度指数(M)的春季各级干旱频率空间分布图(1959—2008年)

南方地区春季中旱及其以上的干旱发生频率的空间分布特征和轻旱及其以上的干旱发生频率的空间分布类似,只是对应地区的频率下降了。低发区分布在21.5°~32°N之间、105.5°E以东的大部分南方地区,频率在10%以下,而江南、闽浙丘陵大部、云贵高原东端等频率更低,在1%以下。四川盆地西南部、川西高原东北角、毕节—盘县—望谟一带、淮河以南沿线地区等频率也不高,在 11%～25% 之间。高发区在川西高原、云南中北部等地,在 50% 以上,而川西高原西部、滇中高原西北部,频率高达 76%～100%[图 4.15(b)]。

南方地区春季重旱及其以上的干旱发生频率的空间分布特征与中旱及其以上的干旱发生频率的空间分布类似。除了川西高原大部、云南大部、淮河北部、海南西南端等地外,南方其他大部分地区春季重旱及其以上的干旱发生频率在 10% 以下,而其中中东部大部分地区频率在 1% 以下。川西高原西部、滇中高原西北部,频率在 50% 以上,而元谋—华坪—盐源一带、得荣、稻城和巴塘的频率则高达 76%～100%[图 4.15(c)]。

南方地区春季特旱发生频率的空间分布特征是:大部分地区发生频率在 1% 以下,四川西部、云南西北角、海南大部及苏皖北部等地频率高于 1%,川西高原西部更高,特旱频率在 10% 以上,而得荣、巴塘、稻城一带则在 50% 以上[图 4.15(d)]。

2)夏旱频率

南方地区夏季轻旱及其以上的干旱发生频率的空间分布特征呈长江中下游地区频率高、西南地区和华南地区频率低。广东中南部、广西西部、云贵高原中部、四川南部、澜沧江以西等地区夏旱频率最低,在 1% 以下。江南丘陵大部、两湖平原、江淮地区、淮北大部、浙江中北部等夏旱频率较高,在 11%～25% 之间。湖北老河口—枣阳一带、湖南的零陵和道县、四川得荣—巴塘一带、四川的小金等地的夏旱频率更高,在 25% 以上,得荣最高,达到了 69%[图 4.16(a)]。

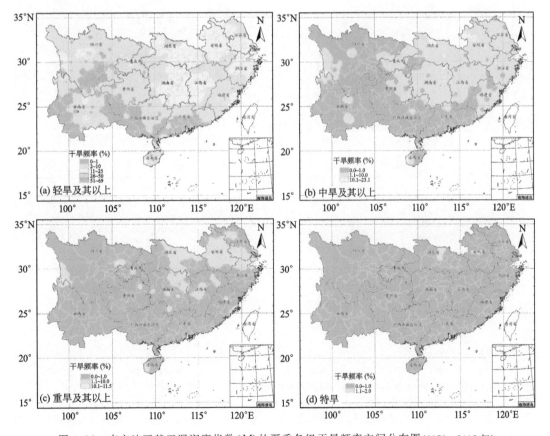

图 4.16　南方地区基于湿润度指数(M)的夏季各级干旱频率空间分布图(1959—2008 年)

南方地区夏季中旱及其以上的干旱发生频率的空间分布特征呈东北部高,西、南部低。25°N 以北、107°E 以东的地区及川西高原西北部等地频率高,集中在 1.1%～10.0% 之间。而四川得荣、湖北老河口、安徽阜阳和寿县则更高,在 10.1%～23.1% 之间。西南地区、华南地区大部等地频率低,在 1% 以下[图 4.16(b)]。

南方地区夏季重旱及其以上的干旱发生频率的空间分布特征与上类似。长江中下游部分地区、川西高原西南角、海南西端等地夏季重旱及其以上的干旱发生频率集中在 1.1%～10.0% 之间,而得荣稍高,达到 11.5%。其他地区基本在 1% 以下[图 4.16(c)]。

南方地区夏季特旱发生频率的空间分布特征是:大部分地区在 1% 以下,只有湖北的钟祥和枣阳、安徽的六安和合肥、浙江的慈溪夏季特旱频率在 1.1%～2.0% 之间[图 4.16(d)]。

3)秋旱频率

南方地区秋季轻旱及其以上的干旱发生频率的空间分布特征大体呈东部频率高、西部频率低。长江中下游的苏、皖、赣、鄂、湘中东部、浙西南部、华南大部、川西高原大部、滇中部分地区等地秋旱频率高,集中在 26%～50% 之间,而得荣、巴塘一带在 50% 以上。四川盆地大部、云南西南部、海南大部等秋旱频率较低,在 10% 以下,其中重庆沙坪和涪陵等局地低于 1%。湘西北、浙北及浙东、鄂西、黔中南、滇东等地频率略高,在 11%～25% 之间[图 4.17(a)]。

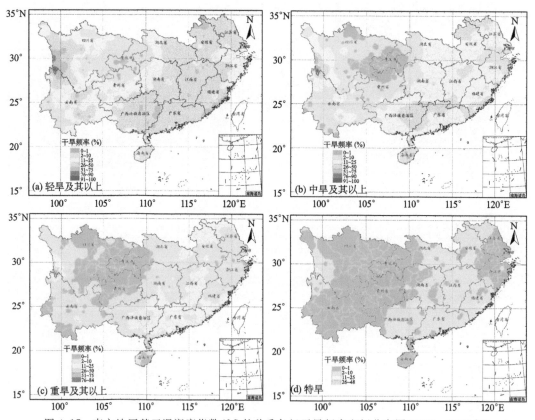

图 4.17　南方地区基于湿润度指数(M)的秋季各级干旱频率空间分布图(1959—2008 年)

南方地区秋季中旱及其以上的干旱发生频率的空间分布特征呈东部频率高、西部频率低。淮北、赣北环鄱阳湖区、闽南、南岭山区一带、桂东部及四川西南部一带秋季中旱及其以上的干旱发生频率较高,集中在 26%～50% 之间,其中得荣和巴塘则在 50% 以上。西南地区大部(除川西高原西部)及太湖平原的发生频率较低,在 10% 以下,而四川盆地中东部则低于 1%。长江中下游其他地区和华南其他地区等在 11%～25% 之间[图 4.17(b)]。

南方地区秋季重旱及其以上的干旱发生频率的空间分布特征呈东部高,中、西部低。华南地区大部(除海南和闽北、桂西北)、江西中部和南部、苏皖北部等秋季重旱及其以上的干旱发生频率较高,在 11%～25% 之间。四川得荣则高达 76%～84%。四川盆地大部、川西高原东北角、贵州高原东北部及云南西南缘等频率较低,在 1% 以下。长江中下游其他大部分地区及云南大部等频率也较低,在 2%～10% 之间[图 4.17(c)]。

南方地区秋季特旱发生频率的空间分布特征是中东部高、西部低。西南地区大部、鄂西部、湘西北、长江三角洲、闽浙丘陵北部等地频率低,在 1% 以下。长江中下游其他地区、华南大部及川西高原西部等地频率较高,在 2%～10% 之间,而得荣则高达 26%～48%[图 4.17(d)]。

4)冬旱频率

南方地区冬季轻旱及其以上的干旱发生频率的空间分布特征大体呈中、东部低,西部高。冬旱高发区分布在四川西部、云南大部,频率在 91%～100% 之间。冬旱低发区分布在江南丘陵大部、闽浙丘陵大部及太湖平原、洞庭湖平原,冬旱频率集中在 2%～10% 之间,而湘中、赣中等局地干旱频率更低,在 1% 以下。以低发区为中心,向外频率逐渐增加。两广南部、苏皖北部、鄂西北、四川盆地南部、贵州中部、海南东部等地频率也较高,在 51%～75% 之间[图 4.18(a)]。

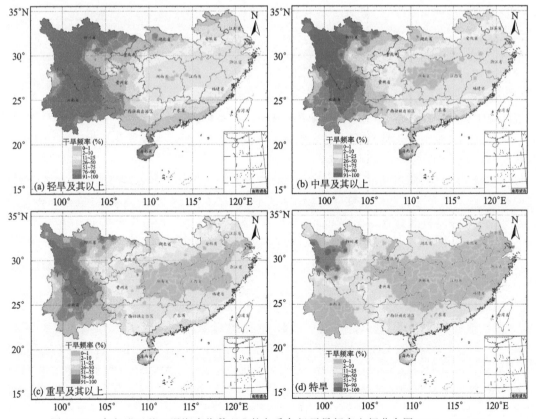

图 4.18 南方地区基于湿润度指数(M)的冬季各级干旱频率空间分布图(1959—2008 年)

南方地区冬季中旱及其以上的干旱发生频率的空间分布特征呈以长江中下游地区沿江、江南及闽北和桂东北为中心，向南、向北、向西频率逐渐增加。中心地区冬季中旱及其以上干旱频率在10％以下，其中湖南中北部、江西西北部的频率更低，在1％以下。川西高原、滇中高原北部等地的频率最高，高达91％～100％。云南东南和西南部的频率也较高，在75％～90％之间。四川盆地中部、鄂西北部、苏皖北端、广东南部、广西中西部等冬季中旱的频率也较高，在25％～50％之间[图4.18(b)]。

南方地区冬季重旱及其以上的干旱发生频率的空间分布特征基本与中旱及其以上的干旱发生频率的空间分布类似，只是中心区有所扩大，相应地区频率降低一些。高发区仍是川西高原和滇中高原北端，频率在75％以上，川西高原西南部仍高达90％以上。低发区分布在江南丘陵大部、洞庭湖平原、太湖平原大部等地，频率在1％以下[图4.18(c)]。

南方地区冬季特旱发生频率的空间分布特征是中、东部低，西北部高。长江中下游地区沿江及江南、闽北、云贵高原东部、滇中高原大部、云岭南端以南的澜沧江西部的地区、四川盆地东南部等是冬季特旱低发区，在1％以下。四川中西部及海南西部是特旱高发区，在25％以上，而川西高原南部的频率高达75％以上。广东沿海、广西西北缘、苏皖北缘、海南中东部等地频率也较高，在11％～25％之间。淮河流域、鄂西北、四川盆地中东部、滇东、滇西北、贵州中部、广西大部、广东北部、福建南部等地频率较低，在2％～25％之间[图4.18(d)]。

(2)基于平均相对湿润度指数的干旱强度分布特征

平均相对湿润度指数即相对湿润度指数的值，反映降水量与蒸散量之差的相对大小，当湿润度指数为负值时表示干旱，说明降水不足，负值越大表示降水越少，干旱强度越大。这里干旱强度直接体现在湿润度指数绝对值的大小。

南方地区季平均相对湿润度指数干旱强度的空间分布特征和对应季节的干旱频率空间分布特征很相似。相对湿润度指数(M)干旱强度越小（绝对值越小）的地区干旱发生频率越低；反之，干旱强度越大的（绝对值越大）地区干旱发生频率越高。从图4.19来看，四季中平均相对湿润度指数的干旱强度，冬季最大，秋季次高，春季居中，夏季最小。干旱强度的分布也不同：春、冬季有些相似，干旱强度中部小、外围大、西南最大；夏、秋整体分布有些相似，干旱强度东部大、西部小。

春季：江南丘陵、闽浙丘陵、云贵高原东端、广西东北角等地区的春季平均相对湿润度指数强度最小（绝对值最小），相对湿润度指数在－0.1以上。四川西部、云南大部、海南西南部、广东沿海地区、淮河以北地区等的湿润度指数干旱强度较大（绝对值较大），集中在－0.74～－0.50之间，其中木里—盐源—华坪—元谋一带、巴塘、稻城更大，在－0.89～－0.75之间，得荣则在－0.90以下。长江以北的长江中下游地区、四川盆地、贵州西部、广西西部等湿润度指数强度略大，在－0.49～－0.25之间[图4.19(a)]。

夏季：夏季平均相对湿润度指数干旱强度中、东部大，西部小。长江中下游地区、福建大部、四川盆地中东部、贵州东部、川西高原西部等湿润度指数干旱强度较大，湿润度指数大多在－0.49～－0.25之间，而安徽的寿县和巢湖、江苏的高邮、常州、吴县（现苏州市吴中区和相城区）等地的强度更大，在－0.57～－0.50之间。四川中南部、云南大部、广西西部和东南部、广东中南部、海南中部等地区的强度较小，在－0.10以上。川西高原东北部、云南东北部、广西中部等其他地区则多在－0.24～－0.1之间[图4.19(b)]。

秋季：秋季平均相对湿润度指数干旱强度东部大，西部小。强度高值区分布在苏皖中北

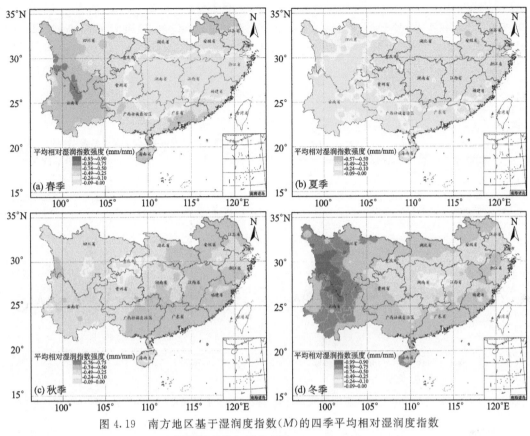

图 4.19　南方地区基于湿润度指数(M)的四季平均相对湿润度指数
干旱强度的空间分布图(1959—2008 年)

部、鄂东部、湘西南部、赣大部、浙东南部、华南地区大部及四川得荣—巴塘一带等地区,集中在
－0.74～－0.50 之间,而得荣则高达－0.76。低值区为四川盆地东南部、云贵高原北端小部
分地区、峨眉山—雅安—汉源一带、海南东南部等地区,在－0.25 以上,而重庆的沙坪坝和涪
陵、湖北的鄂西和五峰、四川的峨眉山和雅安等地则在－0.10 以上。四川大部、贵州大部、云
南大部、湖南北部和东南部、湖北西部、苏皖南部、浙江北部、广西西北部、海南中西部等地是强
度较大的地区,在－0.49～－0.25 之间[图 4.19(c)]。

　　冬季:冬季平均相对湿润度指数干旱强度中部小,外围逐渐变大,而西南最大。江南丘陵
大部、洞庭湖平原、江淮地区、浙江东南部、四川盆地东南角、云贵高原东部、广西东北部、福建
北部等地区是冬季湿润度指数干旱强度的低值区,集中在－0.49～－0.25 之间,而湖南安
化—长沙—双峰—南岳到江西的宜春一带、黄山、庐山等地的强度更小,在－0.25 以上。苏皖
北部、鄂中北部、赣东北角、浙西部、闽中南部、粤大部、桂西部、琼中东部、黔西南、四川中东部、
云南东端等地强度稍高,在－0.74～－0.50 之间。四川西部、云南大部、海南西部等地是冬季
平均相对湿润度指数干旱强度的高值区,在－0.75 以下,而四川西南端则在－0.90 以下
[图 4.19(d)]。

(3)季尺度干旱强度年际变化特征

1)春旱

长江中下游地区:近 50 年(1959—2008 年)长江中下游地区春季干旱强度略降,但不明

显,干旱强度平均为 1.59。干旱强度最大的年份是 2001 年,达到 2.7,次高值为 1978 和 2000 年的 2.6;1964 和 1998 年干旱强度最小,为 0。20 世纪 60 年代到 70 年代初略高;20 世纪 70 年代中前期干旱强度偏低;20 世纪 70 年代中后期到 80 年代干旱强度偏高;20 世纪 90 年代以来干旱强度波动较大[图 4.20(a)]。

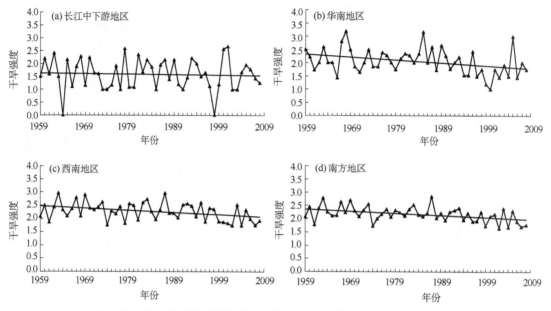

图 4.20　南方地区基于湿润度指数(M)的春季干旱强度的历年变化曲线

华南地区:近 50 年华南地区春季干旱强度呈明显下降趋势,50 年来下降了 0.54,干旱强度平均为 2.05。干旱强度最大的年份是 1968 年,达到 3.2,次高值为 1985 年的近 3.2(3.17); 2000 年干旱强度最小,为 1.0。20 世纪 60 年代中前期干旱强度略低;20 世纪 60 年代后期偏高;20 世纪 70 年代到 80 年代前期干旱强度略低;20 世纪 80 年代中后期偏高;20 世纪 90 年代以来干旱强度普遍偏低,但 2005 年的干旱强度达到了 50 年来的第 3 高值[图 4.20(b)]。

西南地区:近 50 年西南地区春季干旱强度也呈显著下降趋势,50 年下降了 0.40,干旱强度平均为 2.27。干旱强度最大的年份是 1963 年,为 2.96,次高值为 1987 年的 2.95;2002 和 2004 年的干旱强度最小,为 1.7。20 世纪 60—80 年代干旱强度偏高;20 世纪 90 年代以来干旱强度偏低[图 4.20(c)]。

南方地区:近 50 年南方地区春季干旱强度极显著下降,干旱强度平均为 2.17。干旱强度最大的年份是 1987 年,为 2.84,次高值为 1963 年的 2.78;2002 年干旱强度最小,为 1.6。20 世纪 60 年代到 70 年代前期干旱强度偏高;20 世纪 70 年代中期到 80 年代中后期干旱强度略高;20 世纪 80 年代末以来干旱强度偏低[图 4.20(d)]。

2)夏旱

长江中下游地区:近 50 年(1959—2008 年)长江中下游地区夏季干旱强度显著下降,50 年降低了 0.38,干旱强度平均为 1.18。干旱强度最大的年份是 1967 年,达到 1.84,次高值为 1972 和 1999 年的 1.8;1982,1993 和 1996 年干旱强度最小,为 0。20 世纪 60 年代到 70 年代干旱强度偏高;20 世纪 80 年代到 90 年代中期干旱强度偏低;20 世纪 90 年代后期干旱强度略高;2000 以来干旱强度偏低[图 4.21(a)]。

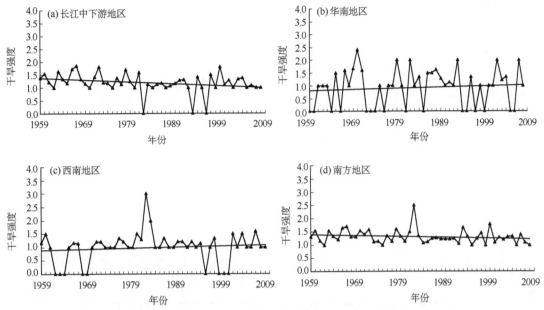

图 4.21　南方地区基于湿润度指数(M)的夏季干旱强度的历年变化曲线

华南地区:近 50 年华南地区夏季干旱强度略增,干旱强度平均为 0.92。干旱强度最大的年份是 1970 年,达到 2.4;1959,1960,1964,1966,1972,1973,1974,1976,1981,1985,1994,1995,1997,1999,2005 和 2006 年干旱强度最小,为 0。20 世纪 60 年代干旱强度略低;20 世纪 70 年代初偏高;20 世纪 70 年代中前期到中后期干旱强度偏低;20 世纪 70 年代末到 90 年代前期干旱强度偏高;20 世纪 90 年代中后期干旱强度偏低;2000 年以来干旱强度波动较大[图 4.21(b)]。

西南地区:近 50 年西南地区夏季干旱强度略增,干旱强度平均为 0.99。干旱强度最大的年份是 1982 年,为 3.0,次高值为 1983 年的 2.0;1962,1963,1964,1968,1969,1995,1998,1999 和 2000 年的干旱强度最小,为 0。20 世纪 60—70 年代干旱强度略低;20 世纪 80 年代初略高;20 世纪 80 年代前期到 90 年代干旱强度略低;2000 年以来略高[图 4.21(c)]。

南方地区:近 50 年南方地区夏季干旱强度略降,干旱强度平均为 1.31。干旱强度最大的年份是 1982 年,为 2.5,次高值为 1999 年的 1.8;1962,1975,1995,1998,2005 和 2008 年干旱强度最小,为 1.0。20 世纪 60 年代到 70 年代前期干旱强度略高;20 世纪 70 年代中期到 80 年代初干旱强度偏低;20 世纪 80 年代前期偏高;20 世纪 80 年代中期到 90 年代初干旱强度偏低;20 世纪 90 年代中后期略高;2000 年以来干旱强度略低[图 4.21(d)]。

3)秋旱

长江中下游地区:近 50 年长江中下游地区秋季干旱强度略增,但不明显,干旱强度平均为 1.56。干旱强度最大的年份是 1996 年,达到 2.3;1970,1975,1982,1984,1985,1987 和 2000 年干旱强度最小,为 1.0。20 世纪 60 年代前期略低;20 世纪 60 年代中期到 70 年代末干旱强度偏高;20 世纪 80 年代干旱强度偏低;20 世纪 90 年代以来干旱强度略高[图 4.22(a)]。

华南地区:近 50 年华南地区秋季干旱强度略增,但很不明显,干旱强度平均为 1.79。干旱强度最大的年份是 1974 年,达到 2.6;1990 年干旱强度最小,为 1.0。20 世纪 60 年代前期干旱强度偏低;20 世纪 60 年代中期到 70 年代中后期偏高;20 世纪 70 年代末到 80 年代末干旱强度偏低;90 年代干旱强度偏高;2000 年以来干旱强度先低后高[图 4.22(b)]。

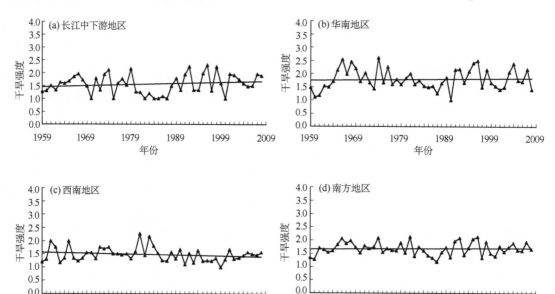

图 4.22　南方地区基于湿润度指数(M)的秋季干旱强度的历年变化曲线

西南地区:近 50 年西南地区秋季干旱强度略降,也不明显,干旱强度平均为 1.48。干旱强度最大的年份是 1981 年,为 2.3,次高值为 1983 年的 2.2;1999 年的干旱强度最小,为 1.0。20 世纪 60 年代中前期干旱强度偏高;20 世纪 60 年代后期到 70 年代末干旱强度略低;20 世纪 80 年代前期偏高;20 世纪 80 年代中期以来略低[图 4.22(c)]。

南方地区:近 50 年南方地区秋季干旱强度略增,很不明显,干旱强度平均为 1.67。干旱强度最大的年份是 1966,1974,1981,1992 和 1996 年,都近于 2.1,其中 1981 年达 2.12,为历史最大;1987 年干旱强度最小,为 1.2。20 世纪 60 年代中前期略低;20 世纪 60 年代后期到 80 年代前期干旱强度略高;20 世纪 80 年代中后期干旱强度偏低;20 世纪 90 年代以来干旱强度略高[图 4.22(d)]。

4)冬旱

长江中下游地区:近 50 年长江中下游地区冬季干旱强度呈下降趋势,50 年来下降了 0.53,干旱强度平均为 1.55。干旱强度最大的年份是 1960 年,达到 2.6,次高值为 1976 年的 2.5;1988,1989,1992 和 2000 年干旱强度最小,为 0。20 世纪 60 年代前期干旱强度偏高;20 世纪 60 年代中期到 80 年代中后期干旱强度略高;20 世纪 80 年代末、90 年代初干旱强度偏低;20 世纪 90 年代中后期干旱强度略高;20 世纪 90 年代末以来略低,但 2008 年略有上升 [图 4.23(a)]。

华南地区:近 50 年华南地区冬季干旱强度略增,但很不明显,干旱强度平均为 2.3。干旱强度最大的年份是 2008 年,达到 3.4,次高值为 1962 年的 3.0;2000 年干旱强度最小,为 1.7。20 世纪 60 和 70 年代干旱强度略高;20 世纪 80 年代干旱强度偏高;20 世纪 90 年代干旱强度略低;2000 年以来干旱强度先低后高,2008 年发生了 50 年来最强的一次冬旱[图 4.23(b)]。

西南地区:近 50 年西南地区冬季干旱强度略增,但不明显,干旱强度平均为 2.94。干旱

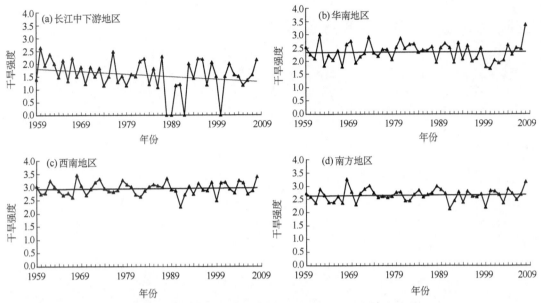

图 4.23　南方地区基于湿润度指数(M)的冬季干旱强度的历年变化曲线

强度最大的年份是 1968 年，为 3.5，次高值为 2008 年的 3.4；1991 年的干旱强度最小，为 2.2。20 世纪 60 年代到 80 年代末干旱强度略高；20 世纪 90 年代干旱强度略低；2000 年以来干旱强度偏高，2008 年发生了 50 年来次强的一次冬旱[图 4.23(c)]。

南方地区：近 50 年南方地区冬季干旱强度略增，但也不明显，干旱强度平均为 2.65。干旱强度最大的年份是 1968 年，达到了 3.3，次高值为 2008 年的 3.2；1991 年干旱强度最小，为 2.1。20 世纪 60 和 70 年代略高；20 世纪 80 年代干旱强度略偏高；20 世纪 90 年代干旱强度偏低；2000 年以来干旱强度略偏高，2008 年发生了 50 年来次强的一次冬旱[图 4.23(d)]。

4.2.3　月尺度干旱时空特征

以月为时间尺度，降水的月际变化波动会更剧烈，因此，基于相对湿润度指数(M)的月尺度的干旱强度更能体现降水和蒸散月际之间的盈亏差异。

(1)月尺度干旱空间分布特征

基于相对湿润度指数(M)的月尺度干旱频率，实际是表达降水量和蒸散量之差与蒸散量之比范围值出现的频率。月干旱频率在一定程度上也反映月干燥度气候特征。为了简略描述，我们定义：干旱频率低于 1% 为干旱不(无)发区；1%～10% 为低发区；10%～25% 为少发区；25%～50% 为中等发生区(简称中发区)；50%～75% 为多发区；75%～90% 为高发区；大于90% 为干旱频发区。南方地区 1—12 月各月干旱频率空间分布见图 4.24。

1 月：1 月份南方地区干旱多发、高发区主要分布在西南地区西部、华南地区南部、湖北北部及淮北北部等地，其中四川西部和云南北部等地为干旱频发区；干旱少发区主要分布在江南及长江中下游沿江等地，其中江南部分地区为低发区，局地为干旱不发区。

2 月：2 月份南方地区干旱频率分布与 1 月份近似，只是干旱多发、高发区范围缩小了一些，华南及长江中下游地区北部的干旱多发区缩小；干旱少发区范围明显有所扩大，长江中下游沿江、江南和华南北部等地均为干旱少发区，另干旱低发区扩大到江南大部分地方，局部为

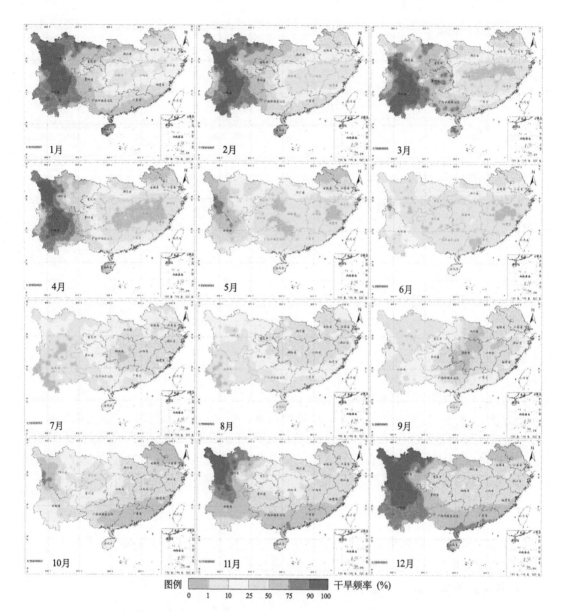

图 4.24　南方地区基于相对湿润度指数(*M*)各月干旱频率空间分布图(1959—2008 年)

干旱不发区。

　　3 月:3 月份干旱高发、频发区在西南地区南缩到四川南部,主要分布在西南地区西南部以及广西、贵州等局部地区,其他西南地区和华南西南部为干旱多发区,其中云南北部和四川南部交界及其周边地区为干旱频发区;干旱少发、低发主要分布与 2 月份近似,但低发区和不发区的范围扩大,如湖南中东部、江西北部及浙江东部等地为干旱不发区。

　　4 月:4 月份南方地区中东部分地区已开始雨季,干旱多发、高发和频发区范围缩小到云南、四川西部,淮北等地还有部分由于雨季偏迟为干旱多发区。干旱少发、低发区为长江中下游地区、华南大部和西南地区东部大部分地区,其中江南中西部为干旱不发区。

　　5 月:5 月份南方地区大部分地区进入降水相对较多的雨季,干旱多发、高发区范围很小,仅分布在云南北部、四川西南部和淮北等地,江南、华南和西南地区东部多为干旱低发区。

6 月:6 月份南方地区几乎无干旱多发区,仅云南西北角、四川西南角、四川北部局地、湖北北部及安徽与江苏两省中北部为干旱中等发生区,其他长江以北及云南中部和西北部、四川西南部为少发区。其余南方地区为干旱低发区,闽浙赣三省交界山区及其他山区等地为干旱不发区。

7 月:7 月份南方地区干旱又转向增多,总体上干旱频率较低,干旱多发区又出现空间转换。多发区总体上范围较小,仅分布在湖南中南部及江西、浙江等地,以江南、沿江及华南东北部等地为干旱中等发生区。干旱少发区为西南地区西部、华南部分及江淮一带。其他西南地区中西部和广西西部、广东中南部、淮北等地是干旱低发区,其中云南、四川等部分地区为干旱不发区。

8 月:8 月份南方地区干旱中等发生区范围向北扩展,主要分布在长江中下游地区、西南地区东北部、华南的东北角等地。干旱少发区主要分布在华南北部、西南地区的东部和北部等地。西南地区西南部、华南地区南部等地为干旱低发区,局地为干旱少发区。

9 月:9 月份南方地区干旱频率明显增高,干旱中等发生区分布在长江中下游地区、华南东北部和西北部及西南地区的东南部,其中湖南大部、湖北东部、江西北部等地为干旱多发区。少发区主要分布在华南南部、西南地区东南部等地。低发区主要分布在四川、云南西部和海南等地。

10 月:10 月份干旱少发、低发区主要分布在西南地区大部,如四川中东部、重庆、贵州及云南东南部,另外湖南西部、湖北西部、海南等地也为干旱少发区;干旱中等以上发生区遍布长江中下游地区、华南及西南地区的西部等地,分布在江淮和淮北、华南地区和四川西部等地,包括四川大部、重庆西部、贵州北部等地,其中江苏大部、安徽中北部、广东大部、福建南部、广西东部和四川西部等地为干旱多发区,福建沿海和四川西部局地为干旱高发区。

11 月:11 月份干旱低发区范围进一步缩小,仅分布在重庆中部等地;西南地区东北部和湖南大部还有部分为干旱少发区。其他长江中下游地区、华南地区东北部和西部、西南地区东部等地为干旱中等发生区。多发、高发区等主要分布在华南中南部、西南地区西部等地,其中四川西部和云南西北部等地为干旱高发或频发区。

12 月:12 月份干旱多发、高发范围进一步扩大,少发区分布在长江中下游地区的个别山区。长江以南和沿江一带、西南地区东部等地为干旱中等发生区。华南大部、西南大部等地为干旱多发、高发区,其中华南南部沿海和云南中南部为干旱高发区,云南北部和四川西部为干旱频发区。

总之,月尺度的干旱频率呈现明显的时空转换特征,5—8 月份干旱多发、高发区范围最小;12 月—翌年 1 月份干旱多发、高发区的范围最大。11 月—翌年 4 月份干旱多发、高发区集中分布在西南地区西部、华南及淮北等地,该时段为这些地区的干季,降水少,易受旱;5—8 月份大部分地区处于主汛期,干旱总体较轻,前期部分多发或中等发生区仅分布在西南地区西部,后期中等发生区分布在长江中下游地区;9—10 月份干旱多发区主要分布在长江中下游转到华南、西南等地。

从月尺度的干旱频率分布与季尺度的干旱频率分布比较来看,基本呈较一致的变化,只是月尺度更细致地反映干旱频率的季节转换。

(2)月尺度干旱时间变化特征

统计南方地区及分区域的基于相对湿润度指数的各月干旱强度的气候倾向率,结果见表

4.2。由表 4.2 可知,南方地区干旱强度呈明显季节性变化,其中 9—11 月份有增强的趋势,特别是 10 月份华南地区干旱呈明显增强的趋势。另外,2—4 月份部分地区干旱强度略有增强的趋势,6 月份华南地区干旱强度呈明显增强的趋势。其余南方地区的各月干旱强度都有不同程度减轻趋势。

表 4.2　南方地区及分区域的基于相对湿润度指数(M)的各月干旱强度的气候倾向率

单位:1/(10a)

月份	1	2	3	4	5	6	7	8	9	10	11	12
长江中下游地区	−0.067 9	−0.016 3	0.003 8	0.054 8	−0.059 9	−0.012 7	−0.020 6	−0.035 2	0.028 4	0.021 3	0.044 4	−0.008 4
华南地区	−0.046 6	0.022 1	−0.043 1	0.006 2	−0.051 6	0.119 1	−0.064 7	−0.024 7	0.026 6	0.108 4	0.033 6	−0.026 4
西南地区	−0.009 3	−0.012 9	−0.030 5	−0.032 6	−0.043 4	−0.034 2	−0.060 2	0.007 6	0.013 8	−0.014 5	−0.037 3	−0.009 3
南方地区	−0.013 9	−0.016 4	−0.033 5	−0.028 7	−0.040 7	−0.008 7	−0.014 5	−0.035 1	0.023 0	0.048 8	−0.012 7	−0.008 9

从基于相对湿润度指数(M)的南方地区气象干旱特征分析看:年尺度干旱较多发生区在西南地区西部和长江中下游北部及华南个别地方;以轻旱和中旱为主,干旱频率为 4 年一遇以上,个别地区高达 4 年 3 遇以上;其中中旱频率也达 10 年一遇以上,西南地区西部干旱较多发生区中旱仍在 4 年一遇以上。春旱发生较频繁区主要集中在西南地区西部、淮北和海南的部分地区,这些地区春旱频率在 2 年一遇以上,中旱在 4 年一遇以上,重旱为 10 年一遇。夏旱发生较频繁区主要集中在长江中下游地区,但总体上夏旱较轻,这些地区夏旱频率在 5～10 年一遇,中旱也很少发生,重旱一般不发生。秋旱发生范围较广,除西南地区东北部外,南方其他地区都较易发生秋旱,以长江中下游地区和华南地区秋旱最为突出,这些地区秋旱频率在 2～4 年一遇,中旱 4～10 年一遇,重旱很少发生,在 10 年一遇以下,特旱很少发生。冬旱发生范围也较广,主要发生在西南地区中西部、江北(鄂西北和淮北)和华南地区南部等地,这些地区秋旱频率在 2 年一遇以上,其中西南地区西部等地高达 4 年 3 遇到 1 年一遇,中旱在 4 年一遇以上,重旱在 10 年一遇以上,特旱很少发生,在 10 年一遇以下。从月尺度的干旱频率分布看,干旱季节性更明显,呈现明显的时空转换特征:其中 11 月—翌年 4 月份干旱多发、高发区集中分布在西南地区西部、华南及淮北等地,该时段为这些地区的干季,降水少,易受旱;5—8 月份大部分地区处于主汛期,干旱总体较轻,干旱较多发区从西南地区西部转向长江中下游地区;9—10 月份干旱多发区主要由长江中下游转到华南、西南等地。5—8 月份干旱多发、高发区范围最小;12 月—翌年 1 月份干旱多发、高发区的范围最大。

从近 50 年年尺度的干旱强度变化看,整体上南方地区干旱强度有减轻的趋势,但从分区域看,长江中下游地区干旱强度表现不一致,呈略有增强的趋势。各季节变化也不一致:春旱强度南方及各分区域都呈减轻的趋势;夏旱强度南方地区整体上也呈略减轻的趋势,从分区域看长江中下游地区呈显著减轻的趋势,但华南和西南地区干旱略有增强趋势;秋旱强度南方地区整体上呈增强的趋势,但从分区域看西南地区干旱强度呈略减轻的趋势;冬旱强度南方地区整体上呈略增强的趋势,但长江中下游地区冬旱强度呈减轻趋势。从月尺度干旱强度年际变化看,9—11 月份秋季南方地区干旱强度有增强的趋势,特别是 10 月份华南地区干旱呈明显增强的趋势;另外,2—4 月份部分地区干旱强度略有增强的趋势,6 月份华南地区干旱强度呈明显增强的趋势。其余南方地区的各月干旱强度都有不同程度的减轻趋势。

从相对湿润度指数分析结果间接反映湿润度可知:西南地区冬、春季降水少,特别是冬季,降水少,气候干燥,易发生干旱;而夏、秋季节降水多,特别是夏季降水多,气候湿润,不易干旱。西南地区东北部多秋雨,很少有秋旱发生,但西南地区东南部也有一定频率的秋旱发生。长江中下游地区特别是江南大部分地区一般多春雨和冬雨,气候湿润,少春旱和冬旱;夏秋季节虽然降水也较多,但蒸散大,易发夏、秋旱,特别是秋旱明显;但淮北地区由于雨季较短,冬旱、春旱、秋旱都有一定频率发生。华南地区南部和北部有明显差异:华南南部多冬旱、春旱,也有秋旱,但夏旱较少;而华南北部,处于江南到华南南部过渡区,秋旱明显,冬旱、春旱、夏旱较少。

4.3　基于标准化降水指数的干旱时空特征

本书第 2 章已经分析讨论过,由于标准化降水指数(SPI)是根据概率密度分布设定的干旱等级,得到的各地干旱频率差异很小,无法较好地表示干旱频率地区间的差异性,且地域分布的规律性也不明显,对此这里不做深入分析。但 SPI 指标能较好地反映干旱的时间变化趋势,因此这里重点分析 SPI 的时间变化特征。为了更好地分析南方地区季节性气象干旱时间变化趋势,本节取 1951—2008 年有资料的站全面分析。

4.3.1　基于标准化降水指数的干旱空间分布特征

利用第 2 章公式(2.7)~(2.9)计算统计多年月、季、年干旱频率。

(1)年尺度干旱发生频率

依据公式(2.9)计算结果可知,研究区域内各台站基于 SPI 的轻旱及其以上的干旱发生频率在 13.8%~40.0%之间,平均约为 30.7%。长江沿岸的湖北东南部、湖南和江西两省北部、安徽南部、浙江西北部和东部、湖南东南部、江西中部及云南东部等地,干旱频率在 33%以上,干旱频率相对较多;西南地区西部和福建等局部地区干旱频率在 25%以下[图 4.25(a)]。中旱及其以上的干旱发生频率在 1.9%~27.3%之间,平均约为 15.7%[图 4.25(b)]。重旱及其以上的干旱发生频率平均约为 6.8%(图略)。总体上说,由于 SPI 指数是根据概率密度分布设定的干旱等级,即假定了不同地点发生干旱的概率相同,无法表示干旱地域分布的规律性。因此,各地干旱频率差异较小,无法较好地表示干旱频率地区间的差异性,造成各地干旱频率差异主要是降水概率分布略有不同。

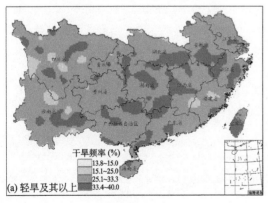
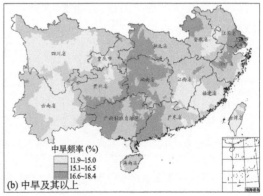

图 4.25　南方地区基于标准化降水指数(SPI)的年干旱频率空间分布图(1951—2008 年)

(2)不同时间尺度的干旱频率时间分布

表 4.3 为南方地区各月和各季的干旱频率结果。由表 4.3 可见,各月和各季的干旱发生频率与年干旱发生频率基本一致,即轻旱及其以上的干旱发生频率在 30% 左右,中旱及其以上的干旱发生频率在 15% 左右,而重旱及其以上的干旱发生频率约为 6.5%。

表 4.3　南方地区不同时间尺度的干旱发生频率　　　　　　　　单位:%

时间尺度	1 月	2 月	3 月	4 月	5 月	6 月	7 月	8 月	9 月	10 月	11 月	12 月	春	夏	秋	冬	年
干旱	29.6	29.5	31.3	30.3	29.8	30.3	30.8	29.9	29.4	29.6	29.6	29.5	30.9	31.0	31.1	29.7	30.6
中旱	14.9	15.2	15.6	16.2	15.9	15.7	16.2	15.8	15.5	16.0	16.1	14.9	15.8	15.7	16.2	14.9	15.7
重旱	6.4	6.4	6.6	6.9	7.0	6.8	7.2	7.3	7.4	6.6	5.7	7.0	6.7	7.1	6.3	6.8

总体上说,由于 SPI 指数是根据概率密度分布设定的干旱等级,即假定了不同地点发生干旱的概率相同,无法表示干旱地域分布的规律性。因此,各地干旱频率差异较小,无法较好地表示干旱频率地区间的差异性,造成各地干旱频率差异主要是降水概率分布略有不同。

因此,本书不重点分析基于 SPI 的干旱频率空间分布特征,下面着重分析南方季节性干旱的时间变化规律。

4.3.2　年尺度干旱演变特征

(1)干旱发生范围(站次比)年际变化特征

干旱站次比是用某一区域内干旱发生站数多少占全部站数的比例来评价干旱影响范围的大小,站次比反映的是干旱发生的范围的大小,也间接反映干旱影响范围的严重程度。

干旱(轻旱及其以上的干旱,下同)发生的站次比见图 4.26,南方地区近 58 年来干旱站次比在 5.5%～53.8% 之间波动变化。仅 1952 和 1973 年共 2 年无明显干旱发生;1954,1959,1961,1965,1970,1974,1975,1980,1982,1983,1990,1993,1998,1999,2000,2002,2008 年等共 17 年发生局域性干旱;1995 年等共 18 年发生部分区域性干旱。1993—2002 年期间南方地区都仅发生局域性或部分区域性干旱,这一时段干旱程度轻;1972—1985 年除 1979 和 1980 年外多数年份也都只发生局域性干旱或部分区域性干旱,是干旱发生较轻时段。1955,1958,1963,1966,1967,1968,1969,1978,1979,1986,1987,1988,1989,1991,1992 和 2003 年等共 21

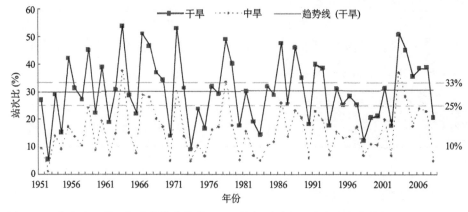

图 4.26　南方地区基于标准化降水指数(SPI)的年干旱发生站次比变化特征(1951—2008 年)

年南方地区发生区域性或全域性干旱,其中 1963,1966,1971 和 2003 年等 4 年南方地区发生全域性干旱,1963 年发生干旱的站次比达 53.8%,为近 58 年来干旱发生范围最大的一年。从站次比的整体变化趋势看,干旱发生范围有不断扩大的趋势,特别是 2003—2007 年连续 5 年南方地区都发生区域性或全域性干旱。

　　从中旱(中旱及其以上的干旱,下同)发生的站次比看(图 4.26),历年在 1.1%～37.5%之间波动变化。大部分年份为局域性中旱(共 33 年)或无明显中旱(共 17 年),其中 1951—1962 年连续 12 年、1987—2002 年连续 16 年仅发生局域性中旱或无明显中旱。1963,1966,1967,1971,1978,1986,2003 和 2004 年等 8 年发生了部分区域性或区域性中旱,其中 1963,1978,2003 年共 3 年发生区域性中旱,没有全域性中旱发生;1963 年中旱站次比达 37.5%,是 1951 年以来我国南方中旱发生范围最大的一年,2003 年中旱发生站次比也达 36.9%,略小于 1963 年,为发生范围第二大年。

　　综上所述,我国南方区域性干旱和全域性干旱在 20 世纪 70 年代后期和 80 年代中期到 90 年代初期范围有所扩大。20 世纪 50 年代后期至 70 年代初和 21 世纪初以来干旱发生范围稳步扩大。

(2)干旱发生强度年际变化特征

　　干旱强度由干旱指数的值直接求得,详见第 2 章公式。干旱指数越高,干旱强度越大。图 4.27 为 1951—2008 年南方地区干旱强度变化特征,由图 4.27 可见,近 58 年来干旱强度在 0.73～1.46 之间变化,平均干旱强度为 1.1,且有 46 年干旱强度都在 1.0 以上,这表明南方地区发生干旱的多数年份为中度(偏轻)干旱程度。由图 4.27 也可以看出,我国南方地区季节性干旱主要以轻度干旱和中度干旱为主。1951,1952,1959,1961,1964,1965,1970,1980,1982,1984,1990 和 2008 年等共 12 年干旱强度都在 1.0 以下,其中 2008 年干旱强度仅为 0.85,仅次于 1952 年的 0.73,为 1953 年以来干旱强度最轻的一年,也是 1990 年以来唯一干旱强度在 1.0 以下的年份。1954,1963,1978,1991 和 2003 年等 5 年干旱强度达到 1.4 或其以上,其中:1978 年干旱强度达到 1.46,为近 58 年干旱最严重的一年,即该年干旱程度接近重度干旱;2003 年干旱强度为 1.43,为新中国成立以来南方季节性干旱发生第二严重干旱年。其余 41 年干旱强度在 1.0～1.28 之间。从变化趋势看,整体上我国南方干旱发生的强度呈增强趋势。

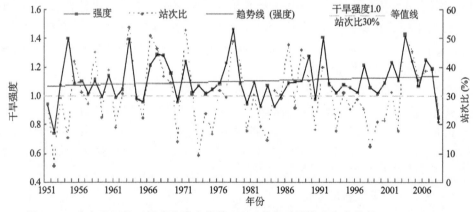

图 4.27　南方地区基于标准化降水指数(SPI)的年干旱强度变化特征(1951—2008 年)

　　图4.28为南方地区年度干旱站次比和干旱强度各年代比较。从图4.28可以看出,各年代站次比以2001年以来近8年最高,近8年平均站次比达34.8%,表明南方地区这几年平均发生干旱站数超过1/3,中旱发生站数也占1/5以上(站次比为20.1%)。其次,20世纪60年代,干旱站次比也较高。20世纪50和90年代干旱发生相对较轻,其中20世纪90年代轻旱发生站次比最少,20世纪50年代中旱发生站次比最少。干旱强度年代变化与站次比变化类似,以2001年以来近8年干旱强度最强,其次是20世纪60年代;20世纪80和90年代干旱强度较轻(数值参见表4.4)。

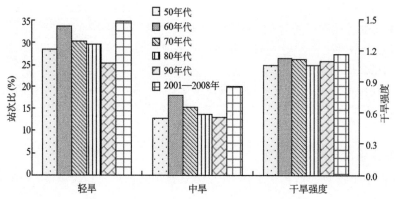

图4.28　南方地区基于标准化降水指数(SPI)的年尺度干旱站次比和干旱强度各年代比较

4.3.3　南方地区季尺度干旱站次比变化特征

　　各季节干旱站次比结果见图4.29。

(1)春旱站次比和干旱强度变化

　　由图4.29(a)可见,春旱站次比历年在7.3%~60.1%之间变化,20世纪50和60年代都呈先升后降趋势,20世纪70年代以后呈波动上升。全域性和区域性干旱集中在20世纪60和80年代及2000年以来最近几年:1962—1966年连续5年出现全域性或区域性春旱,其中1963年南方地区发生全域性春旱,是近58年范围最广的一年(站次比达60.1%);1982—1988年连续7年发生部分区域性以上的春旱,其中1986年还发生了全域性春旱,春旱发生范围仅次于1963年,居第二位;2003—2008年连续6年发生区域性或部分区域性春旱,另外2000和2001年连续发生区域性春旱。从各年代看(见表4.4),2001年以来近8年站次比为最高,20世纪60年代次之,以50年代最低,70年代次低;从拟合年际变化线性趋势(趋势率见表4.4)来看,近58年来站次比呈增加的趋势。

　　由图4.29(a)可见,春旱的干旱强度年际间在0.77~1.91之间波动变化,波动曲线近似于站次比变化,也就是说,一般站次比高的年份干旱程度也较重,如1958,1963和2001年等3年干旱强度在1.4以上,这3年都为区域性或全域性春旱,其中1963年也是春旱强度最强的一年(干旱强度1.91)。从各年代看,也以2001年以来近8年干旱强度为最强,20世纪70年代最轻。年际变化趋势略有减弱趋势但不明显(表4.4)。

(2)夏旱站次比和干旱强度变化

　　由图4.29(b)可见,夏旱站次比在11.2%~55.5%之间变化,20世纪50年代到70年代初波动下降;20世纪70年代初以后到90年代初呈波动上升;20世纪90年代初开始又呈下降

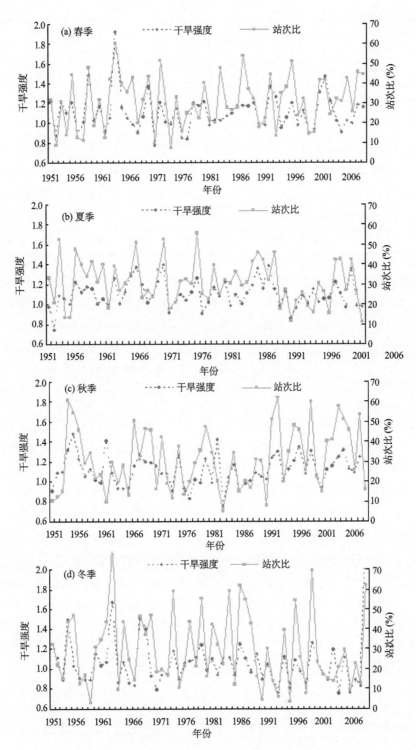

图 4.29　南方地区基于标准化降水指数(SPI)的不同季节干旱站次比和
干旱强度历年变化(1951—2008 年)

表 4.4　南方地区基于标准化降水指数(SPI)季尺度的干旱站次比和干旱强度各年代比较

年代	站次比(%)					干旱强度				
	春季	夏季	秋季	冬季	全年	春季	夏季	秋季	冬季	全年
1951—1960	25.1	32.6	30.6	25.7	28.3	1.11	1.05	1.12	1.06	1.06
1961—1970	33.7	31.3	28.9	36.8	33.6	1.11	1.13	1.12	1.09	1.13
1971—1980	27.5	32.4	28.9	30.6	30.2	1.05	1.09	1.02	1.05	1.12
1981—1990	31.2	35.2	20.0	33.5	29.7	1.09	1.13	1.04	1.05	1.06
1991—2000	30.1	26.2	35.7	26.5	25.3	1.09	1.07	1.14	0.98	1.09
2001—2008	35.7	29.0	41.3	17.6	34.8	1.12	1.09	1.16	0.91	1.17
趋势率[1/(10a)]	1.2	−1.1	1.9	−1.7	0.15	−0.002 4	0.001 4	0.006 3	−0.029 9	0.011 0
变化	增加	略减少	增加	减少	增加	略减轻	略增重	增重	减轻	增重

趋势,特别是 1993—2002 年的 10 年间夏旱站次比处于较低水平。全域性和区域性干旱多发生在 20 世纪 80 年代以前,1953,1967,1972 和 1978 年共 4 年为全域性夏旱,都发生在 1980 年以前,1956—1959 年连续 4 年都发生区域性干旱。20 世纪 80 年代后期到 90 年代初和 2003 年以来最近几年也较集中地发生区域性夏旱,其中 1983—1992 年连续 10 年、2003—2007 年连续 5 年都发生部分区域性以上夏旱。从各年代看,20 世纪 80 年代夏旱发生站次比为最高,20 世纪 50 和 70 年代站次比为次高,20 世纪 90 年代站次比最低(表 4.4)。从总趋势来看,夏旱发生站次比呈略减小趋势。

由图 4.29(b)可见,夏旱强度历年在 0.73~1.39 之间波动变化,波动与站次比基本一致,20 世纪 90 年代初以前夏旱强度呈明显波动增重的趋势,20 世纪 90 年代初强度明显减轻之后维持在一个较轻水平。从各年代(表 4.4)来看,以 20 世纪 60 和 80 年代为最重,20 世纪 90 年代为最轻;从干旱强度变化趋势率来看,尽管夏旱站次比略有降低,但强度仍略有增重的趋势,但不明显。

(3)秋旱站次比和干旱强度变化

由图 4.29(c)可见,秋旱站次比在 5.2%~62.2% 之间变化,20 世纪 50 年代初到 80 年代末干旱站次比呈波动下降趋势,20 世纪 90 年代初以来秋旱发生站次比呈明显增加,且波动幅度增大。近 58 年来共有 1954,1955,1966,1991,1992,1998,2003,2004 和 2007 年等共 9 年发生全域性秋旱,其中有 6 年都发生在 1990 年以后,1992 年秋旱站次比达 62.2%,为近 58 年发生秋旱范围最大的一年。从各年代(表 4.4)来看,以 2001 年以来近 8 年秋旱站次比为最高,20 世纪 90 年代次高,20 世纪 80 年代秋旱站次比最低。拟合线性变化,秋旱发生站次比呈明显增加的趋势。

由图 4.29(c)可见,历年秋旱强度在 0.75~1.47 之间波动变化,20 世纪 80 年代以前干旱强度有减轻的趋势,但 1992 年以来则呈增重的趋势,这与秋旱站次比相类似。从秋旱强度变化趋势率(表 4.4)来看,有增重的趋势。

(4)冬旱站次比和干旱强度变化

由图 4.29(d)可见,冬旱发生站次比年际间在 3.0%~83.0% 之间变化,波动幅度大,20

世纪 60 年代初以来总体呈减小的趋势,特别是 1999 年以来冬旱发生站次比明显减小,除个别年份外,只发生局地性冬旱。从各年代(表 4.4)来看,20 世纪 60 年代冬旱发生站次比为最高,20 世纪 80 年代站次比为次高,2001 年以来站次比最小。拟合线性变化,冬旱发生站次比呈明显减小的趋势。

由图 4.29(d)可见,冬旱强度历年在 0.75～1.66 之间波动变化,20 世纪 60 年代初到 70 年代初强度有所减轻,之后到 80 年代初略呈增重的趋势,但 80 年代以来干旱强度呈稳定减轻的趋势。冬旱强度变化趋势率有减轻的趋势(表 4.4)。

从各季节变化分析看:各季节干旱发生范围,春旱和秋旱发生站次比有所减少,夏旱和冬旱站次比有所增多;干旱强度除冬旱有所减轻外,其他季节干旱强度都不同程度增重。

4.3.4　南方各区域季节性干旱演变特征

根据南方地区气候特征和干旱特征(张养才 1993),将南方地区分为长江中下游地区、西南地区和华南地区等 3 个不同区域,由于干旱强度与站次比变化基本一致,这里仅分析干旱站次比的年代变化。分别统计不同区域年度和各季节干旱站次比年际变化,拟合变化趋势线,趋势率统计结果见表 4.5,并统计不同年代的站次比平均值。对年尺度及影响农业生产较大的季节重点分析,其历年变化结果见图 4.30。

表 4.5　南方地区不同区域基于标准化降水指数(SPI)的季节性
干旱站次比年代变化及变化趋势率　　　　　　　　　　　单位:%

年代	长江中下游地区					西南地区					华南地区				
	全年	春季	夏季	秋季	冬季	全年	春季	夏季	秋季	冬季	全年	春季	夏季	秋季	冬季
1951—1960	23.6	15.5	34.4	31.9	20.6	33.4	33.8	30.1	32.0	28.5	27.8	24.7	33.8	30.3	25.5
1961—1970	36.4	30.8	36.9	27.8	42.4	25.5	29.7	27.9	25.2	31.2	37.1	37.5	28.7	32.0	34.2
1971—1980	36.1	30.7	33.0	32.2	26.1	27.3	24.5	34.7	27.2	34.3	25.3	27.0	27.1	27.6	32.3
1981—1990	30.2	37.0	29.9	14.8	33.9	30.1	34.6	32.4	26.5	30.0	29.4	18.4	47.3	18.2	37.6
1991—2000	24.2	30.0	22.6	39.2	28.5	30.9	33.3	28.0	39.0	25.7	25.0	32.3	22.3	39.6	24.4
2001—2008	34.2	48.5	29.4	37.0	13.9	32.3	24.1	34.6	42.0	27.0	34.2	36.2	23.1	37.7	27.0
趋势率[站/(10a)]	0.43	4.01	-2.24	1.73	-1.43	0.51	-0.56	0.59	2.61	-0.92	0.09	0.77	-1.51	-1.81	0.16
变化情况	略增	增加	减少	增加	减少	略增	略减	增加	增加	减少	微增	略增	减少	增加	微增

(1)长江中下游地区季节性干旱演变特征

从年尺度的站次比变化特征来看,长江中下游地区年干旱站次比 20 世纪 50—70 年代呈波动增加,之后又减少,到 20 世纪 90 年代减少到最低值之后,又呈现出增加的趋势。近 58 年来,1963,1966,1967,1968,1971,1978,1979,1986,1988 和 2001 年等 10 年长江中下游地区发生全域性年度干旱,且全域性年度干旱多发生在 20 世纪 90 年代以前,其中 1978 年站次比达 91.4%,为干旱最严重的一年。年干旱站次比总体上呈略增加的趋势[图 4.30(a)]。从各年代比较来看:20 世纪 50 年代最低,20 世纪 90 年代次低;20 世纪 60 年代为最高,20 世纪 70 年代为次高。

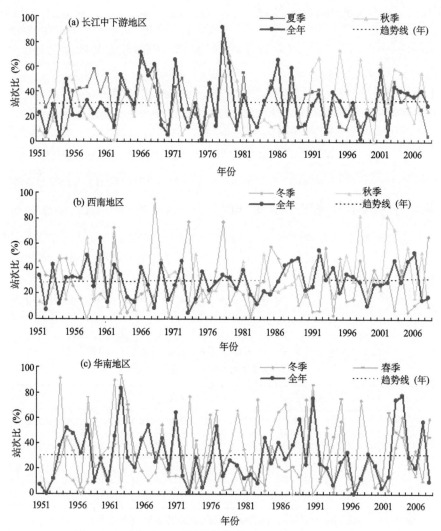

图 4.30　南方地区不同区域基于标准化降水指数(SPI)的
干旱站次比和干旱强度历年变化(1951—2008 年)

从各季节的站次比变化(表 4.5)来看,春旱站次比总体上呈明显增加趋势;从各年代比较,以 20 世纪 50 年代为最低,2001 年以来为最高,20 世纪 80 年代为次高。

夏旱站次比总体上呈明显减少的趋势,其中 1959,1961,1966,1967,1972,1978 和 1981 年等年份都发生全域性夏旱;从年代际变化来看,在 20 世纪 80 年代以前夏旱发生站次数较多,20 世纪 80 年代初以来夏旱有明显减少趋势,但是 2001 年来的最近几年区域性夏旱发生也有所增多,各年代以 20 世纪 90 年代为最低,20 世纪 60 年代为最高。

秋旱站次比总体呈增加趋势,发生站次比较高的时段是在 20 世纪 50 年代中期、70 年代后期和 90 年代以来最近 18 年,其中 1954,1955,1956,1966,1968,1978,1979,1988,1991,1992,1995,1998,2001,2003,2004 和 2007 年等 16 年发生全域性秋旱。各年代以 20 世纪 90 年代为最高,2001 年以来的近 8 年为次高,20 世纪 80 年代为最低。

冬旱站次比整体上呈减少的趋势。各年代以 20 世纪 60 年代为最高,2001 年以来的近 8 年为最低,20 世纪 50 年代为次低。

(2)西南地区季节性干旱演变特征

从年尺度的站次比变化特征看,西南地区年干旱站次比从 20 世纪 50 年代到 60 年代初呈波动增加,之后又减少,到 20 世纪 70 年代初减少到相对低值段之后,又呈现波动增加趋势,20世纪 90 年代末到另一个低值区后又有增加,总体上呈增加的趋势[图 4.30(b)]。其中,1958,1960,1992 和 2006 年等 4 年西南地区发生全域性年度干旱。从各年代比较来看:年度干旱为20 世纪 60 年代最低,20 世纪 70 年代次低;而 20 世纪 50 年代为最高,2001 年以来的近 8 年为次高(表 4.5)。

从各季节的站次比变化看,春旱站次比总体上呈略有减少趋势。从各年代比较来看,以20 世纪 80 年代为最高,20 世纪 50 年代为次高,20 世纪 90 年代再次之;而 2001 年以来为最低,20 世纪 70 年代为次低。

夏旱总体上呈略有增加的趋势。从各年代比较来看,以 20 世纪 70 年代为最高,2001 年以来的近 8 年为次高,20 世纪 60 和 90 年代较低(表 4.5)。

秋旱总体上呈增加的趋势。全域性秋旱集中发生在 20 世纪 50 年代后期到 60 年代前期及 20 世纪 90 年代后期以来的最近 10 余年,有 1958,1960,1962,1974,1984,1992,1996,1998,2002,2003,2005 和 2007 年等 12 年发生全域性秋旱。各年代比较来看:以 2001 年以来近 8 年为最高,20 世纪 90 年代为次高;而 20 世纪 60 年代为最低,20 世纪 80 年代为次低(表 4.5)。

冬旱总体上呈减少的趋势。从年代际变化看,在 20 世纪 80 年代以前冬旱发生站次比波动大,1962,1968,1973 和 1978 年等 4 年为全域性冬旱,且此 4 年站次比都超过 70%,冬旱发生范围广,其中 1968 年冬旱发生站次比达 95.1%,为近 50 年来冬旱范围最广的一年。20 世纪 90 年代以来,冬旱站次比呈明显减少的趋势。各年代比较以 20 世纪 70 年代为最高,以 20世纪 90 年代为最低,2001 年以来近 8 年为次低(表 4.5)。

(3)华南地区季节性干旱演变特征

从年尺度的站次比变化特征看,华南地区干旱站次比从 20 世纪 50 年代到 60 年代初呈波动增加,之后又减少,到 20 世纪 70 年代末减少到相对低值段之后,又呈现波动增加趋势,到20 世纪 90 年代初增加到高值段后,又呈减少,但近几年呈增加的趋势,总体上呈略微增加的趋势[图 4.30(c)]。其中,1958,1963,1967,1971,1977,1989,1991,2003,2004 和 2007 年等年份华南地区发生全域性年度干旱。从各年代比较(表 4.5)来看:站次比以 20 世纪 60 年代最高,其次为 2001 年以来近 8 年;而 20 世纪 90 年代为最低,20 世纪 70 年代为次低。

春旱总体上看呈略增加的趋势。从年代际变化看,近 58 年来有 11 年无明显春旱发生,有20 年为局地性干旱,但也有 19 年为区域性或全域性春旱。站次比年际间波动也很大,其中1958,1963,1964,1971,1977,1991,1995 和 2002 年等 8 年发生全域性春旱。20 世纪 70 年代后期到 80 年代,春旱发生站次比小,波动也小,是春旱发生范围最小的时段。20 世纪 90 年代以来站次比也有减少的趋势,波动幅度也所减小。从各年代比较(表 4.5)看:春旱站次比以 20世纪 80 年代为最低,20 世纪 50 年代为次低;以 20 世纪 60 年代为最高,2001 年以来近 8 年为次高。

夏旱总体上呈减少的趋势。各年代以 20 世纪 80 年代为最高,20 世纪 90 年代为最低,2001 年以来近 8 年为次低(表 4.5)。

秋旱总体上呈增加的趋势。各年代以 20 世纪 90 年代为最高,2001 年以来近 8 年为次高;20 世纪 80 年代为最低,20 世纪 70 年代为次低(表 4.5)。

冬旱整体上呈略微增加趋势。从年代际变化看,近 58 年来有 16 年基本上无明显冬旱发生,然而也有 17 年为全域性冬旱。冬旱发生站次比年际间波动很大,仅 20 世纪 60 年中期到 70 年代前期站次比波动相对较小。从各年代间比较(表 4.5)来看:以 20 世纪 80 年代为最高;而 20 世纪 90 年代为最低,20 世纪 50 年代为次低。

综合基于标准化降水指数(SPI)的南方整个地区和各区域近 58 年季节性干旱变化特征结果表明,南方地区年度干旱站次比和干旱强度有明显的阶段性分布特点,随时间变化都有不同程度增加。从季节看,春旱和秋旱有加重的趋势,而夏旱和冬旱有减轻的趋势。从空间区域变化看,不同区域干旱变化与整个南方地区干旱变化表现基本一致,年干旱站次比各分区域都呈现略有增加的趋势。各季节变化上,西南地区春旱和夏旱及华南地区冬旱与南方地区整体变化略有差别,即西南地区春旱略有减少,而夏旱略有增加,华南地区冬旱有所增加;其他各季节均与整个南方地区表现一致,即春旱增加、夏旱减少、秋旱增加、冬旱下降。

标准化干旱指数(SPI)虽然不能表达区域间干旱差异性,但由于其本身注重降水标准化正态分布,能很好地体现干旱的年际变化。对照《中国灾害性天气气候图集》结果中干旱面积比变化,SPI 体现表现一致变化:如由 SPI 得到的站次比在长江中下游地区都以 1978 年干旱站次比最大,其他 1966,1971,1986,1988 和 2001 年等长江中下游地区全域性干旱都与该图集结果一致;华南地区以 1963 年干旱站次比最大,另外,1991 年也为华南全域性干旱,在该图集上得到印证;西南地区干旱发生情况与该图集呈现基本一致变化。但从计算和应用来看,SPI 简便实用,比文献中综合干旱指数(CI)计算所需要素少,且适用性更强。

在当前全球气候变暖,极端天气气候事件增多的大背景下,南方地区干旱整体上呈现加重的趋势,其对农业生产的影响也呈现不利变化,如各地主要作物生长季内的秋旱都有加重,华南地区作物生长季内的春旱和冬旱也加重。

4.4   小结

通过基于 3 个不同气象干旱指标分析,除标准化降水指数(SPI)不能较好地显示干旱空间分布特征外,降水量距平百分率(P_a)和相对湿润度指数(M)这 2 个指标显示干旱空间分布特征比较一致:春旱发生较频繁区域分布在西南地区西部、华南南部及淮北等地;夏旱主要集中发生在长江中下游地区等地;秋旱以长江中下游地区和华南地区最为突出;冬旱主要集中发生在西南地区西部、华南地区南部等地。

从年际变化看,年尺度的干旱强度 P_a 和 SPI 都显示有增强的趋势,但 M 显示干旱有减轻的趋势。可见,虽然总体上在气候变暖背景下,年降水增多,蒸散量所有减小,气候略有变湿,但是降水变率增大,干旱强度有所增加。各季节春旱和夏旱强度有降低的趋势,秋季多呈增加趋势,华南冬旱呈增加趋势,其他趋势不明显(表 4.6)。

表 4.6   南方地区各干旱指标下年和各季节干旱强度趋势变化

	降水量距平百分率(P_a)				相对湿润度指数(M)				标准化降水指数(SPI)			
	南方地区	长江中下游地区	华南地区	西南地区	南方地区	长江中下游地区	华南地区	西南地区	南方地区	长江中下游地区	华南地区	西南地区
全年	↑	↑	↓	↑	↓	↑	↓	↓	↑	↑	↑	↑
春季	↓	↓	↓	↓	↓	↑	↓	↓	↓	↑	↓	↓

续表

	降水量距平百分率（P_a）				相对湿润度指数（M）				标准化降水指数（SPI）			
	南方地区	长江中下游地区	华南地区	西南地区	南方地区	长江中下游地区	华南地区	西南地区	南方地区	长江中下游地区	华南地区	西南地区
夏季	↓	↓	↑	↓	↓	↓	↑	↑	↑	↓	↓	↑
秋季	↑	↑	↑	↑	↑	↑	↑	↑	↑	↑	↑	↑
冬季	↓	↓	↑	↓	↑	↓	↑	↑	↓	↓	↑	↓

注：↑表示增强趋势；↓表示减轻趋势；•，–，•分别表示明显、显著、极显著变化。

第 5 章　南方地区季节性农业干旱时空特征

5.1　农业干旱指标计算方法

5.1.1　农业干旱指标选择

选取连续无有效降水日数（Dnp）、作物水分亏缺指数（$CWDI$）分析南方地区季节性农业干旱时空特征。

5.1.2　连续无有效降水日数指标

连续无有效降水日数（Dnp）是表征农田水分补给状况的重要指标之一，适用范围为尚未建立墒情监测点的雨养农业区，在业务中也较广泛地应用，特别是针对水稻等作物，能在一定程度上反映南方地区干旱发展趋势。

（1）连续无有效降水日数计算

连续无有效降水日数公式：

$$Dnp = \sum_{i=1}^{n} a \cdot Dnp_i \tag{5.1}$$

式中：Dnp 为连续无有效降水日数（d）；a 为季节调节系数，春季为 1，夏季为 1.4，秋季为 0.8；Dnp_i 为日降水量小于有效降水量的降水日或冬季牧区无积雪日（d），具体计算如下：

$$Dnp_i = \begin{cases} 1, & P_i < P_0 \\ 0, & P_n \geqslant P_k \end{cases} \tag{5.2}$$

式中：P_i 为单日降水量（mm）；P_0 为单日有效降水量临界值（mm）；P_k 为一次连续降水过程中断无降水日数降水量临界值（mm）；P_n 为连续降水过程降水量（mm），计算式如下：

$$P_n = \sum_{i=1}^{n} P_i \tag{5.3}$$

（2）累积干旱过程中连续无降水日数的计算

连续降水过程之间为无有效降水过程，连续无（有效）降水过程中无（有效）降水日数 $\geqslant 20$ d 为一次干旱过程。当干旱过程出现 2 次或其以上时，对各无降水过程可以累积，用来评估整个生育期（或季节）的累积干旱过程，用修正的式（5.1）来表达，为：

$$Dnp = \sum_{i=1}^{n} a \cdot b \cdot Dnp_i \tag{5.4}$$

式中：Dnp 为累积连续无（有效）降水日数或者称为干旱持续日数；a 为季节调节系数，春季为 1，夏季为 1.4，秋季为 0.8；b 为无有效降水过程累积系数，可根据前一次干旱持续过程日数（Dnp_{i-1}）和中断的过程降水量（P_n）的不同情况定系数，具体见本书第 2 章；Dnp_i 为单次连续无有效降水过程日数。

(3)基于连续无有效降水日数的季节连旱概述

连续无有效降水日数(Dnp),从逐日降水状态考究干旱的变化,能较好地反映跨季节连旱,对季节连旱定义如下:

一次干旱过程跨 2 个季节(每个季节干旱日数均在 10 d 以上)且干旱持续时间在 40 d 以上;或者连续 2 个(或 2 个以上)干旱过程之间间隔时间小于 20 d,并且至少一个干旱过程跨 2 个季节或前后 2 个干旱过程在不同季节。一般习惯上季节划分 3—5 月为春季,6—8 为夏季,9—11 月为秋季,12 月—翌年 2 月为冬季;而天文上季节以二十四节气的立春(夏、秋、冬)也算进入春(夏、秋、冬)季。一般南方地区季节稍早,立春节气前后江南、华南一带已经算进入春季,在农事安排上也应用较多,因此兼顾两种季节划分指标,一般连旱如跨 2 月也视为冬春连旱(前后有干旱过程)、跨 5 月为春夏连旱、跨 8 月为夏秋连旱、跨 11 月为秋冬连旱。由于南方地区地域广阔,在具体地方应用时,可定义不同的时间跨度为跨季节。

连旱分级如下:两次相邻两个季节均为轻旱,或一个为轻旱、另一个为中旱,则为轻度连旱;相邻两个季节均为中旱,或一个为轻旱、另一个为重旱,则为中度连旱;相邻两个季节均为重旱,或一个为中旱、另一个为重旱,则为重度连旱;相邻两个季节均为特重旱,或一个为重旱、另一个为特重旱,则为特重连旱。

一般三季节连旱是指连续 3 个或 3 个以上(有时 2 个)干旱过程之间间隔时间小于 30 d,且每个季节干旱天数在 15 d 以上(如 2 次干旱过程跨 3 个季节,每个季节跨的天数为 10 d 以上)。不过一般很少有一次干旱过程持续时间跨三个季节的。

5.1.3　作物水分亏缺指数指标

作物水分亏缺指数($CWDI$)是表征作物水分亏缺程度的指标之一,作物水分亏缺为作物需水量与实际供水量之差,以百分率(%)表示。作物缺水指数较好地反映了土壤、植物、气象三方面因素的综合影响,能比较真实地反映出作物水分亏缺状况,是常用的作物干旱诊断指标之一(刘丙军 等 2007)。

作物水分亏缺指数的计算式如下:

$$CWDI = a \times CWDI_i + b \times CWDI_{i-1} + c \times CWDI_{i-2} + d \times CWDI_{i-3} + e \times CWDI_{i-4}$$

(5.5)

式中:$CWDI$ 为作物生育期按旬时段计算的累计水分亏缺指数;$CWDI_i$,$CWDI_{i-1}$,$CWDI_{i-2}$,$CWDI_{i-3}$,$CWDI_{i-4}$ 分别为该旬及前 4 旬的水分亏缺指数;a,b,c,d,e 分别为对应旬的累计权重系数,一般 a 取值为 0.3,b 为 0.25,c 为 0.2,d 为 0.15,e 为 0.1。其中 $CWDI_i$ 按黄晚华(2010)修正的如下公式计算:

$$CWDI_i = \begin{cases} (ET_c - P_i)/ET_c \times 100\%, & ET_c \geqslant P_i \\ 0, & ET_c < P_i \text{ 且 } P_i \leqslant ET_k \\ K_i \times 100\%, & P_i > ET_k \end{cases}$$

(5.6)

式中:$CWDI_i$ 为第 i 旬作物水分亏缺指数;ET_c 为作物需水量(mm);P_i 为降水量(mm);ET_k 为作物需水量基数(mm);K_i 为降水量远大于需水量时的水分盈余系数,具体计算见本书第 2 章。

5.1.4　干旱频率、干旱站次比、干旱强度的计算

(1)干旱级别

不同的指标分级得出不同的干旱分级,表 5.1 列出了第 2 章不同农业干旱指标的干旱

级别。

表 5.1　不同类型干旱对应的干旱级别

干旱等级	农业干旱指标			
	连续无有效降水日数（Dnp）			作物水分亏缺指数（CWDI）
	某一时段干旱类型	2 个季节连旱类型	3 个季节连旱类型	某一时段干旱类型
0	无旱	—	—	无旱
1	轻旱	轻度连旱	轻度连旱	轻旱
2	中旱	一般（中度）连旱	一般（中度）连旱	中旱
3	重旱	重度连旱	重度连旱	重旱
4	特旱	特旱	特旱	特旱

（2）干旱频率

单站干旱频率（f）计算式如下：

$$f = \frac{1}{n} \sum_{i=1}^{n} N_i \tag{5.7}$$

式中：n 为计算分析资料年限；N_i 为 n 年中某时间尺度（年或季）发生的某一干旱级别的次数。如果发生轻旱则为轻旱频率，发生中旱则为中旱频率，依此类推。无特别说明情况下，本节分析的干旱（轻旱）频率包括轻旱以上级别的干旱频率。

（3）干旱站次比

干旱站次比（P_j）是用某一区域内干旱发生站数多少占全部站数的比例来评价干旱影响范围的大小，可用以下公式表示：

$$P_j = m/M \times 100\% \tag{5.8}$$

式中：M 为研究区域内总气象站数；m 为发生干旱的站数。干旱站次比（P_j）表示一定区域干旱发生范围的大小，也间接反映干旱影响范围的严重程度。

根据干旱影响范围大小，对干旱影响范围的定义为：当 $P_j \geqslant 50\%$ 时，即研究区域内有一半以上的站发生干旱，为全域性干旱；当 $50\% > P_j \geqslant 33\%$ 时为区域性干旱；当 $33\% > P_j \geqslant 25\%$ 时为部分区域性干旱；当 $25\% > P_j \geqslant 10\%$ 时为局域性干旱；当 $P_j < 10\%$ 时可认为无明显干旱发生。

（4）区域干旱强度指数

区域干旱强度指数（I），主要反映大区域内的不同程度干旱发生的情况。鞠笑生等（1997）用区域旱涝指标分析华北区域旱涝变化；樊高峰等（2006）曾在浙江省干旱监测中应用中建立的强度指数、面积指数，评价省级区域的干旱情况。参考前人研究结果，在此建立区域干旱强度指数（I）：

$$I = \frac{n_1 + 2n_2 + 3n_3 + 4n_4}{N} \tag{5.9}$$

式中：I 为区域干旱强度指数，简称干旱强度；N 为研究区域内总气象站数；n_1，n_2，n_3，n_4 分别为轻旱、中旱、重旱、特旱发生的总次数。干旱强度指数越大，区域内干旱发生越严重。

根据以上区域干旱强度指数原理，我们也可以推广计算某地多年平均的干旱强度指数，只需将式(5.9)中各站数的强度换成各年份的强度求平均即可。

5.2 基于连续无有效降水日数的农业干旱时空特征

在本书第 4 章我们用降水量距平百分率(P_a)、相对湿润度指数(M)以及标准化降水指数(SPI)三种气象干旱指标对年、季、月尺度的干旱时空特征进行了详细研究,本章将用连续无有效降水日数(Dnp)、作物水分亏缺指数($CWDI$)这两种农业干旱指标对干旱进行探讨,为了和第 4 章衔接比较,这一节我们先利用连续无有效降水日数对季尺度的干旱进行分析,再根据连续无有效降水日数这一指标的特点,对季节连旱及作物生长时段的干旱特征进行研究。

5.2.1 基于连续无有效降水日数各季节农业干旱时空特征

本节的四季就是按一般习惯划分的,3—5 月为春季,6—8 为夏季,9—11 月为秋季,12 月—翌年 2 月为冬季。

(1)春旱时空特征

1)春旱频率空间分布特征

南方地区春季干旱(包括轻旱及其以上干旱,下同)频率的空间分布特征如图 5.1(a),由图 5.1(a)可见:春旱频率西高东低,东部又呈中间低、南北高。春旱频率高值区位于云南大部、川西高原大部、四川盆地西北部、海南大部、淮北地区等地,春旱频率在 75%(即 4 年 3 遇)以上;干旱频率低值区位于江南丘陵大部、闽浙丘陵大部、广西东北部等地,春旱频率在 10%(即 10 年一遇)以下,江南中部部分无春旱发生。长江沿线、四川盆地大部、云贵高原中东部、两广中南部等地干旱频率较高,在 25%~75%(即 4 年一遇至 4 年 3 遇)之间。

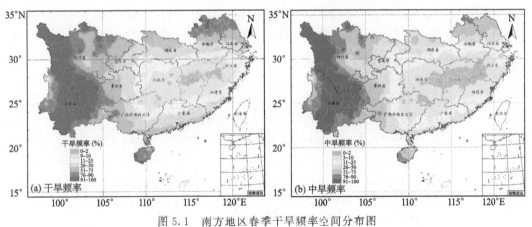

图 5.1 南方地区春季干旱频率空间分布图

春季中旱(包括中度干旱及其以上,下同)频率的空间分布特征如图 5.1(b)所示,由图 5.1(b)可见:南方地区春季的中旱频率的空间分布特征和干旱类似:西高东低,东部又呈中间低、南北高,但低值区较轻旱的范围增大。由此可知,南方地区春旱频率较多的地方发生的春旱都以中旱等级或其以上为主,轻旱较少发生。

2)春旱强度等级和持续天数空间分布特征

计算南方各站发生春旱年份的干旱强度等级和持续天数,并统计其多年平均值。南方地区春旱强度等级的空间分布特征如图 5.2(a)所示,由图 5.2(a)可见:春旱强度等级分布由东向西逐渐增高。干旱强度高值区位于滇、黔西、川西、桂西北缘等地,干旱强度等级在 3 以上,即超过了重旱级别;低值区位于长江沿线到华南沿海的中东部大部分地区及四川盆地东南部、贵州东部等地,干旱强度等级多在 1～2 之间,即介于轻旱到中旱之间。川东部、黔中部、桂西部、鄂西部、淮北地区、海南、雷州半岛等地干旱强度等级居中,在 2～3 级之间,即介于中旱到重旱之间。

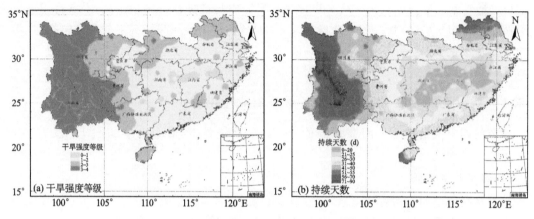

图 5.2　南方地区春季干旱强度等级和持续天数空间分布图

南方地区春季干旱持续天数的空间分布特征和干旱频率的空间分布特征类似[图 5.2(b)]:东部少、西部多,东部又呈中部少、南北多。春季干旱持续天数高值区位于云南大部、四川西部、淮北地区及海南西南缘,春旱在 50 d 以上;低值区位于江南丘陵大部、闽浙丘陵中部等地,持续天数少于 25 d;其他地区的春季干旱持续天数多在 30～50 d 之间。

3)春季干旱强度及干旱站次比时间变化特征

如图 5.3 所示,近 50 年(1959—2008 年)南方地区春旱强度呈减小趋势,气候倾向率为 −0.03/(10a),但未通过 0.1 的显著性检验。近 50 年平均春旱强度为 2.8,即平均在中旱到重旱之间,且接近重旱。最小值为 2.2(1997 年),也略超过中旱强度;最大值为 3.2(1978 年),即略超过重旱强度。从年代来看,20 世纪 60 年代—70 年代中期春季干旱强度略低;20 世纪 70 年代后期—80 年代干旱强度较高;20 世纪 90 年代以来干旱强度略低。

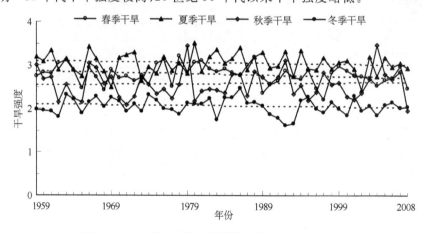

图 5.3　南方地区各季节干旱强度的时间变化曲线

如图 5.4 所示,近 50 年来南方地区春旱的站次比总体呈略增趋势,气候倾向率为 1%/
(10a),但未通过 0.1 的显著性检验。近 50 年春季干旱站次比平均为 49%,即达到了区域性
干旱;最小值为 1961 年的 36%,也为区域性干旱;最大值为 1971 年的 69%,即达到了全域性
干旱。近 50 年中,有 1977,1986 和 2000 年等 24 年发生全域性干旱;其他 1968,1982 和 2006
年等 26 年都达到了区域性干旱。从年代变化来看,20 世纪 60 年代干旱发生的范围略小;20
世纪 70 和 80 年代范围略广;20 世纪 90 年代以来有所扩大。由上分析可知,南方地区有约一
半的面积经常会出现连续无有效降水的春旱,但各区域的表现并不完全一致。

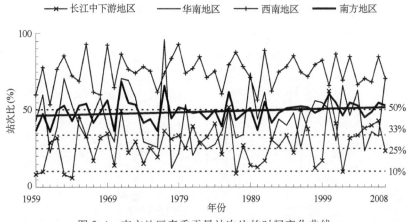

图 5.4　南方地区春季干旱站次比的时间变化曲线

近 50 年长江中下游地区春旱的站次比总体呈增加趋势,气候倾向率为 2%/(10a),通过了
0.1 的显著性检验。近 50 年春旱站次比平均为 28%,即达到了部分区域性干旱;最小值为
1987 年的 9%,即基本没有干旱;最大值为 1971 年的 89%,即发生的干旱的影响范围达到了
全区域的 89%。近 50 年中,有 1986,1996 和 2000 年这 3 年发生全域性干旱;有 1971,2001,
2004 年等 14 年发生区域性干旱;有 1968,1983 和 2003 年等 14 年发生部分区域性干旱;有
1972,1995 和 2008 年等 15 年发生局域性干旱;还有 1959,1963,1964 和 1987 年这 4 年基本没
有干旱。从年代变化来看,20 世纪 60 年代春旱发生的范围略小;20 世纪 70 和 80 年代范围略
大;20 世纪 90 年代范围也较小;2000 年以来范围较大。

近 50 年华南地区春季发生干旱的站次比总体呈略增趋势,但不显著。近 50 年春旱的站
次比平均为 44%,即达到了区域性干旱;最小值为 1978 年的 12%,即达到了局域性干旱;最大
值为 1977 年的 96%,即发生的干旱的影响范围达到了全区域的 96%。近 50 年中,有 1971,
1989 和 2008 年等 18 年发生全域性干旱;有 1967,1995 和 2003 年等 14 年发生区域性干旱;有
1966,1987 和 2001 年等 12 年发生部分区域性干旱;有 1961,1979 和 1981 年等 6 年发生局域
性干旱。从年代变化来看,20 世纪 60 年代干旱发生的范围略广;20 世纪 70 和 80 年代略小;
20 世纪 90 年代以来略广。

近 50 年西南地区春季发生干旱的站次比总体呈略增趋势,但也不显著。近 50 年春季干
旱站次比平均为 75%,即达到了全域性干旱;最小值为 1961 年的 54%,也达到了全域性干旱;
最大值为 1979 年的 93%,即发生的干旱的影响范围达到了全区域的 93%。近 50 年发生的干
旱都达到了全域性干旱。从年代变化来看,20 世纪 60 年代干旱发生的范围略小;20 世纪 70,
80 和 90 年代略广;2000 年以来稍小。

（2）夏旱时空特征

1）夏旱频率空间分布特征

南方地区夏季干旱频率呈东高西低的空间分布特征［图5.5（a）］。夏旱高发区分布在两湖平原、江南丘陵大部、闽浙丘陵北部、长江三角洲、皖中北等地，频率在50％～75％之间；干旱低发区位于滇西南、滇东南、川南部、广西西南缘、珠江三角洲等地，干旱频率在10％以下；川西高原、四川盆地西南部、滇中北部、黔西部、桂中西部、粤中部、雷州半岛、海南中东大部等干旱频率也较低，在10％～25％之间；四川盆地中东部、黔东部、鄂西部、湘西北、皖南、苏中东、浙西北、闽大部、粤北端、桂东北、琼西南等地干旱频率略高，在25％～50％之间。

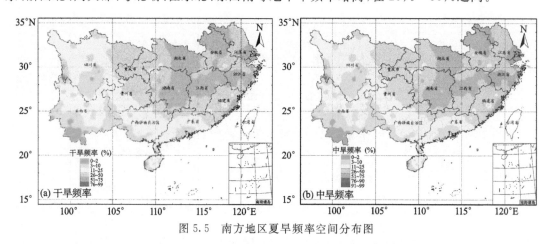

图5.5　南方地区夏旱频率空间分布图

南方地区夏季中旱频率的空间分布基本与夏季干旱发生频率的空间分布特征一致［图5.5（b）］，仅个别地方有差异，由此可知，夏旱也以中旱为主，轻旱较少。

2）夏旱强度等级和持续天数空间分布特征

南方地区夏季干旱强度等级空间分布［图5.6（a）］特征：中部高，南北低。高值区位于川西部、滇中北部、鄂西部、黔桂北部、湘赣大部、皖南部、闽浙丘陵大部、琼中西部等地，干旱强度在3级以上，即超过了重旱级别；低值区分布在四川盆地西南边缘、滇西南部等地，干旱强度在1级以下，干旱级别未达到轻旱，基本没有干旱发生。苏皖大部、两湖平原、鄱阳湖平原、四川盆地大部、两广中南部、琼东北部等地干旱强度居中，在2～3级之间，介于中旱到重旱之间。

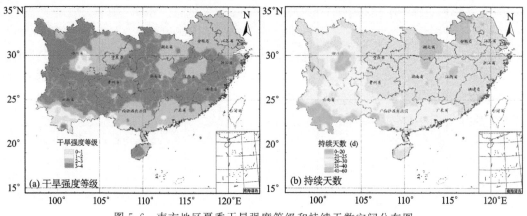

图5.6　南方地区夏季干旱强度等级和持续天数空间分布图

　　南方地区夏季干旱持续天数的空间分布[图 5.6(b)]特征:由东北部向西南部逐渐减少。高值区位于鄂中部、皖北部、赣中小部分地区等,在 40～50 d 之间;低值区位于川西南山地、滇南部、桂西南端等地,少于 25 d。川西高原东北部、四川盆地西南边缘、滇中东部、广西中部、粤大部、琼北缘等地区夏季干旱持续天数略高,在 26～30 d 之间;东部等其他大部分地区夏季干旱持续天数较高,在 31～40 d 之间。

　　可见,长江流域夏旱频率较高,且持续天数也较长,多为 31～40 d。从气候背景看,主要是 7 月上旬或以后,长江流域雨季逐渐结束,进入一段降水相对少的干季。

　　3)夏季干旱强度及干旱站次比时间变化特征

　　如图 5.3 所示,近 50 年南方地区夏旱强度呈减小趋势,气候倾向率为−0.02/(10a),但未通过 0.1 的显著性检验。近 50 年平均夏旱强度为 3.0,即平均达到了重旱强度。最小值为 2.4(2002 年),但也超过了中旱强度;最大值为 3.5(1980 年),即超过了重旱强度。从年代来看,20 世纪 60 年代夏旱强度略低;20 世纪 70 年代夏旱强度较低;20 世纪 80 和 90 年代夏旱强度较高;21 世纪以来夏旱强度略低。

　　如图 5.7 所示,近 50 年南方地区夏旱的站次比总体呈略减趋势,但不显著。近 50 年夏旱站次比平均为 33%,即达到了区域性干旱;最小值为 1980 年的 12%,即达到了局域性干旱;最大值为 1990 年的 63%,即达到了全域性干旱。近 50 年中,有 1966,1990 和 1992 年这 3 年发生全域性干旱;有 1971,1986 和 2003 年等 22 年发生区域性干旱;有 1968,1977 和 1998 年等 13 年发生部分区域性干旱;有 1962,1979 和 1984 年等 12 年发生局域性干旱。从年代变化来看,20 世纪 60 和 70 年代干旱发生的范围略广;20 世纪 80 年代范围略小;20 世纪 90 年代以来略广。但各区域的表现并不完全一致。

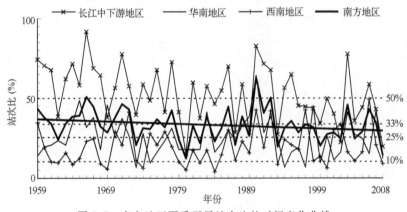

图 5.7　南方地区夏季干旱站次比的时间变化曲线

　　近 50 年长江中下游地区夏旱的站次比总体呈极显著减少趋势,50 年约减少了 24%。近 50 年夏旱站次比平均为 53%,即达到了全域性干旱;最小值为 1980 年的 15%,即达到了局域性干旱;最大值为 1966 年的 92%,即发生的干旱的影响范围达到了全区域的 92%。近 50 年中,有 1971,1990 和 2003 年等这 27 年发生全域性干旱;有 1975,1984 和 2000 年等 17 年发生区域性干旱;有 1987,1989 和 1993 年这 3 年发生部分区域性干旱;有 1980,2002 和 2008 年这 3 年发生局域性干旱。从年代变化来看,20 世纪 60 年代夏旱发生的范围较广;20 世纪 70 年代范围略广;20 世纪 80 年代范围较小;20 世纪 90 年代范围略广;2000 年以来范围较小。

　　近 50 年华南地区夏旱的站次比总体呈略减趋势,但不显著。近 50 年夏旱的站次比平均为 25%，即达到了部分区域性干旱；最小值为 1994 年的 7%，即基本没有干旱发生；最大值为 1990 年的 64%，即达到了全域性干旱。近 50 年中，有 1965,1969 和 1998 年等 11 年发生区域性干旱；有 1966,1978 和 1986 年等 10 年发生部分区域性干旱；有 1962,1977 和 1987 年等 25 年发生局域性干旱；还有 1973,1994 和 1997 年这 3 年基本没有干旱发生。从年代变化来看，20 世纪 60 年代夏旱发生的范围略广；20 世纪 70,80 和 90 年代范围略小；2000 年以来范围略广。

近 50 年西南地区夏旱的站次比总体呈略增趋势，但也不显著。近 50 年夏旱站次比平均为 19%，即达到了局域性干旱发生；最小值为 1984 年的 4%，即基本没有干旱发生；最大值为 2006 年的 49%，即达到了区域性干旱。近 50 年发生的夏旱都没达到全域性干旱，有 1990, 1992 和 1997 年等 7 年发生区域性干旱；有 1977,1986 和 2001 年等 5 年发生部分区域性干旱；有 1967,1988 和 1994 年等 27 年发生局域性干旱；还有 1969,1980 和 2000 年等 11 年基本没有干旱发生。从年代变化来看，20 世纪 60 年代夏旱发生的范围略小；20 世纪 70 年代范围略广；20 世纪 80 年代干旱发生的范围也略小；20 世纪 90 年代范围略广；2000 年以来范围稍小。

(3)秋旱时空特征

1)秋旱频率空间分布特征

南方地区秋旱频率的空间分布特征如图 5.8(a)所示，整体从东到西先减少再增高。秋旱高发区位于长江中下游大部、华南大部、川西部、滇西北部等地，秋旱频率高于 75%，其中淮北、川西高原、赣粤闽交界处秋旱频率更高，在 90% 以上。四川盆地南部、琼东部、滇西南等地是干旱低发区，频率在 25%～50% 之间。四川盆地北部、鄂西部、贵州大部、滇中南部、桂西北角、琼西部等地干旱频率也较高，在 50%～75% 之间。

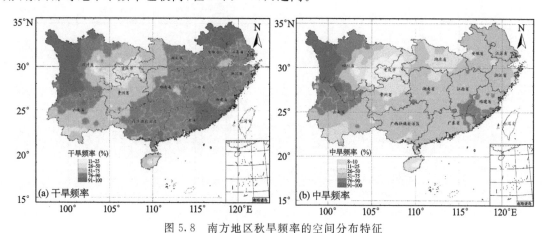

图 5.8　南方地区秋旱频率的空间分布特征

中旱频率也类似，只是频率降低，但闽南、粤东等地中旱频率仍在 75% 以上，可见该地区是秋旱最严重的地区[图 5.8(b)]。

2)秋旱干旱强度等级和持续天数空间分布特征

南方地区秋季干旱强度等级的空间分布特征呈东低西高[图 5.9(a)]。低值区位于四川盆地中东部、琼中东部等地，在 1～2 级之间，介于轻旱到中旱之间；高值区位于川西部、滇北部及福建少部分地区，在 3 级以上，超过了重旱；南方其他大部分地区的干旱强度等级居中，在 2～3 级之间，介于中旱和重旱之间。

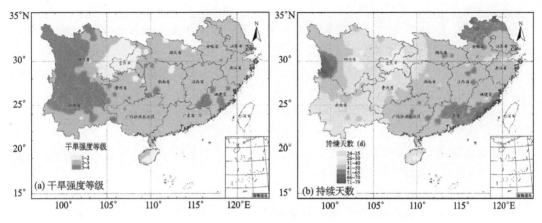

图 5.9　南方地区秋季干旱强度等级和持续天数空间分布特征

南方地区秋旱持续干旱的空间分布特征[图 5.9(b)]和秋季干旱频率的空间分布特征相似:从东到西先减少再增加。高值区位于淮北地区、福建沿海、粤东北部、川西高原西南部等地,达到 50 d 以上;低值区位于四川盆地东南部、峨眉山—雅安一带等地,在 25～30 d 之间。东部其他大部分地区及川西高原其他地区、滇西北等地在 40～50 d 之间;西部其他地区秋旱持续天数略少,在 30～40 d 之间。

3)秋季干旱强度和干旱站次比时间变化特征

如图 5.3 所示,近 50 年南方地区秋旱强度呈略增趋势,气候倾向率为 0.01/(10a),但未通过 0.1 的显著性检验。近 50 年平均秋旱强度为 2.6,即平均超过了中旱强度。最小值为 2.0(2008 年),达到了中旱强度;最大值为 3.5(2004 年),即超过了重旱强度。从年代来看,20 世纪 60 年代初秋旱强度略高,60 年代中前期较低,60 年代后期较高;20 世纪 70 和 80 年代秋旱强度较低,但是 1979 年的秋旱强度达到了 50 年来次强值;20 世纪 90 年代初秋旱强度略高,90 年代中期以来略低,但 2004 年却发生了近 50 年来干旱强度最大的秋旱。但各区域的表现并不完全一致。

如图 5.10 所示,近 50 年南方地区秋季发生干旱的站次比总体呈极显著增加趋势,50 年秋季约增加了 19%。近 50 年秋季干旱站次比平均为 77%,即达到了全域性干旱;最小值为

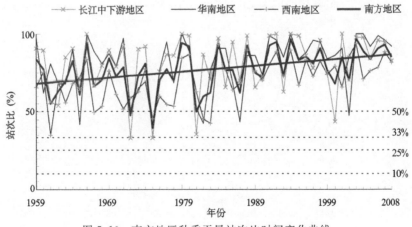

图 5.10　南方地区秋季干旱站次比时间变化曲线

1975年的40%,即达到了区域性干旱;最大值为2003年的97%,即达到了全域性干旱。近50年中,只有1972和1975年这2年发生区域性干旱,其他48年发生全域性干旱。从年代变化来看,20世纪60和70年代秋旱发生的范围略广,80年代范围略小,90年代以来范围略广。

　　近50年长江中下游地区秋季发生干旱的站次比总体呈略增趋势。近50年秋旱站次比平均为81%,即达到了全域性干旱;最小值为1972和1975年的33%,即达到了部分区域性干旱;最大值为1966,1979,1992,1994和2001年的100%,即全区域所有站都发生了秋旱。近50年中,只有1972,1975,1981和2000年这4年发生区域性干旱,其他46年发生全域性干旱。从年代变化来看,20世纪60年代秋旱发生的范围较广,70年代范围略广,80年代范围较小,90年代范围也略广,2000年以来范围较小。

　　近50年华南地区秋季发生干旱的站次比总体呈显著增加趋势,50年约增加了19%。近50年秋旱站次比平均为81%,即达到了全域性干旱;最小值为1975年的41%,即达到了区域性干旱;最大值为1966,1979,1994,2003和2004年的100%,即全区域所有站都发生了秋旱。近50年中,只有1965,1975,1982,1987和2002年这5年发生区域性干旱,其他45年发生全域性干旱。从年代变化来看,20世纪60年代干旱发生的范围略广;20世纪70,80和90年代范围略小;2000年以来范围略广。

　　近50年西南地区秋季发生干旱的站次比总体呈极显著增加趋势,50年约增加了25%。近50年秋旱站次比平均为70%,即达到了全域性干旱;最小值为1961年的35%,即达到了区域性干旱;最大值为2003年的94%,即达到了全域性干旱。近50年中,只有1961,1967,1975,1982和1983年这5年发生区域性干旱,其他45年发生全域性干旱。从年代变化来看,20世纪60年代干旱发生的范围略小,70年代范围略广,80年代干旱发生的范围也略小,90年代范围略广,2000年以来范围稍小。

(4)冬旱时空特征

1)冬旱频率空间分布特征

　　南方地区冬旱频率的空间分布如图5.11(a)所示。由图5.11(a)可见,干旱频率呈东低西高,东部呈中间低、南北高分布特征。冬旱低发区位于江南丘陵大部、两湖平原中南部、长江下游平原、闽浙丘陵北部、贵州高原东部、四川盆地南端等地,多在25%~50%之间;冬旱高发区位于川西部、四川盆地北端、滇大部、桂西北角地、广东沿海、琼西南端、淮北地区、鄂西北角等地,干旱频率高于75%;四川盆地中部、贵州西部、华南大部、江淮地区、鄂中部等地区的干旱

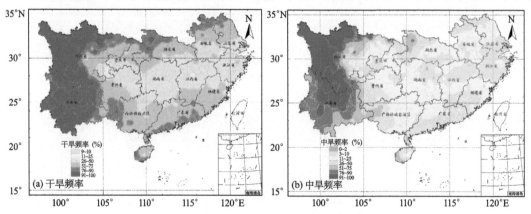

图5.11　南方地区冬季干旱频率空间分布图

频率也较高,在 50%~75% 之间。

中等以上冬旱频率呈类似空间分布特征,只是数值降低,如淮北、鄂西北、华南南部和西南东部等地大多降到 25%~50%;江南一带和长江三角洲平原多在 10% 以下[图 5.11(b)]。可见,西南地区西部还是以中旱以上为主,长江中下游地区轻旱较多,中旱较少。

2)冬旱强度和持续天数空间分布特征

南方地区冬季干旱强度等级呈东低西高空间分布[图 5.12(a)]。川西部、滇北部干旱强度等级最高,在 3 级以上,超过了重旱级别;滇中南部、滇西缘、四川盆地西北缘、琼西南缘的干旱强度等级略低,在 2~3 级之间,介于中旱和重旱之间;四川盆地、贵州大部及东部大部分地区的干旱强度等级低一些,多在 1~2 级之间,在轻旱和中旱之间。

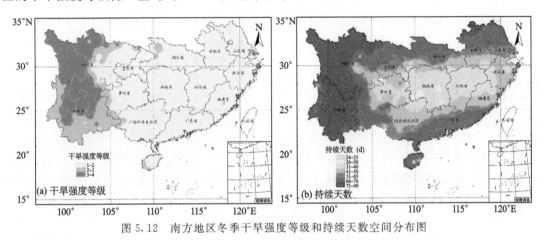

图 5.12 南方地区冬季干旱强度等级和持续天数空间分布图

南方地区冬季干旱持续天数的空间分布也是中、东部少,西部多,东部又呈中部少,南、北多[图 5.12(b)]。低值区位于湘赣大部、闽西北、浙西南、黔中部、桂东北等地,多在 30~40 d 之间;高值区位于川西部、滇中西大部、琼西南端、苏皖北缘等地,在 70 d 以上,部分地区可达 90 d,即整个冬季基本上维持干旱;江淮大部、鄂中北部、四川盆地中北部、滇东端、桂西南、粤中南、闽东南、琼大部等地冬旱持续天数也较长,在 50~70 d 之间;低值区外围一圈的冬旱持续天数略低,在 40~50 d 之间。

3)冬季干旱强度及干旱站次比时间变化特征

如图 5.3 所示,近 50 年(1959—2008 年)南方地区冬季干旱强度呈略减趋势,气候倾向率为 −0/(10a),但未通过 0.1 的显著性检验。近 50 年平均冬旱强度为 2.1,即平均超过了中旱。最小值为 1.6(1992 年),介于轻旱到中旱之间;最大值为 2.5(1986 年),超过了中旱。从年代来看,20 世纪 60 年代初冬季干旱强度略低;20 世纪 60 年代前期到 70 年代中期冬旱强度略高;20 世纪 70 年代后期到 80 年代中期冬旱强度略低;20 世纪 80 年代后期冬旱强度略高;20 世纪 90 年代初冬旱强度较低;20 世纪 90 年代中期以来冬旱强度略高。

如图 5.13 所示,近 50 年南方地区冬季发生干旱的站次比总体呈略增趋势。近 50 年冬季干旱站次比平均为 66%,即达到了全域性干旱;最小值为 1995 年的 32%,即达到了部分区域性干旱;最大值为 1963 年的 93%,即达到了全域性干旱。近 50 年中,只有 1995 年发生部分区域性干旱及 1975,1984 和 2000 等 6 年发生区域性干旱,其他 1976,1988 和 2000 等 43 年发生全域性干旱。从年代变化来看,20 世纪 60 年代干旱发生的范围略小,20 世纪 70 年代以来范围略广。但各区域的表现并不完全一致。

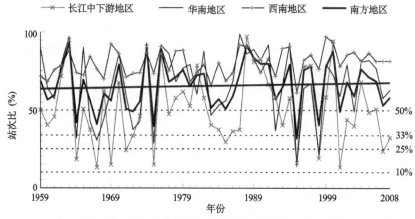

图 5.13　南方地区冬季干旱站次比的时间变化曲线

　　近 50 年长江中下游地区冬季发生干旱的站次比总体呈略增趋势。近 50 年冬旱站次比平均为 51%，即达到了全域性干旱；最小值为 2001 年的 13%，即达到了局域性干旱；最大值为 1988 年的 97%，即全区域几乎所有站都发生了冬旱。近 50 年中，有 1963,1974 和 2000 年等 25 年发生全域性干旱；有 1973,1977 和 2005 年等 14 年发生区域性干旱；有 1985 和 2008 年这 2 年发生部分区域性干旱；有 1971,1998 和 2007 年等这 9 年发生局域性干旱。从年代变化来看，20 世纪 60 年代冬旱发生的范围略小；20 世纪 70,80 和 90 年代范围略广；2000 年以来范围较小。

　　近 50 年华南地区冬季发生干旱的站次比总体呈略增趋势。近 50 年冬旱站次比平均为 67%，即达到了全域性干旱；最小值为 1995 年的 14%，即达到了局域性干旱；最大值为 1987 年的 99%，即全区域几乎所有站都发生了冬旱。近 50 年中，有 1963,1974 和 1994 年等 38 年发生全域性干旱；有 1968,1983 和 2003 年等 7 年发生区域性干旱；有 1964,1967 和 1975 年这 3 年发生部分区域性干旱；有 1995 和 1998 年这 2 年发生局域性干旱。从年代变化来看，20 世纪 60,70 和 80 年代冬旱发生的范围略小，90 年代以来范围略广。

　　近 50 年西南地区冬季发生干旱的站次比总体呈显著增加趋势，50 年约增加了 8%。近 50 年冬旱站次比平均为 80%，即达到了全域性干旱；最小值为 1995 年的 61%，即达到了全域性干旱；最大值为 1999 年的 97%，即达到了全域性干旱。近 50 年每年都发生全域性干旱。从年代变化来看，20 世纪 60 年代干旱发生的范围略小，70 年代范围略广，80 年代范围也略小，90 年代略广，2000 年以来稍小。

　　综上基于连续无有效降水日数（Dnp）指标对各季节干旱要素进行分析，得出各季节干旱发生的空间分布特征为：春旱以西南地区西部、华南南部和淮北等地发生较频繁，春旱频率在 4 年 3 遇以上；以江南一带春旱最少，多在 10 年一遇以下。春旱的发生以中旱（中度以上干旱）为主，发生干旱的平均等级西南地区以中旱、重旱为主，干旱天数多在 50 d 以上；南方中东部地区为轻旱为主，干旱天数多在 20～30 d 之间。夏旱以长江中下游地区较频繁，夏旱频率多在 2 年一遇以上；以西南地区中西部、华南南部一带夏旱最少，多在 4 年一遇以下。夏旱也以中旱为主，发生干旱的平均等级以中旱、重旱为主，干旱持续天数南方中东部多在 30～40 d 之间。秋旱发生较频繁的地区在长江中下游地区和华南地区，在 4 年 3 遇以上；四川盆地等西南地区东北部秋旱发生频率较低，干旱频率在 2 年一遇以下，局地在 4 年一遇以下。秋旱以中旱较多，平均等级以中旱为主，中东部地区持续天数在 40 d 以上。冬旱高发区主要位于西南地区西部、长江中下游地区北部和华南南部等地,在 4 年 3 遇以上。西南地区西部冬旱等级以重旱为主,其他地区冬旱以轻旱为主;冬旱持续天数江北、华南南部和西南大部都在 50 d 以上,其中淮北、海南和西南地区西部可达 70～90 d。

从年际变化来看,南方地区春旱强度呈略减轻的趋势,发生站次比呈略增加趋势。夏旱强度总体呈减轻趋势,夏旱站次比也呈略减少趋势,但各分区域不同,长江中下游地区呈明显减少、华南地区呈略减少、西南地区呈略增多的趋势;秋旱强度总体呈略增趋势,秋旱站次比呈极明显增多的趋势;冬旱强度呈略减趋势,但站次比总体呈略增趋势。

各季节干旱比较,南方地区基于连续无有效降水日数指标的各季节干旱,发生范围以秋旱范围最广,冬旱次之,夏旱范围最小;但平均干旱强度以夏旱最强,其次为春旱,冬旱最轻。可见,夏旱发生少,但一旦发生,干旱程度较重,这是因为夏季气温高,蒸散量大,易发生较重干旱,且对农业影响大;冬旱范围较大,但干旱程度较小,这是因为冬季气温低,蒸散量小,虽然连续无有效降水时间长,但对农业影响小。从历年变化情况看,秋旱呈强度增重、干旱站次比明显增大的趋势;夏旱强度减轻,站次比也呈减少趋势,但西南地区站次比仍呈增加趋势;春季和冬季虽然干旱强度略有减轻,但干旱站次比都有增加的趋势。可见,秋旱加重明显,夏旱有所减轻,春旱和冬旱虽然强度有所减轻,但干旱范围在扩大。

5.2.2　基于连续无有效降水日数季节连旱时空特征

本节分析的季节连旱主要有以下几种:春夏季连旱指 3—8 月,夏秋季连旱指 6—11 月,秋冬季连旱指 9 月—翌年 2 月,冬春季连旱指 12 月—翌年 5 月,夏秋冬三季连旱指 6 月—翌年 2 月,秋冬春三季连旱指 9 月—翌年 5 月,冬春夏三季连旱指 12 月—翌年 8 月。

(1)季节连旱空间分布特征

1)春夏季连旱空间分布特征

春夏季连旱频率呈由东南向西北逐渐增高的分布特征[图 5.14(a)]。春夏连旱高发区位于川西高原中西部、滇中北部、淮北等地,连旱频率多在 25%～50% 之间;四川盆地大部、川西高原东部、黔西端、滇南缘、鄂大部、皖南、浙东北、华南沿海、琼北、桂西端等地连旱频率不高,在 10% 以下;湘、赣、闽、粤、桂、黔、渝大部发生春夏连旱的频率在 2% 以下。

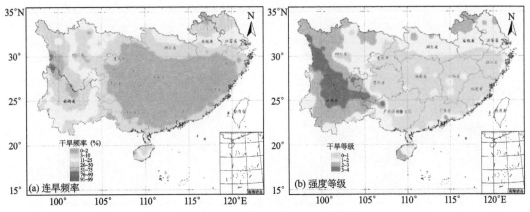

图 5.14　南方地区春夏连旱强度频率及连旱强度等级空间分布图

南方地区春夏连旱强度等级的空间分布[图 5.14(b)]特征为:由东南向西、向北逐渐增加。高值区位于滇北高原及川西南,在 3 级以上,超过了重旱级别;低值区位于长江以南的大部分陆地地区,在 1 级以下,即未达到轻旱级别。江淮地区、鄂大部、四川盆地、雷州半岛、海南中东部等地春夏连旱等级也不高,在 1~2 级之间,介于轻旱和中旱之间。

　　2)夏秋连旱空间分布特征

　　南方地区发生夏秋连旱的频率呈东北向西南逐渐减小的空间分布特征[图 5.15(a)]。长江中下游及福建等地的大部分地区是夏秋连旱高发区,发生频率在 10%~25% 之间;川南部、滇大部(除滇东北)、两广南缘、琼大部等是夏秋连旱的低发区,发生频率在 2% 以下;西南其他地区及两广中北部、浙江大部等地夏秋连旱的发生频率也不高,在 2%~10% 之间。

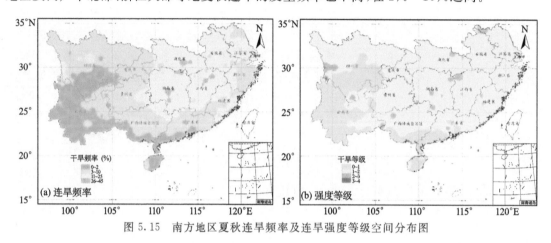

图 5.15　南方地区夏秋连旱频率及连旱强度等级空间分布图

　　南方地区夏秋连旱强度等级的空间分布如图 5.15(b)所示:西南和两广沿海地区及海南等地区连旱强度等级低于 1 级,即未达到轻旱级别;其他大部分地区略高,多在 1~2 级之间,介于轻旱和中旱之间。

　　3)秋冬连旱空间分布特征

　　南方地区发生秋冬连旱的频率呈从南到北先减少后增加的空间分布特征[图 5.16(a)]。高发区位于闽粤沿海、苏皖北端、滇西北横断山区等,频率高于 75%;低发区位于南方地区中部,即川西高原中南部—四川盆地大部—贵州东部—湘赣浙大部、皖南一带,频率在 25%~50% 之间。长江中下游的江北、华南及西南地区南部和四川北部等地秋冬连旱发生频率较高,在 50%~75% 之间。

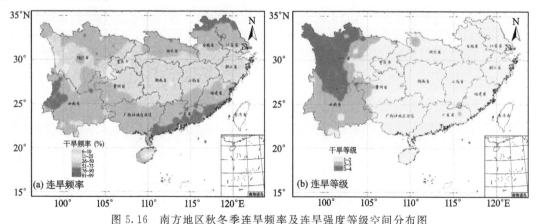

图 5.16　南方地区秋冬季连旱频率及连旱强度等级空间分布图

南方地区秋冬连旱强度等级的空间分布如图 5.16(b)所示：总体呈中、东部低，西部高分布。川西部及滇西北金沙江河谷地带的连旱强度等级最高，在 3 级以上，超过了重旱；云南大部、川西高原和四川盆地中间过渡地带的连旱强度等级也较高，在 2～3 级之间，介于中旱和重旱之间；南方中东部大部分地区的连旱等级略低，介于 1～2 级之间，介于轻、中旱之间。

4)冬春连旱空间分布特征

南方地区发生冬春连旱的频率呈东低西高的空间分布特征[图 5.17(a)]。低值区位于长江以南的长江中下游地区大部、华南中北部大部，频率在 25% 以下；其中湘中、赣西北、赣东北、闽西北端等频率更低，在 2% 以下；高值区位于滇中部及滇西南，频率高于 75%；滇其他大部、川西部、四川盆地西北部、海南西端等频率也较高，在 50%～75% 之间；淮北、四川盆地中部、川西高原东部、贵州西部、广西西部、广东沿海、海南东部等地频率略低，在 25%～50% 之间。

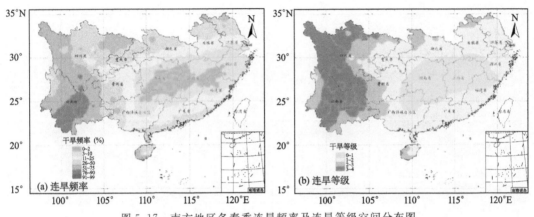

图 5.17　南方地区冬春季连旱频率及连旱等级空间分布图

南方地区冬春连旱强度等级的空间分布如图 5.17(b)所示：呈东部低、西部高分布。低值区位于江南丘陵大部、广西东北部、洞庭湖平原、鄱阳湖平原、闽浙丘陵中部等地，连旱强度等级在 1 级以下，即未达到轻旱级别；高值区位于川西部、滇大部，高于 3 级，超过了重旱级别；滇东南缘、滇西北缘、黔西部、四川盆地西部边缘、鄂西北角、苏皖北缘、琼西端、桂西北角等地连旱强度等级也较高，在 2～3 级之间；中东部其他大部分地区的连旱强度等级略低，在 1～2 级之间，介于轻、中旱之间。

5)夏秋冬三季连旱空间分布特征

夏秋冬三季连旱的发生频率呈东高西低的空间分布特征[图 5.18(a)]。高发区位于江淮及其以北、湘鄂大部、鄱阳湖平原、闽沿海等地，频率在 10%～25% 之间；低发区位于川中西部、滇西部、滇东南部、桂西南缘、琼中东部等地，频率在 2% 以下；两广大部、闽浙丘陵、长江下游部分、四川盆地、贵州高原等其他大部分地区的夏秋冬连旱频率居中，在 2%～10% 之间。

夏秋冬三季连旱强度等级的空间分布见图 5.18(b)：总体呈东部高、西部低分布。高值区位于金沙江郁闭河谷、长江中下游部分地区、两广北部、闽部分地区、四川盆地中东部、贵州大部等地，连旱等级多为 2～3 级，介于中、重旱之间；低值区位于川西高原部分地区、滇西横断山区、滇东南、琼大部、雷州半岛等地，在 1 级以下，未达到轻旱级别；洞庭湖平原、赣北部、赣浙交界处、浙南部、两广南部、四川盆地西南部等地连旱等级居中，为 1～2 级，介于轻、中旱之间。

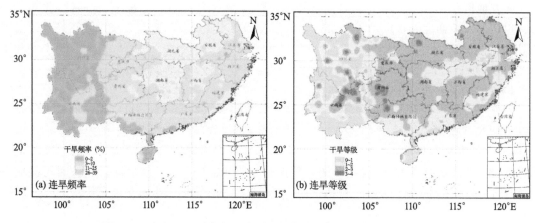

图 5.18　南方地区夏秋冬三季连旱频率及连旱强度等级空间分布图

6)秋冬春三季连旱空间分布特征

秋冬春连旱呈东低西高,东部又呈中低而南、北高的空间分布特征[图 5.19(a)]。川西高原、金沙江河谷等地区频率在 75% 以上,甚至高达 90% 以上;江南大部、闽浙大部是连旱低发区,在 10% 以下;滇大部、琼西端、贵州西部、苏皖北端连旱频率也较高,在 50%～75% 之间。

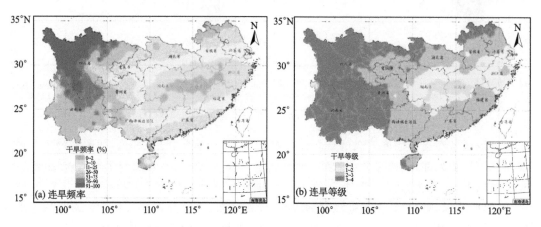

图 5.19　南方地区秋冬春三季连旱频率及连旱强度等级空间分布图

秋冬春连旱强度等级的空间分布特征如图 5.19(b)所示:总体呈东低西高,东部又呈中低而南、北高分布。低值区位于江南大部,连旱等级在 2 级以下,以轻旱为主;高值区位于川滇大部、黔西部、桂西北部、琼西端、鄂西北部、淮北等地,连旱等级在 3 级以上,达重旱级别;其他地区居中,在 2～3 级之间,为中旱和重旱。

7)冬春夏三季连旱空间分布特征

南方地区冬春夏连旱的发生频率如图 5.20(a)所示:总体发生较低,一般都在 10% 下;而中东大部分地区则在 2% 以下。如图 5.20(b)所示,南方地区冬春夏连旱的强度等级呈东南低,西部、北部高的特征。江淮地区、淮北地区、鄂西北部、四川盆地西北部、滇中北部、川西南部、琼南部是高值区,在 2 级以上,超过了中旱级别;滇中北部、淮北地区多在 3 级以上,超过了重旱级别;中东部等其他大部分地区在 1 级以下,未达到轻旱级别。

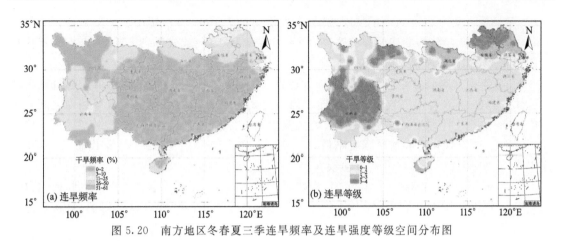

图 5.20 南方地区冬春夏三季连旱频率及连旱强度等级空间分布图

(2)季节连旱时间变化特征

1)季节连旱强度时间变化特征

如图 5.21 所示,南方地区两季连旱强度在 1～3.5 之间,其中春夏连旱和冬春连旱强度多在 2 以上,秋冬连旱和夏秋连旱强度多在 2 以下。

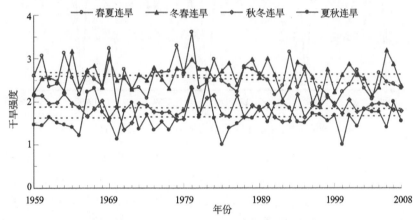

图 5.21 南方地区两季连旱强度时间变化曲线

近 50 年南方地区春夏连旱强度呈减小趋势,气候倾向率为 -0.06/(10a),通过了 0.1 的显著性检验。近 50 年春夏连旱的平均连旱强度为 2.5,即介于中旱强度和重旱强度之间。最小值为 1.9(1970 年),近于中旱强度;最大值为 3.6(1980 年),介于中旱强度和重旱强度之间。从年代来看,20 世纪 60 年代连旱强度略高,70 年代中前期略低,70 年代末、80 年代初较高,80年代中期以来略低。

近 50 年南方地区夏秋连旱强度呈略增趋势,气候倾向率为 0.01/(10a),未通过 0.1 的显著性检验。近 50 年夏秋连旱的平均连旱强度为 1.6,即介于轻旱强度和中旱强度之间。最小值为 1.0(1984 年),即达到了轻旱强度;最大值为 2.5(1982 年),超过了中旱强度。从年代来看,20 世纪 60 年代中前期连旱强度较低,60 年代后期较高,70 年代略低,80 年代初较高,80年代中期以来略低。

近 50 年南方地区秋冬连旱强度呈略减趋势,气候倾向率为 -0.01/(10a),但未通过 0.1 的显著性检验。近 50 年秋冬连旱的平均连旱强度为 1.8,即近于中旱强度。最小值为 1.3

(1971年),介于轻旱强度到中旱强度之间;最大值为 2.3(1980年),超过了中旱强度。从年代来看,20世纪 60年代前期连旱强度略高,60年代中期到 70年代较低,80年代略高,90年代初略低,90年代初以后略高,2000年以来略低。

近 50年南方地区冬春连旱强度呈略增趋势,气候倾向率为 0.01/(10a),但未通过 0.1的显著性检验。近 50年冬春连旱的平均连旱强度为 2.6,即介于中旱强度和重旱强度之间。最小值为 2.0(1997年),达到了中旱强度;最大值为 3.2(2006年),达到了重旱强度。从年代来看,20世纪 60年代初冬春连旱强度略低,60年代前期到 70年代初略高,70年代略低,80年代连旱略高,90年代以来连旱强度波动较大。

南方地区三季连旱强度时间变化曲线如图 5.22所示,干旱强度多在 2～4之间,偶尔也有未发生三季连旱的年份出现。其中冬春夏连旱和秋冬春连旱的强度多在 3以上,夏秋冬连旱的强度多在 2～3之间。

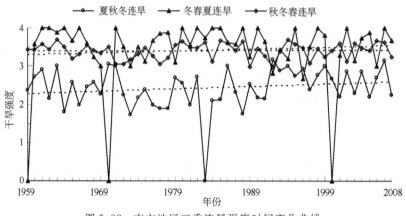

图 5.22　南方地区三季连旱强度时间变化曲线

近 50年南方地区夏秋冬连旱强度呈略增趋势,气候倾向率为 0.06/(10a),但未通过 0.1的显著性检验。近 50年夏秋冬连旱的平均连旱强度为 2.4,即介于中旱强度和重旱强度之间。最小值为 0(1983年),未发生夏秋冬连旱;最大值为 3.2(1992年),超过了重旱强度。从年代来看,20世纪 60年代初连旱强度略高,60年代中后期略低,70年代初较高,70年代中期到 90年代初较低,90年代中期以来较高。

近 50年南方地区秋冬春连旱强度呈略增趋势,气候倾向率为 0.01/(10a),也未通过 0.1的显著性检验。近 50年秋冬春连旱的平均连旱强度为 3.4,即介于重旱强度和特旱强度之间。最小值为 3.0(1989年),达到了重旱强度;最大值为 3.7(1963年),介于重旱强度和特旱强度之间。从年代来看,20世纪 60年代前期连旱强度略高,60年代中后期略低,70年代初略高,70年代前期到 90年代初较低,90年代前期以来较高。

近 50年南方地区冬春夏连旱强度呈略增趋势,气候倾向率为 0.05/(10a),但未通过 0.1的显著性检验。近 50年冬春夏连旱的平均连旱强度为 3.4,即介于重旱强度和特旱强度之间。最小值为 0(1959年),未发生连旱;最大值为 4.0(1964年),达到了特旱强度。从年代变化来看,20世纪 60年代连旱强度较高,70年代中前期较低,70年代中期到 90年代初略高,90年代以来连旱强度波动较大。

2)季节连旱站次比时间变化特征

如图 5.23所示,近 50年南方地区春夏季发生连旱的站次比呈略减趋势,气候倾向率为

−0.3％/(10a),但未通过 0.1 的显著性检验。近 50 年春夏连旱站次比平均为 11％,即达到了局域性连旱;最小值为 2002 年的 3％,即没有明显连旱发生;最大值为 1963 年的 22％,即达到了局域性连旱。近 50 年中 1963,1977 和 1986 年等 29 年发生局域性春夏连旱,其他 1980,1999 和 2008 年等 21 年没发生明显春夏连旱。从年代变化来看,20 世纪 60 年代初春夏连旱发生的范围略小,60 年代中期到 70 年代前期范围略广,70 年代中后期范围略小,80 年代范围略广,90 年代范围较广,2000 年以来范围略广。

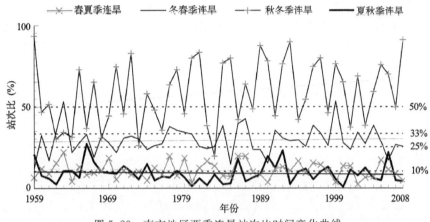

图 5.23　南方地区两季连旱站次比时间变化曲线

近 50 年南方地区夏秋季发生连旱的站次比呈略减趋势,气候倾向率为−0.4％/(10a),但未通过 0.1 的显著性检验。近 50 年夏秋连旱站次比平均为 9％,即未有明显的夏秋连旱发生;最小值为 2000 年的 1％,即未发生明显的夏秋连旱;最大值为 1966 年的 27％,即达到了部分区域性连旱。近 50 年中,只有 1966 年发生了部分区域性连旱;1959,1992 和 2006 年等 21 年发生局域性连旱;其他 1970,1983 和 2002 年等 28 年没有明显的夏秋连旱发生。从年代变化来看,20 世纪 60 年代初夏秋连旱发生的范围略广,60 年代中前期范围略小,60 年代后期至 70 年代中期范围较广,70 年代后期到 80 年代末范围较小,90 年代范围较广,2000 年以来范围略小。

近 50 年南方地区秋冬季发生连旱的站次比呈增加趋势,气候倾向率为 3.6％/(10a),通过了 0.1 的显著性检验。近 50 年秋冬连旱的站次比平均为 59％,即达到了全域性连旱;最小值为 1983 年的 19％,即达到了局域性连旱;最大值为 1959 年的 93％,即达到了全域性连旱。近 50 年中,只有 1983 年发生局域性连旱;1962,1964,1968 和 1973 年等 4 年发生部分区域性连旱;1960,1975 和 1988 年等 16 年发生区域性连旱;其他 1959,1993 和 2008 年等 29 年发生全域性连旱。从年代变化来看,20 世纪 60 年代初秋冬连旱发生的范围略广,60 年代到 80 年代前期范围较小,80 年中期以来范围较广。

近 50 年南方地区冬春季发生连旱的站次比呈略增趋势,气候倾向率为 0.4％/(10a),但未通过 0.1 的显著性检验。近 50 年冬春连旱站次比平均为 29％,即达到了部分区域性连旱;最小值为 1959 年的 12％,达到了局域性连旱;最大值为 1999 年的 53％,达到了全域性连旱。近 50 年中,只有 1963 和 1999 年发生了全域性连旱;1966,1987 和 2002 年等 14 年发生区域性连旱;1960,1972 和 2005 年等 22 年发生部分区域性连旱;其他 1974,1989 和 2001 年等 12 年发生局域性连旱。从年代变化来看,20 世纪 60 年代初冬春连旱发生的范围略小,60 年代中期范围较广,60年代后期到70年代中期范围略小,70年代后期范围略广,80年代连旱范围波动较大,90年代连旱范围略小,90年代末以来连旱范围较广。

　　如图5.24所示,近50年南方地区夏秋冬季发生连旱的站次比呈略减趋势,气候倾向率为－0.3%/(10a),但未通过0.1的显著性检验。近50年夏秋冬季连旱站次比平均为7%,即没有明显的连旱发生;最小值为1983年的0,没有发生连旱;最大值为1967年的24%,即达到了局域性连旱。近50年中1981,1994和2000年等38年未发生明显连旱;其他1967,1987和1997年等12年发生局域性连旱。从年代变化来看,20世纪60年代中前期夏秋冬季连旱发生的范围略小,60年代后期范围略广,70年代中前期范围略小,70年代后期到80年代前期范围略广,80年代中期范围略小,80年代后期到90年代中期范围较广,90年代中期以来范围略小。

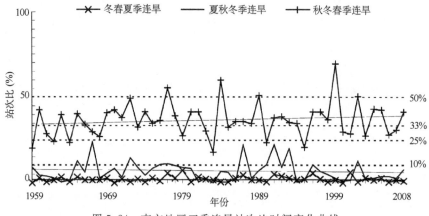

图5.24　南方地区三季连旱站次比时间变化曲线

　　近50年南方地区秋冬春季发生连旱的站次比呈增加趋势,气候倾向率为10%/(10a),但未通过0.1的显著性检验。近50年秋冬春季连旱站次比平均为37%,即达到了区域性连旱;最小值为1983年的18%,即达到了局域性连旱;最大值为1999年的69%,即达到了全域性连旱。近50年中,1962,1983和1995年等6年发生局域性连旱;1973,1982和2000年等11年发生部分区域性连旱;1960,1972和2004年等28年发生区域性连旱;其他1977,1984,1989,1999和2002年等5年发生全域性连旱。从年代变化来看,20世纪60年代连旱发生的范围略小,70和80年代范围较广,90年代范围略小,90年代末以来范围略广。

　　近50年南方地区冬春夏季发生连旱的站次比呈略增趋势,气候倾向率为0.1%/(10a),但未通过0.1的显著性检验。近50年冬春夏连旱站次比平均为2%,即没有明显的连旱发生;最小值为1959年的0,没有连旱发生;最大值为1979年的7%,也没有明显的连旱发生。近50年都没有明显的冬春夏连旱发生。从年代变化来看,20世纪60年代到70年代中期冬春夏连旱发生的范围略小,70年代中后期范围较广,80年代范围略小,90年代初范围较广,90年代中期以来范围略小。

　　综上对各季节连旱分析看,南方地区季节连旱的空间分布特征是:春夏连旱多发区仅分布在西南地区西部和淮北部分地区,多在2年一遇以下,平均发生等级以中旱为主,西南少数地区为重旱;其他地区多在10年一遇以下,特别是南方中东部地区在50年一遇以下,几乎不发生春夏连旱。夏秋连旱多发区主要分布在长江中下游地区,为4～10年一遇,平均发生等级以轻中旱为主;其他地区多在10年一遇以下,特别是西南地区西南部、华南南部沿海在50年一遇以下,几乎不发生夏秋连旱。秋冬连旱发生频率较高地区主要分布在长江中下游的江北、华南大部、西南地区南部和四川北部等地,在 2 年一遇以上,其中华南沿海和淮北等地可达 4 年 3 遇以上;平均发生等级,西南地区西部以中旱或重旱为主,其他中东部地区都多为轻旱。冬春连旱发生较频繁地区分布在西南地区、华南沿海及江北北部等地,在 4 年一遇以上,其中西南地区西部等地可达 4 年 3 遇以上,江南大部多在 10 年一遇以下,江南中部和西部部分地区在 50 年一遇以下,即几乎不发生冬春连旱;平均发生等级,西南地区西部以中旱或重旱为主,其他中东部地区都多为轻旱。夏秋冬三季连旱多发区主要分布在长江中下游地区的江北和江南中西部等地,连旱频率在 4~10 年一遇,其他中东部地区多在 10 年一遇以下,西南地区西部和华南南部部分地区在 50 年一遇以下,几乎不发生夏秋冬连旱;平均发生等级,中东部地区以中旱为主,部分地区为轻旱。秋冬春三季节连旱多发区主要分布在西南地区西部、淮北等地,连旱频率在 4 年一遇以上,其他江南大部在 10 年一遇以下;其中江南中部几乎不发生秋冬春连旱;平均发生等级,中东部地区以轻旱为主,西南地区西部以中旱为主,其中四川西部等地以重旱为主。冬春夏连旱总体发生较少,仅淮北等地频率较高,为 4~10 年一遇,其他江北部分和云南等地在 10 年一遇以下;平均干旱程度以轻旱为主,仅发生较频繁的云南及江北部分地区以中、重旱为主。

从连旱随时间变化看,近 50 年两个季节连旱的春夏连旱强度呈减轻、站次比(干旱范围)呈略减趋势,夏秋连旱强度呈略增、站次比呈略减趋势,秋冬连旱强度呈略减、站次比呈增加趋势,冬春连旱强度、站次比都呈略增趋势;多年平均以夏秋连旱范围最小、强度最轻,春夏连旱范围次小但强度较重,秋冬连旱范围最大但强度次轻,冬春连旱范围居中但强度最重。三季节连旱中,夏秋冬连旱、秋冬春连旱和冬春夏连旱都呈略增重趋势;站次比变化,夏秋冬连旱略减、秋冬春连旱增加、冬春夏连旱略增;多年平均,夏秋冬连旱范围较小且干旱最轻,秋冬春连旱范围最大且强度重,冬春夏连旱范围最小但强度重。

5.2.3　基于连续无有效降水日数作物生育期的干旱时空特征

南方地区主要作物有春播夏收作物、夏播秋收作物、春播秋收作物、越冬作物等,各作物生育差异明显,为了统一分析比较,这里做简化处理,即采取基本统一且对作物影响较明显的生育时段进行分析。春播夏收作物主要有春玉米、早稻、春播马铃薯、春甘薯、春大豆等,一般在 3 月前后播种,7 月底前后成熟,主要生育期为 3—7 月;夏播秋收作物主要有晚稻、夏玉米、夏大豆、夏甘薯等,一般在 6 月前后播种,10 月底前后成熟,主要生育期为 6—10 月;春播秋收作物主要有棉花、一季稻(中稻)等,一般在 4 月前后播种,9 月底前后成熟,主要生育期为 4—9月;越冬作物主要是冬小麦和油菜等,一般在 10 月前后播种,翌年 5 月底前后成熟,主要生育期为 10 月—翌年 5 月。这里主要分析生育期内干旱频率、干旱强度及干旱范围(站次比)等干旱特征。

(1)春播夏收作物生育期干旱时空特征

1)干旱频率和干旱等级空间分布特征

春播夏收作物生育期内的干旱频率呈东低西高,东部又呈中间低、南北高空间分布[见图 5.25(a)]。干旱低发区位于广西东北角等地,频率多在 10%~25%之间;江南、贵州东部、重庆东南部、广西中部、广东中北部、福建中北部等地干旱频率略高,在 25%~50%之间。干旱高发区分布在川西高原、川西南山地、四川盆地西北部、滇大部、海南大部、淮河以北等地,频率在 75% 以上,西南地区西部部分地区干旱频率在 90% 以上。结合上述各季节性干旱的特征分析,可知春播夏收作物跨春夏两季,前期主要受春旱影响,后期主要受夏旱影响。对作物生长影响较大是华南南部作物播种期和苗期的春旱,长江中下游地区春玉米生育期后期的夏旱;西南地区春播较迟,影响相对较小。

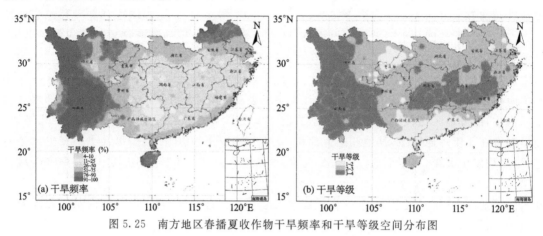

图 5.25　南方地区春播夏收作物干旱频率和干旱等级空间分布图

南方地区春播夏收作物干旱等级的空间分布呈东低西高,东部又呈中间高、南北低的特征[图 5.25(b)]。干旱强度高值区分布在四川西部、滇大部、湘中南部、赣中南、浙西南缘、闽西北、桂东北缘等地,干旱等级在 3 级以上,即超过了重旱等级。干旱等级低值区分布在四川盆地东南部、桂东南部、粤大部等地,干旱等级在 2 级以下,未达到中旱等级。长江中下游北部地区及贵州中东部、四川盆地中西部等地的干旱等级居中,在 2~3 级之间,介于中旱和重旱之间。

2)干旱强度和干旱站次比时间变化特征

如图 5.26 所示,近 50 年(1959—2008 年)南方地区春播夏收作物干旱强度呈减小趋势,气候倾向率为 −0.04/(10a),通过了 0.1 的显著性检验。近 50 年春播夏收作物的平均干旱强度为 2.8,即接近于重旱强度。最小值为 2.2(1997 年),超过了中旱强度;最大值为 3.1(1988年),略超过重旱强度。从年代来看,20 世纪 60 年代中前期干旱强度较高,60 年代后期到 70年代末略低,80 年代略高,90 年代前期和后期较低、中期略高,2000 年以来略高。

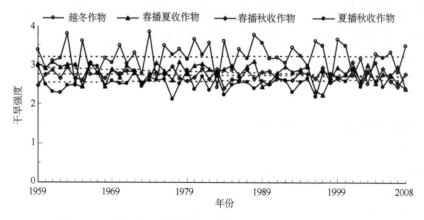

图 5.26　南方地区不同作物生育期的干旱强度时间变化曲线

如图 5.27 所示,近 50 年南方地区春播夏收作物干旱站次比总体呈略降趋势,但不显著。近 50 年干旱站次比平均为 60%,即达到了全域性干旱;最小值为 1985 年的 44%,即达到了区域性干旱;最大值为 1971 年的 87%,即发生的干旱的影响范围达到了全区域的 87%。近 50 年中,只有 1985,1987,1993 和 2002 年这 4 年发生区域性干旱,其他 46 年都达到了全域性干旱。从年代变化来看,20 世纪 60 年代干旱发生的范围最广,70 和 80 年代有所缩小,90 年代以来有所扩大。但各区的表现并不完全一致。

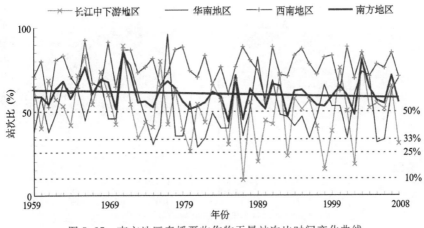

图 5.27　南方地区春播夏收作物干旱站次比时间变化曲线

近 50 年长江中下游地区干旱站次比总体呈略降趋势,但不显著。近 50 年干旱站次比平均为 51%,即达到了全域性干旱;最小值为 1987 年的 9%,即基本没有干旱发生;最大值为 1971 年的 89%,即发生的干旱的影响范围达到了全区域的 89%。近 50 年中,有 1966,1976 和 2003 年等 29 年发生全域性干旱;有 1974,1982 和 1990 年等 13 年发生区域性干旱;有 1980,1985 和 2008 年这 3 年发生部分区域性干旱;有 1989,1993,1998 和 2002 年这 4 年发生局域性干旱。从年代变化来看,20 世纪 60 年代干旱发生的范围最广,70 和 80 年代有所缩小,90 年代以来略有扩大。

近 50 年华南地区春播夏收作物干旱站次比总体呈略降趋势,但不显著。近 50 年干旱站次比平均为 52%,即达到了全域性干旱;最小值为 1981 年的 29%,即达到了部分区域性干旱;最大值为 1977 年的 96%,即发生的干旱的影响范围达到了全区域的 96%。近 50 年中,有 1971,1972 和 1989 年等 24 年发生全域性干旱;有 1962,1983 和 1992 年等 22 年发生区域性干旱;有 1975,1981,2005 和 2006 年这 4 年发生部分区域性干旱。从年代变化来看,20 世纪 60 年代干旱发生的范围略广,70 和 80 年代略有缩小,90 年代以来稍有扩大。

近 50 年西南地区春播夏收作物干旱站次比总体呈略增趋势,但不显著。近 50 年干旱站次比平均为 76%,即达到了全域性干旱;最小值为 1961 年的 53%,即达到了全域性干旱;最大值为 1966 年的 93%,即发生的干旱的影响范围达到了全区域的 93%。近 50 年发生的干旱都达到了全域性干旱。从年代变化来看,20 世纪 60 年代干旱发生的范围略小,70 年代有所扩大,80 年代略有缩小,90 年代以来有所扩大。

(2)夏播秋收作物生育期内干旱时空特征

1)干旱频率和干旱等级空间分布特征

夏播秋收作物生育期内的干旱频率呈东高西低的空间分布特征[图 5.28(a)]。干旱高发区位于长江中下游大部、广东北部、福建大部等地,干旱频率在75%以上,局地可达90%以上;干旱低发区分布在四川盆地西南部以南的川西南部分地区及滇西南部等地,干旱频率多在10%~25%之间;川西高原中北大部、四川盆地大部、滇中东部、黔中西部、海南大部等地区干旱发生频率略高,在25%~50%之间;鄂西部、湘西北角、黔东南部、川西高原西部、桂大部、粤中南部等地干旱发生频率较高,在50%~75%之间。夏播秋收作物生长季在夏季后期到秋季,正是长江中下游地区的干季,降水的蒸发量大,容易发生干旱。

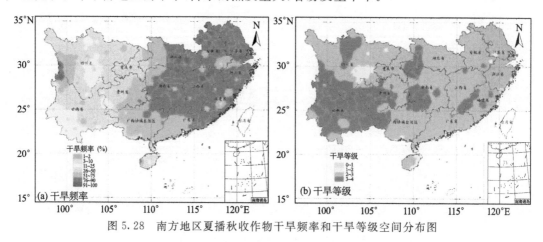

图5.28　南方地区夏播秋收作物干旱频率和干旱等级空间分布图

夏播秋收作物干旱等级的空间分布呈西南高、中东低的特征[图5.28(b)]。干旱等级高值区分布在滇大部、川西南部、川西高原东北部、贵中西部、鄂西南部、湘西南部、桂西北部、桂东北角等地,干旱等级在3级以上,超过了重旱级别;低值区分布在川东南部分地区、琼东缘等地,干旱等级多在1~2级之间,介于轻旱和中旱之间;长江中下游大部、华南大部、四川盆地大部等地的干旱等级居中,在2~3级之间,介于中旱和重旱之间。

2)干旱强度和干旱站次比时间变化特征

如图5.26所示,近50年来南方地区夏播秋收作物干旱强度呈略增趋势,气候倾向率为0.01/(10a),但未通过0.1的显著性检验。近50年夏播秋收作物的平均干旱强度为2.6,即介于中旱强度和重旱强度之间。最小值为2.1(1977年),略超过了中旱强度;最大值为3.0(2004年),达到了重旱强度。从年代变化来看,20世纪60年代中前期干旱强度较低,60年代末较高,70年代略低,80年代前期略高,80年代中期到90年代后期较低,90年代末以来略高。

如图5.29所示,近50年南方地区夏播秋收作物干旱站次比呈显著增加趋势,50年约增加了12%。近50年干旱站次比平均为62%,即达到了全域性干旱;最小值为1975年的35%,即达到了区域性干旱;最大值为2007年的83%,即发生的干旱的影响范围达到了全区域的83%。近50年中,只有1962,1965,1975,1983,1987和1997年共6年发生区域性干旱;其他44年都达到了全域性干旱。从年代变化来看,20世纪60年代干旱发生的范围较广,70和80年代范围略小,90年代以来范围更广。但各区域的表现不完全一致。

近50年来长江中下游地区夏播秋收作物干旱站次比总体呈略增趋势,但不显著。近50年干旱站次比平均为81%,即达到了全域性干旱;最小值为1975年的40%,即达到了区域性干旱;最大值为1966和1979年的100%,即全区所有站都发生了干旱。近50年中,只有1962和1975这2年发生区域性干旱;其他48年都达到了全域性干旱。从年代变化来看,20世纪60和70年代干旱发生的范围较广,80年代范围略小,90年代以来范围更广。

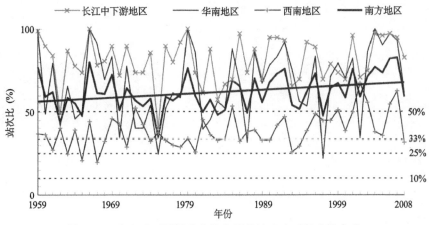

图 5.29　南方地区夏播秋收作物干旱站次比时间变化曲线

近 50 年来华南地区夏播秋收作物干旱站次比总体呈略增趋势,但不显著。近 50 年干旱站次比平均为 67%,即达到了全域性干旱;最小值为 1997 年的 22%,即达到了局域性干旱;最大值为 1966,1979 和 2004 年的 100%,即全区所有站都发生了干旱。近 50 年中,有 1959,2006 和 2007 年等 38 年发生全域性干旱;有 1960,1964 和 1982 年等 9 年发生区域性干旱;只有 1987 年这 1 年发生部分区域性干旱以及 1975 和 1997 年这 2 年发生局域性干旱。从年代变化来看,20 世纪 60 年代干旱发生的范围较广,70 和 80 年代范围略小,90 年代以来范围更广。

近 50 年西南地区夏播秋收作物干旱站次比总体呈极显著增加趋势,50 年约增加了 16%。近 50 年干旱站次比平均为 39%,即达到了区域性干旱;最小值为 1967 年的 20%,即达到了局域性干旱;最大值为 2002 年的 67%,即达到了全域性干旱。近 50 年中,有 1972,1995,1999,2001,2002,2003,2006 和 2007 年这 8 年发生全域性干旱,其中 6 年是 1999 年以来发生的;有 1969,1992 和 1996 年等 24 年发生区域性干旱;有 1983,1989 和 1990 年等 15 年发生部分区域性干旱;只有 1963,1965 和 1967 年这 3 年发生局域性干旱。从年代变化来看,干旱发生的范围从 20 世纪 60 年代以来范围逐渐扩大。

(3)春播秋收作物生育期内干旱时空特征

1)干旱频率和干旱等级空间分布特征

春播秋收作物生育期内干旱频率的空间分布呈东部及西部边缘高、中西部低的特征[图 5.30(a)]。干旱高发区位于江淮及其以北地区、两湖平原、鄂北部、湘中部、赣中北部、滇北部、川西高原西南部等地,干旱频率在 75% 以上,局地可达 90% 以上;低值区位于四川盆地中南部、川西高原东部、贵州中西部、滇南缘、广西西南部、广东西南部、海南北部等地,干旱频率多在 25%～50% 之间;闽浙丘陵、南岭、桂东北部、湘西北部、黔东部等地干旱频率也较高,多在 50%～75% 之间。从结果看,春播秋收作物干旱频率主要影响长江中下游地区的秋收作物,该地区秋收作物生长季内干旱频发。

春播秋收作物干旱等级的空间分布呈西南高、中东部低的特征[图 5.30(b)]。干旱等级高值区分布在滇大部、川西南部、贵州中西部、鄂西部、湘西部、闽中部等地,干旱等级在 3 级以上,即超过了重旱级别;干旱等级低值区分布在两广沿海、川西南山地部分地区等,干旱等级在 1～2 级之间,介于轻旱和中旱之间;长江中下游、华南大部、四川盆地等其他大部分地区的干旱等级居中,在 2～3 级之间,介于中旱和重旱之间。

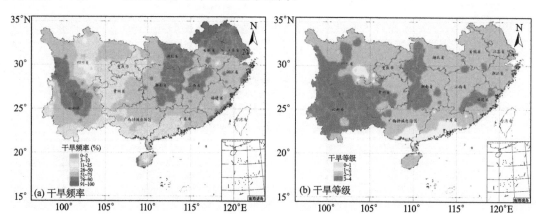

图 5.30　南方地区春播秋收作物干旱频率和干旱等级空间分布图

2)干旱强度和干旱站次比时间变化特征

如图 5.26 所示,近 50 年来南方地区春播秋收作物干旱强度呈略减趋势,气候倾向率为 -0.01/(10a),但未通过 0.1 的显著性检验。近 50 年春播秋收作物的平均干旱强度为 2.7,即介于中旱强度和重旱强度之间。最小值为 2.4(1984 年),介于中旱强度和重旱强度之间;最大值为 3.1(2001 年),略超过了重旱强度。从年代来看,20 世纪 60 年代到 70 年代中期干旱强度略高,70 年代中期到 90 年代后期略低,2000 年以来略高,且波动性较大。

如图 5.31 所示,近 50 年来南方地区春播秋收作物干旱站次比总体呈略增趋势,但不显著。近 50 年干旱站次比平均为 63%,即达到了全域性干旱;最小值为 1973 年的 41%,即达到了区域性干旱;最大值为 2006 年的 87%,即发生的干旱的影响范围达到了全区域的 87%。近 50 年中,只有 1970,1973,1975,1985,1989 和 1993 年这 6 年发生区域性干旱;其他 44 年都达到了全域性干旱。从年代变化来看,20 世纪 60 年代干旱发生的范围较广,70 和 80 年代范围略小,90 年代以来范围更广。

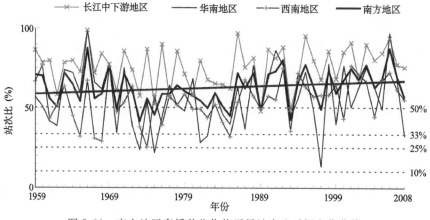

图 5.31　南方地区春播秋收作物干旱站次比时间变化曲线

近 50 年长江中下游地区春播秋收作物干旱站次比总体呈略增趋势,但不显著。近 50 年干旱站次比平均为 76%,即达到了全域性干旱;最小值为 1989 年的 48%,即达到了区域性干旱;最大值为 1966 年的 99%,即全区几乎都发生了干旱。近 50 年中,只有 1989 和 1993 年这

2 年发生区域性干旱;其他 48 年均达到了全域性干旱。从年代变化来看,20 世纪 60 年代干旱发生的范围较广,70 和 80 年代范围略小,90 年代以来范围更广。

近 50 年华南地区春播秋收作物干旱站次比总体呈略增趋势,但不显著。近 50 年干旱站次比平均为 56%,即达到了全域性干旱;最小值为 1997 年的 14%,即达到了局域性干旱;最大值为 1966 年的 99%,即全区几乎都发生了干旱。近 50 年中,有 1991,1998 和 2006 年等 30 年发生全域性干旱;有 1989,1996 和 2005 年等 14 年发生区域性干旱;有 1981,1982 和 2008 年这 3 年发生部分区域性干旱;有 1973,1975 和 1997 年这 3 年发生局域性干旱。从年代变化来看,20 世纪 60 年代干旱发生的范围最广,70 和 80 年代范围略小,90 年代以来范围也较广。

近 50 年西南地区春播秋收作物干旱站次比总体呈显著增加趋势,50 年约增加了 13%。近 50 年干旱站次比平均为 55%,即达到了全域性干旱;最小值为 1974 年的 26%,即达到了部分区域性干旱;最大值为 2001 年的 77%,即发生的干旱的影响范围达到了全域性干旱。近 50 年中,有 1960,1969 和 1992 年等 32 年发生全域性干旱;有 1980,1981 和 1989 年等 13 年发生区域性干旱;有 1965,1967,1968,1974 和 1985 年这 5 年发生部分区域性干旱。从年代变化来看,20 世纪 60 年代干旱发生的范围较广,70 和 80 年代范围略小,90 年代以来范围更广。

（4）越冬作物生育期内干旱时空特征

1）干旱频率和干旱等级空间分布特征

越冬作物的干旱频率呈川东南角、滇东南角略低的空间分布特征[图 5.32(a)],在 50%～75% 之间;湘中—赣中北—皖南—浙西一带干旱频率较高,在 75%～90% 之间;南方其他地区干旱频率皆高于 90%。

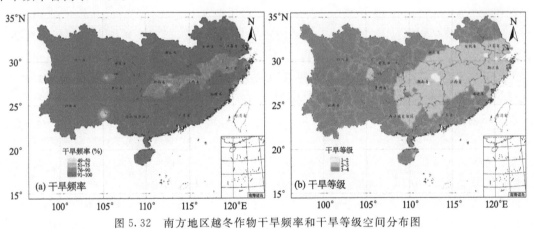

图 5.32　南方地区越冬作物干旱频率和干旱等级空间分布图

越冬作物的干旱等级呈中东部低、西部高的空间分布特征[图 5.32(b)]。江南的部分以及川东南角、桂东部等局地是干旱等级略低区,多在 2～3 级之间,介于中旱和重旱之间;西南大部、江淮及其以北地区、华南中南大部等地的干旱等级较高,在 3～4 级之间,介于重旱和特旱之间。

2）干旱强度和干旱站次比时间变化特征

如图 5.26 所示,近 50 年来南方地区越冬作物干旱强度近 50 年来呈略增趋势,气候倾向率为 0.01/(10a),但未通过 0.1 的显著性检验。近 50 年越冬作物的平均干旱强度为 3.2,即超过了重旱强度。最小值为 2.4(1983 年),即超过了中旱强度;最大值为 3.8(1974 年),即介于重旱强度和特旱强度之间。从年代来看,近 50 年的干旱强度年际间波动大。20 世纪 60 年代到 70 年代前期干旱强度略低,70 年代中期到 90 年代略高,2000 年以来略低。

近 50 年南方地区越冬作物干旱站次比总体呈略增趋势,但不显著(图 5.33)。近 50 年干旱站次比平均为 97%;最小值为 2003 年的 78%;最大值为 1982,1997 和 2005 年等 24 年的 100%,即全区所有站都发生了干旱。近 50 年所有站每年都达到了全域性干旱。从年代变化来看,每个年代的干旱站次比都在 90% 以上,即越冬作物发生干旱的范围很广。20 世纪 60 和 70 年代干旱发生的范围略小,80 和 90 年代范围最广,2000 年以来范围稍小。

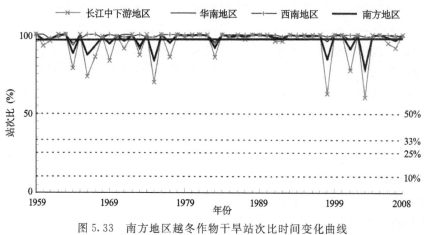

图 5.33　南方地区越冬作物干旱站次比时间变化曲线

近 50 年长江中下游地区越冬作物干旱站次比总体呈略增趋势,但不显著。近 50 年干旱站次比平均为 94%;最小值为 2003 年的 60%;最大值为 1982,1997 和 2008 年等 26 年的 100%,即全区所有站都发生了干旱。近 50 年所有站每年都达到了全域性干旱。从年代变化来看,每个年代的干旱站次比都在 90% 以上,即越冬作物发生干旱的范围很广。20 世纪 60 和 70 年代干旱发生的范围略小,80 年代范围最广,90 年代范围也较广,2000 年以来范围略小。

近 50 年华南地区越冬作物干旱站次比总体呈略增趋势,但不显著。近 50 年干旱站次比平均为 98%;最小值为 2003 年的 77%;最大值为 1982,1996 和 2008 年等 35 年的 100%,即全区所有站都发生了干旱。近 50 年所有站每年都达到了全域性干旱。从年代变化来看,每个年代的干旱站次比都在 90% 以上,即越冬作物发生干旱的范围很广。20 世纪 60 和 70 年代干旱发生的范围略小,80 和 90 年代范围最广,2000 年以来范围稍小。

近 50 年西南地区越冬作物干旱站次比总体呈显著增加趋势,50 年约增加了 2%。近 50 年干旱站次比平均为 99%;最小值为 1964 年的 94%;最大值为 1981,1997 和 2007 年等 26 年的 100%,即全区所有站都发生了干旱。近 50 年所有站每年都达到了全域性干旱。从年代变化来看,每个年代的干旱站次比都在 98% 以上,即越冬作物发生干旱的范围很广。从 20 世纪 60 年代以来干旱发生的范围逐渐扩大。

可见,越冬作物生育期内极易发生干旱,这主要是越冬作物生育期长,跨越了整个冬半年降水较少的时段,前期像长江中下游地区较易发生秋旱,冬季南方地区又较易发生冬旱,春旱在西南、华南等地区也易发生。因此,累计起来,越冬作物干旱风险很大。

综上所述,从不同作物生育期内干旱发生情况看,春播夏收作物生育期内干旱高发区分布在西南地区西部、海南大部、淮河以北等地,在 4 年 3 遇以上;江南及其周边干旱频率较低,为 2~4 年一遇;平均干旱强度西南地区西部和江南中部等地多为重旱,华南中南部和四川盆地等地以轻旱为主,其他多为中旱等级。夏播秋收作物生育期内干旱高发区分布在长江中下游大部、华南北部等地,在 4 年 3 遇以上;西南地区大部干旱频率较低,在 2～4 年一遇或其以下;平均干旱强度西南地区西南部以重旱为主,其他多为中旱等级。春播秋收作物生育期内干旱高发区分布在江北部、江南中西部及川西高原西南部部分地区,在 4 年 3 遇以上;西南地区中部和东北部及华南西南部等地干旱频率较低,在 2～4 年一遇或其以下;平均干旱强度西南地区西南部和鄂西、湘西等地以重旱为主,其他多为中旱等级。越冬作物生育期内干旱频率都很高,多在 4 年 3 遇以上;江南的部分地区干旱频率略低,为 4 年 3 遇至 10 年 9 遇,其他均在 10 年 9 遇以上;平均干旱强度长江沿江和江南以及华南北部部分地区多为中旱等级,其他地区多为重旱等级。

从时间变化来看,春播夏收作物生育期内干旱强度呈减小、站次比呈略降趋势;夏播秋收作物干旱强度呈略增、站次比呈显著增加趋势;春播秋收作物干旱强度呈略减、站次比呈略增趋势;越冬作物干旱强度呈略增、站次比呈略增趋势。

5.3　基于作物水分亏缺指数的主要农作物季节性干旱时空特征

根据南方地区主要农作物在农业生产中的地位,选取水稻、小麦和玉米三大粮食作物,以及油菜和棉花两种主要经济作物为研究对象,采用作物水分亏缺指数对南方地区的作物季节性农业干旱的时空特征进行研究(隋月 等 2012,2013)。因为作物水分临界期(中国农业科学院 1999)是水分缺乏或过多对产量影响最大的时期(简称"临界期"),而其前后临近时段(一般取水分临界期前后 3 旬)也是对作物产量影响较大的时期,这里分别代表需水临界期前段(简称"临界前期")和后段(简称"临界后期"),所以选取作物生育时期中的作物需水临界期及其前后时段这 3 个生育阶段,能全面分析影响作物产量主要时段的作物干旱特征。另外,由于小麦和油菜是跨年作物,冬前生长对产量也有一定影响,所以增加了冬前生育阶段分析。本节所要分析的主要作物的生育阶段见表 5.2。

表 5.2　主要作物选取的生育阶段

作物	生育阶段			
	冬前期	临界前期	水分临界期	临界后期
一季稻	—	分蘖至拔节	孕穗到抽穗	开花后期到成熟
双季早稻	—	分蘖至拔节	孕穗到抽穗	开花后期到成熟
双季晚稻	—	分蘖至拔节	孕穗到抽穗	开花后期到成熟
冬小麦	√	分蘖后期(返青)到拔节	孕穗到抽穗	抽穗后期到乳熟
春玉米	—	七叶到拔节	大喇叭口到抽雄	吐丝后期到乳熟
夏玉米	—	三叶到拔节	大喇叭口到抽雄	吐丝后期到乳熟
油菜	√	蕾期	抽薹到开花	角果成熟中前期
棉花	—	蕾期	花铃前期	花铃后期

5.3.1　基于作物水分亏缺指数的冬小麦季节性干旱时空特征

南方大部分地区都可以种植冬小麦,只有川西高原和滇西北角横断山区不适宜种植冬小麦,多种植春小麦。冬小麦的生长季基本在 10 月中下旬到翌年 6 月上旬之间。苏皖北部少部分地区、鄂北端少部分地区的冬小麦生长季最长,在 10 月中旬到翌年 6 月上旬;长江中下游以北的其他大部分地区、湖南西北部、贵州大部、川西南山地等地区的冬小麦生长季一般在 10 月下旬到翌年 5 月下旬;其他大部分地区的冬小麦生长季多在 11 月上旬到翌年 5 月上旬之间。整个冬小麦生长季基本处于降水较少的时期,生育后期东部降水相对较多。

(1)冬小麦各生育阶段干旱频率的空间分布特征

1)冬前生育阶段

南方地区冬小麦冬前生育阶段干旱频率的空间分布特征见图 5.34(a),总体呈南部高、北部低分布。干旱低发区位于四川盆地东南部—湘西北—黔东北一带,频率多在 10%～25%之间;干旱高发区分布在闽粤沿海区及滇北—川南金沙江河谷地区,频率高于 75%;滇大部、桂大部、粤中北部、闽南、淮北地区、四川盆地西北部等地区干旱较高发,频率在 50%～75%之间;长江中下游其他大部分地区、川东、黔西南、桂东北、闽北等地区干旱频率略低,在 25%～50%之间。

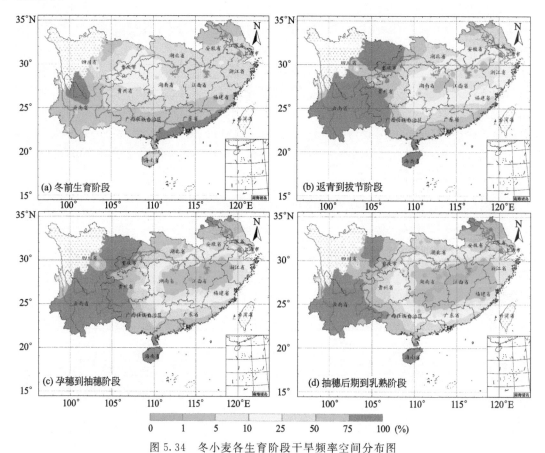

图 5.34　冬小麦各生育阶段干旱频率空间分布图

2)分蘖后期(返青)到拔节阶段

南方地区冬小麦分蘖后期(返青)到拔节阶段干旱频率的空间分布特征呈东低西高,东部又呈中间低、南北高分布,见图 5.34(b)。干旱少发区位于湘中—赣北—皖南—浙西一带,频率在 1%~10%之间;干旱高发区分布在四川盆地、川西南山地、云南大部、黔西部、桂西北部、海南、雷州半岛等地,干旱频率在 75%以上;苏皖北部、鄂西部、黔中部、桂西南部、粤南部、闽南部等地干旱频率也较高,在 50%~75%之间;低发区周围部分地区的干旱频率也不高,在 10%~25%之间。

3)孕穗到抽穗阶段

南方地区冬小麦孕穗到抽穗阶段干旱频率的空间分布特征和分蘖后期到拔节阶段的十分类似,见图 5.34(c)。相似处:总体都呈东低西高,东部又呈中间低、南北高分布;高发区及频率基本一致;华南大部、湖北、贵州等地区干旱频率分布也变化不大。不同处:少发区略有扩大;淮北地区干旱频率有所增加。

4)抽穗后期到乳熟阶段

南方地区冬小麦抽穗后期到乳熟阶段干旱频率的空间分布特征和分蘖后期到拔节阶段的总体趋势相似:东低西高[见图 5.34(d)]。干旱少发区扩大为长江中下游到南岭之间的 109°E 以东的地区,频率多在 1%~5%之间;湘中、赣中北等少部分地区干旱频率低于 1%;浙江大部干旱频率也低,在 5%~10%之间。高发区分布在云南大部、川西南、四川盆地西部、海南大部、苏皖北缘等地,频率高于 75%。其他地区在 10%~75%之间,由低发区向外干旱频率逐渐增加。

(2)冬小麦各生育阶段干旱特征的时间变化特征

作物水分亏缺指数(CWDI)直接反映作物供水与需水之比,其值的大小也直接反映水分亏缺多少,反映干旱严重程度。作物水分亏缺指数小于或等于 0,则说明降水能够满足作物需水;作物水分亏缺指数大于 0,则说明降水不能满足作物需水,作物水分亏缺指数值越大则干旱越严重,反之亦然。若作物水分临界期作物水分亏缺指数大于 30%,则发生干旱;若非作物水分临界期作物水分亏缺指数大于 35%,则发生干旱(具体的干旱分级见本书第 2 章)。在此用作物水分亏缺指数值来分析干旱强度变化,取区域内各站作物水分亏缺指数平均值进行分析。由于作物水分亏缺指数值有正(旱)有负(涝),区域内气象站数值正(旱)负(涝)抵消,因此反映的干旱强度要小于实际上发生的干旱强度等级,只是总体上反映区域水分亏缺情况和旱涝强度等级。

1)作物水分亏缺指数的时间变化特征

由公式(5.5)计算各站历年作物水分亏缺指数(CWDI)值,再分区域求平均。

近 50 年(1959—2008 年)冬小麦冬前生育阶段的作物水分亏缺指数在 -5%(1982 年)~58%(1988 年)之间变化,平均为 31%(图 5.35),即平均状况为降水量不能满足作物需水。近 50 年作物水分亏缺指数总体上呈略增趋势,气候倾向率为 2.2%/(10a),未通过 0.1 的显著性检验,即冬小麦冬前生育阶段供水紧张状况有加重的趋势。从历年作物水分亏缺指数各站平均值来看,近 50 年中有 1971,1979,1988,1992 和 2007 年这 5 年发生了中旱等级;有 1964,1983 和 1991 年等 18 年达轻旱等级;有 1974,1990 和 2006 年等 27 年在轻旱等级以下。从作物水分亏缺指数的年代变化来看,20 世纪 60 年代较低,70 和 80 年代略高,90 年代较高,2000 年以来略高(图 5.35)。

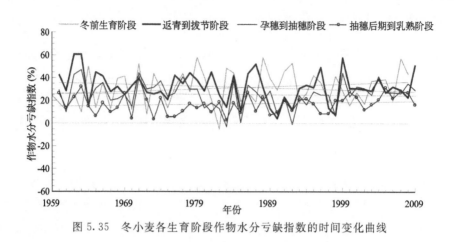

图 5.35　冬小麦各生育阶段作物水分亏缺指数的时间变化曲线

　　近 50 年冬小麦分蘖后期(返青)到拔节阶段的作物水分亏缺指数在 4%(1990 年)~61%(1962 年)之间变化,平均为 32%,即平均状况为降水量不能满足作物需水。近 50 年作物水分亏缺指数呈减小趋势,气候倾向率为-1.6%/(10a),通过了 0.1 的显著性检验,即冬小麦分蘖后期(返青)到拔节阶段供水紧张状况有减轻的趋势。从历年作物水分亏缺指数各站平均值来看,近 50 年中有 1962,1963,1987,1999 和 2009 年这 5 年达到了中旱等级;有 1965,1981 和 1996 年等 12 年达轻旱等级;有 1970,1994 和 2006 年等 33 年在轻旱等级以下。从作物水分亏缺指数的年代变化来看,20 世纪 60 年代较高,70 和 80 年代略高,90 年代较低,2000 年以来略高。

　　近 50 年冬小麦孕穗到抽穗阶段的作物水分亏缺指数在-3%(1983 年)~47%(1963 年)之间变化,平均为 25%,即平均状况为降水量不能满足作物需水。近 50 年作物水分亏缺指数各站呈略减趋势,气候倾向率为-0.4%/(10a),没有通过 0.1 的显著性检验。从历年作物水分亏缺指数各站平均值来看,近 50 年中有 1962,1963,1971,1999 和 2004 年这 5 年为中旱等级;有 1974,1984 和 2008 年等 10 年为轻旱等级;有 1961,1983 和 1992 年等 35 年在轻旱等级以下。从作物水分亏缺指数的年代变化来看,20 世纪 60 年代略高,70 年代较高,80 和 90 年代较低,2000 年以来略高。

　　近 50 年冬小麦抽穗后期到乳熟阶段的作物水分亏缺指数在 3%(1983 年)~40%(1971 年)之间变化,平均为 17%,即平均状况为降水量不能满足作物需水,但没达到轻旱强度。近 50 年作物水分亏缺指数呈略增趋势,气候倾向率为 0.9%/(10a),未通过 0.1 的显著性检验,即冬小麦抽穗后期到乳熟阶段供水紧张状况略有加重的趋势。从历年作物水分亏缺指数各站平均值来看,近 50 年中只有 1971 年达轻旱等级;其他 49 年在轻旱等级以下。从作物水分亏缺指数的年代变化来看,20 世纪 60 年代略高;70,80 和 90 年代较低;2000 年以来较高。

　　2)干旱站次比的时间变化特征

　　如图 5.36 所示,近 50 年冬小麦冬前生育阶段干旱站次比在 10%(1982 年)~86%(1988 年)之间变化,平均为 45%;气候倾向率为 2.4%/(10a),呈略增趋势,但未通过 0.1 的显著性检验。近 50 年中,有 1971,1992 和 2007 年等 21 年干旱站次比在 50%以上,即发生全域性干旱;有 1978,1996 和 2003 年等 11 年发生区域性干旱;有 1986,1993 和 2001 年等 12 年发生部分区域性干旱;有 1967,1975 和 1987 年等 6 年发生局域性干旱。

　　近 50 年冬小麦分蘖后期(返青)到拔节阶段干旱站次比在 22%(1992 年)~87%(1962

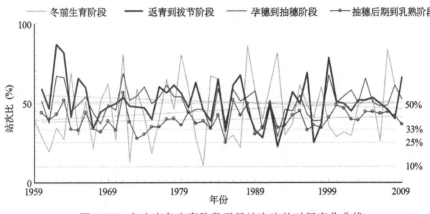

图 5.36　冬小麦各生育阶段干旱站次比的时间变化曲线

年)之间变化,平均为 51%;气候倾向率为 -1.7%/(10a),呈略减趋势。近 50 年中,有 1963,1987 和 2009 年等 26 年发生全域性干旱;有 1972,1991 和 2007 年等 20 年发生区域性干旱;有 1985,1990 和 1997 这 3 年发生部分区域性干旱;仅 1992 年发生局域性干旱。

近 50 年冬小麦孕穗到抽穗阶段干旱站次比在 29%(1992 年)~69%(1971 年)之间变化,平均为 51%;气候倾向率为 -0.1%/(10a),呈略减趋势,未通过 0.1 的显著性检验。近 50 年中,有 1963,1999 和 2004 年等 29 年发生全域性干旱;有 1965,1982 和 2006 年等 20 年发生区域性干旱;仅 1992 年发生部分区域性干旱。从年代变化来看,20 世纪 60 年代干旱发生的范围较广,70 年代范围略小,80 年代范围略广,90 年代前期范围较小,90 年代后期以来范围略广。

近 50 年冬小麦抽穗后期到乳熟阶段干旱站次比在 25%(1985 年)~57%(1971 年)之间变化,平均为 40%,气候倾向率为 0.7%/(10a),呈略增趋势,未通过 0.1 的显著性检验。近 50 年中,有 1963,1971,1986,1988 和 1991 年这 5 年发生全域性干旱;有 1978,1995 和 2006 年等 40 年发生区域性干旱;有 1968,1973,1974,1985 和 1989 年这 5 年发生部分区域性干旱。

综上分析,冬小麦各生育阶段干旱多发区,冬前生育阶段在华南沿海和西南金沙江河谷局地;冬后返青至拔节阶段在四川盆地和西南地区的西南部、海南等地;孕穗到成熟阶段干旱频率分布与返青至拔节阶段范围基本一致,仅扩大到淮北等地,干旱发生在 4 年 3 遇以上;冬小麦冬后生育期内干旱强度和干旱发生随生育期移干旱风险减少。冬小麦冬前期 CWDI 值和干旱站次比都有所减轻,冬后需水临界前期和临界期也略有减轻,但临界后期干旱风险略有增加,但随时间变化都不明显。总体看,冬小麦冬后生育期内干旱强度和干旱发生随生育期移干旱风险减少,从历年变化看,随年际变化不明显。

5.3.2　基于作物水分亏缺指数的玉米季节性干旱时空特征

除了川西高原及云南西北角,其他南方地区都可以种植玉米。春玉米的生长季一般在 2 月上旬到 8 月上旬,夏玉米的生长季一般在 5 月中旬到 10 月下旬。

(1)春玉米季节性干旱时空特征

1)春玉米各生育阶段干旱频率空间分布特征

①七叶到拔节阶段

南方地区春玉米七叶到拔节阶段的干旱频率空间分布:长江中下游到南岭一线之间的中

东部地区为干旱低发中心,向南、向北频率增加,见图5.37(a)。干旱极少发生的地区为江南大部、湘鄂渝黔山区大部、川北丘陵地区、两广北部、福建北部等地,干旱频率低于1%;干旱少发区分布在华南北部、江淮地区、湖北中北部、四川盆地、贵州西南部、云南西南部和东北部等地,频率在1%~10%之间;干旱低发区分布在淮北地区、广东中南沿海地区、广西中部、云南东部和西部等地,频率在10%~25%之间;干旱中等发生区分布在雷州半岛中北部、广西西南部、云南中北部、四川西南部等地,频率在25%~50%之间;干旱多发区分布在雷州半岛南部、海南中东部、滇北金沙江河谷等地区,频率在50%~75%之间;干旱高发区分布在海南的西南部,频率高于75%。

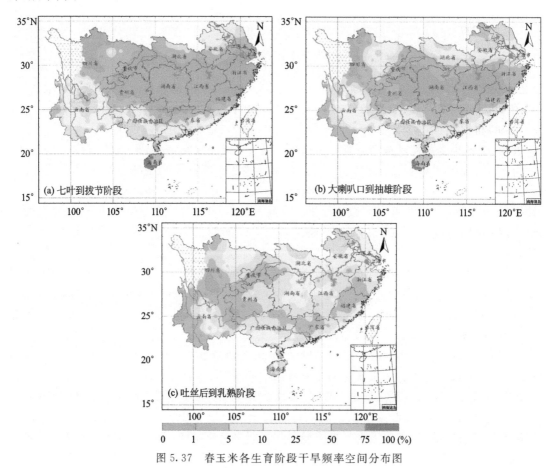

图5.37　春玉米各生育阶段干旱频率空间分布图

②大喇叭口到抽雄阶段

　　南方地区春玉米大喇叭口到抽雄阶段的干旱频率空间分布与前期相比,中北部干旱频率略有升高,南部变化不大或有所下降,见图5.37(b)。干旱极少发生的地区为湖南中部和西北部、江西中北大部、浙江西南部、福建西北部、重庆东南部、贵州大部、四川盆地东部盆周地区等地,频率低于1%;干旱少发区分布在湖北南部、安徽南部、浙江大部、江西北部、湖南南部和东北部、四川盆地的盆周地区、云南的西南部和东部、贵州的西北部和南部部分地区、广西东北部、广东北部、福建中南部等地,频率在1%~10%之间;干旱低发区分布在苏北、皖中北、湖北老河口—枣阳一带、四川盆地、川西南、滇中、桂中和粤沿海地区,频率在10%~25%之间;干旱高发区分布在皖北、滇北河谷地区、桂西南、雷州半岛北部等地,频率在25%~50%之间;干旱频发区分布在海南中东大部、雷州半岛南部,频率在 50%～75% 之间;干旱极高发区在海南西南部,频率高于 75%。

③吐丝到乳熟阶段

南方地区春玉米吐丝到乳熟阶段的干旱频率空间分布与前期相比,前期干旱发生频率低的地区干旱频率增加,其他地区的干旱频率略有下降或变化不大,见图 5.37(c)。干旱极少发生区分布在川西南和滇西南少部分地区,频率在 1% 以下;干旱少发生区分布在云贵高原大部、四川盆地的盆周地区、川西南山区、滇西大部、广西中北部、广东大部、福建大部、浙江西南部、安徽南部、江西大部、湖南南部和西北部、湖北西南部,频率在 1%～10% 之间;干旱低发区分布在浙江东北部、江苏大部、安徽中部、湖北大部、湖南中部和东北部、四川盆地、广西西南部、雷州半岛中北部、海南大部、滇中北深河谷地区等,频率在 10%～25% 之间;干旱高发区分布在江苏西北部、安徽北部、湖北北部、海南西南部等地,频率多在 25%～50% 之间。

2)春玉米各生育阶段干旱的时间变化特征

①作物水分亏缺指数的时间变化特征

由公式(5.5)计算各站历年作物水分亏缺指数值,再分区域求平均,结果如图 5.38 所示。

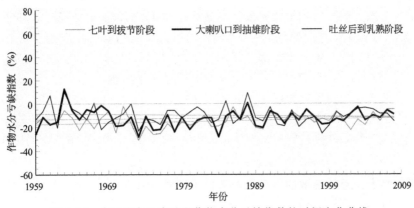

图 5.38　春玉米各生育阶段作物水分亏缺指数的时间变化曲线

近 50 年春玉米七叶到拔节阶段的作物水分亏缺指数在 −31%(1973 年)～−2%(1971 年)之间变化,平均为 −15%;近 50 年作物水分亏缺指数呈增加趋势,气候倾向率为 1.1%/(10a),通过了 0.1 的显著性检验。从作物水分亏缺指数的变化来看,20 世纪 60 年代较高,70 年代较低,80 年代略高,90 年代和 2000 年以来较高。

近 50 年春玉米大喇叭口到抽雄阶段的作物水分亏缺指数在 −25%(1998 年)～10%(1963 年)之间变化,平均为 −10%;近 50 年作物水分亏缺指数呈略减趋势,气候倾向率为 −0.7%/(10a),但未通过 0.1 的显著性检验。从作物水分亏缺指数的年代变化来看,20 世纪 60 年代较低,70 年代较高,80 年代较低,90 年代较高,2000 年以来略低。

近 50 年春玉米吐丝到乳熟阶段的作物水分亏缺指数在 −28%(1973 年)～13%(1963 年)之间变化,平均为 −12%;近 50 年作物水分亏缺指数呈略增趋势,气候倾向率为 0.4%/(10a),但未通过 0.1 的显著性检验。从作物水分亏缺指数的年代变化来看,20 世纪 60 年代较低,70 年代较高,80 和 90 年代略高,2000 年以来略低。

②各生育阶段干旱站次比的时间变化特征

如图 5.39 所示,近 50 年春玉米七叶到拔节阶段干旱站次比在 2%(1974 年)～23%(1963

年)之间变化,平均为9%;总体上呈略减趋势,气候倾向率为－0.3%/(10a),通过了0.1的显著性检验。近50年中,有1960,1977和2005年等21年发生局域性干旱;其他1978,1996和2006年等29年没有明显干旱发生。

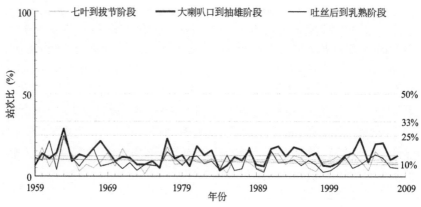

图5.39　春玉米各生育阶段干旱站次比的时间变化曲线

　　近50年春玉米大喇叭口到抽雄阶段干旱站次比在4%(1984年)～29%(1963年)之间变化,平均为13%;总体上干旱呈略增趋势,气候倾向率为0.1%/(10a),未通过0.1的显著性检验。近50年中,仅有1963年发生了部分区域性干旱;有1968,1977和2006年等33年发生局域性干旱;其他1964,1975和2000年等16年没有明显干旱发生。

　　近50年春玉米吐丝到乳熟阶段干旱站次比在2%(1990年)～25%(1963年)之间变化,平均为9%;呈略减趋势,气候倾向率为－0.8%/(10a),未通过0.1的显著性检验。近50年中,仅1963年发生了部分区域性干旱;有1961,1988和2005年等19年发生局域性干旱;其他1970,1982和2003年等33年没有明显干旱发生。

(2)基于作物水分亏缺指数的夏玉米季节性干旱时空特征

1)夏玉米各生育阶段干旱频率空间分布特征

①三叶到拔节阶段

南方地区夏玉米三叶到拔节阶段发生干旱的频率普遍小于10%,空间分布呈长江中下游以北及西南、福建沿海干旱发生频率略高,其他大部分地区较低,见图5.40(a)。江南大部、两广大部、西南大部等大部分地区的干旱都极少发生,频率低于1%;江北、福建东南部、云南中西部等其他地区干旱也较少发生,频率多在1%～10%之间。

②大喇叭口到抽雄阶段

南方地区夏玉米大喇叭口到抽雄阶段干旱频率呈中、东北高,西南低分布[见图5.40(b)]。广东西南部、海南大部、四川西南部等地区干旱极少发生,频率在1%以下;干旱少发区分布在华南大部、西南大部及淮北部分地区等,频率在1%～10%之间;干旱低发区分布在长江中下游大部、福建沿海、云南东南部等地,频率多在10%～25%之间。

③吐丝后到乳熟阶段

南方地区夏玉米吐丝到抽穗阶段干旱频率呈中、东部高,西部低分布[见图5.40(c)]。干旱少发区分布在川西南、滇东和滇西、黔西南、琼中东部等地,频率在1%～10%之间;干旱低发区分布在四川盆地西部、贵州中部、滇中河谷地区、广西中南部、广东大部、海南西南部、江苏北部等地,频率在10%～25%之间;两湖平原、湖南南部、江西中部、浙江大部等地区干旱频

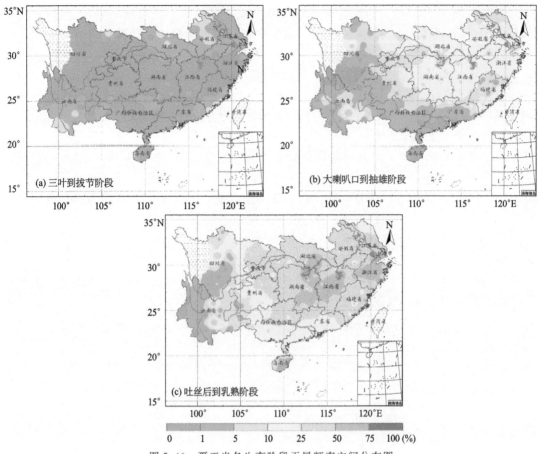

图 5.40　夏玉米各生育阶段干旱频率空间分布图

发,频率高于 50%;其他大部地区干旱高发,频率在 25%~50% 之间。

2)夏玉米各生育阶段干旱的时间变化特征

①作物水分亏缺指数时间变化特征

由公式(5.5)计算各站历年作物水分亏缺指数值,再分区域求平均,结果如图 5.41 所示。

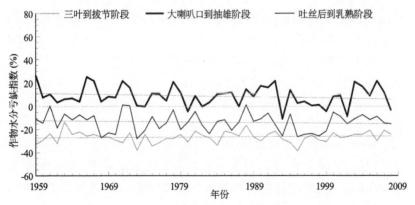

图 5.41　夏玉米各生育阶段作物水分亏缺指数的时间变化曲线图

近 50 年夏玉米三叶到拔节阶段的作物水分亏缺指数在 -38%(1995 年)~-14%(1963

年)之间变化,平均为-27%;近50年作物水分亏缺指数总体上呈略增趋势,气候倾向率为0.2%/(10a),未通过0.1的显著性检验。从作物水分亏缺指数的年代变化来看,20世纪60年代略低,70年代略高,80年代略低,90年代略高,2000年以来略低。

近50年夏玉米大喇叭口到抽雄阶段的作物水分亏缺指数在-11%(1993年)~27%(1959年)之间变化,平均为9%;近50年作物水分亏缺指数呈略减趋势,气候倾向率为-1.0%/(10a),未通过0.1的显著性检验。从作物水分亏缺指数的年代变化来看,20世纪60年代略高,70年代较高,80和90年代较低,2000年以来略高。

近50年夏玉米吐丝后到乳熟阶段的作物水分亏缺指数在-28%(1973年)~1%(1971年)之间变化,平均为-14%;近50年作物水分亏缺指数呈略减趋势,气候倾向率为-0.5%/(10a),未通过0.1的显著性检验。从作物水分亏缺指数的年代变化来看,20世纪60年代略低,70年代略高,80年代略低,90年代较高,2000年以来较低。

②干旱站次比的时间变化特征

如图5.42所示,近50年夏玉米三叶到拔节阶段干旱站次比在0(1982年)~4%(2005年)之间变化,平均为1%;总体上呈略增趋势,气候倾向率为0.04%/(10a),未通过0.1的显著性检验,即无明显干旱发生。

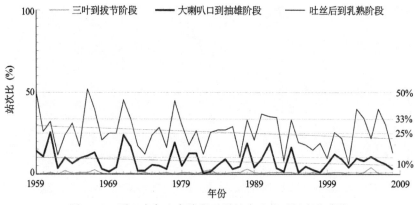

图 5.42　夏玉米各生育阶段干旱站次比的时间变化曲线

近50年夏玉米大喇叭口到抽雄阶段干旱站次比在0(1982年)~25%(1961年)之间变化,平均为8%;总体上呈略减趋势,气候倾向率为-0.9%/(10a),未通过0.1的显著性检验。近50年中,仅1961年发生了部分区域性干旱;有1971,1981和1991年等16年发生局域性干旱;其他1965,1985和2001年等33年没有明显干旱发生。

近50年夏玉米吐丝后到乳熟阶段干旱站次比在6%(2002年)~52%(1966年)之间变化,平均为26%,即达到了部分区域性干旱;总体上呈略减趋势,气候倾向率为-1.6%/(10a),未通过0.1的显著性检验。近50年中,仅有1966和1959年发生了全域性干旱;有1971,1978和2006年等12年发生区域性干旱;有1961,1979和2007年等14年发生部分区域性干旱;有1963,1975和2005年等20年发生局域性干旱;仅1993和2002年没有明显干旱发生。从年代变化来看,20世纪60年代干旱发生的范围较广,70年代范围略小,80年代范围略广,90年代前期范围较小,90年代后期以来范围略广。

综上分析,春玉米三叶到拔节阶段干旱多发区在西南地区西南部、华南南部及淮北等地,在10年一遇以上,其中西南、华南部分地区为2~4年一遇;大喇叭口到抽雄阶段需水关键期干旱较多发生区江北范围有所扩大,云南等地范围有所缩小;吐丝后到乳熟阶段长江中下游地区干旱较多发生区范围扩大到沿江和江南西部一带,华南和西南地区干旱范围明显减少。从各干旱频率随生育期变化来看,西南和华南地区干旱风险随生育期后移减小,长江流域干旱风险随生育期后移明显增加。夏玉米三叶到拔节阶段干旱风险都较小,仅沿江和江北略高,多在 10 年一遇以下;大喇叭口到抽雄阶段需水关键期干旱较多发生区在长江中下游地区,在 4～10 年一遇;吐丝后到乳熟阶段干旱较多发生区范围扩大到西南地区东部和华南北部一带,多在 2～4 年一遇,江南部分地区在 2 年一遇以上。从各干旱频率随生育期变化来看,夏玉米随生育期后移干旱风险明显增加。总体上夏玉米干旱风险略大于春玉米。

从年际变化看,春玉米干旱风险的年际变化不明显,临界前期干旱范围(站次比)有减小,略有变旱($CWDI$ 值增大)趋势;需水临界期站次比略增大,$CWDI$ 值略减小;临界后期站次比略减小,$CWDI$ 值略增大,但变化趋势都不明显。夏玉米临界前期干旱范围增大,略有变旱趋势;水分临界期和临界后期都显示站次比略减少、$CWDI$ 值略降低的趋势,但变化趋势都不明显。

5.3.3　基于作物水分亏缺指数的油菜季节性干旱时空特征

(1)油菜各生育阶段干旱频率的空间分布特征

1)冬前生育阶段

南方地区油菜冬前生育阶段干旱频率的空间分布特征为南部高、北部低,见图 5.43(a)。干旱低发区分布在湘鄂渝黔山区,频率多在 10%～25% 之间;干旱高发区分布在四川东部、贵州中南部、湖北大部、湖南大部、安徽中南部、江苏南部、浙江北部、江西中北部等地区,频率在 25%～50% 之间;干旱频发区分布在安徽北部、江苏中北部、浙江南部、江西南部、福建大部、广东北部、广西大部、川北丘陵地区、云南大部等地区,频率在 50%～75% 之间;干旱极高发区分布在福建东南部、广东东南大部、云南西北部、四川西南部等地区,频率高于 75%。

2)蕾期

南方地区油菜蕾期干旱频率的空间分布特征为东低西高,东部又呈中间低、南北高,见图 5.43(b)。干旱低发区位于江西东北部和安徽南部等少部分地区,频率多在 10%～25% 之间;干旱高发区分布在江南大部、江淮地区及福建西北部,频率在 25%～50% 之间;干旱频发区分布在江西南部、湖北中西大部、重庆南部、贵州大部、广西中部、广东北部、福建南部等地区,频率在 50%～75% 之间;西南其他大部分地区及两广南部地区的干旱发生频率极高,在 75% 以上。

3)抽薹到开花阶段

南方地区油菜抽薹到开花阶段干旱频率的空间分布特征和蕾期类似,见图 5.43(c)。干旱少发区分布在湖南中部、江西北部和安徽南部等地,频率在 10% 以下;干旱低发区位于江南其他地区和福建西北部,频率多在 10%～25% 之间;华南大部、江北地区、贵州东部等地区属于干旱高、频发区,频率在 25%～75% 之间;西南其他大部分地区的干旱发生频率极高,在 75% 以上。

4)角果成熟中前期

南方地区油菜角果成熟中前期干旱频率的空间分布特征和前期的总体趋势相似,即东低西高,见图 5.43(d)。干旱少发区分布在江南大部,频率多在 1%～5% 之间;浙江中东部和湖南西北部频率在 5%～10% 之间;西南大部干旱仍极高发,频率高于 75%;其他地区干旱频率

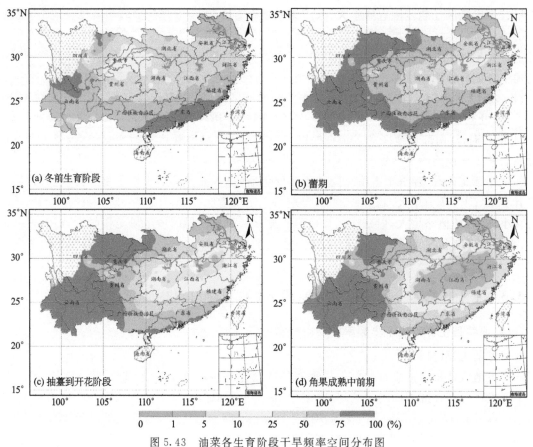

图 5.43　油菜各生育阶段干旱频率空间分布图

和抽薹到开花阶段基本相同。

　　总体上来说,油菜干旱风险在西南地区冬后生长期干旱风险都较高;长江中下游地区和华南地区随着生育期后移,干旱风险明显降低。

(2)油菜各生育阶段干旱的时间变化特征

1)作物水分亏缺指数值的时间变化特征

　　由公式(5.5)计算各站历年作物水分亏缺指数值,再分区域求平均,结果如图 5.44 所示。

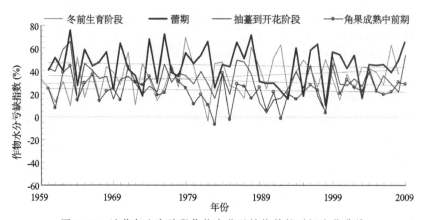

图 5.44　油菜各生育阶段作物水分亏缺指数的时间变化曲线

近 50 年油菜冬前生育阶段的作物水分亏缺指数在 -4%（1982 年）～69%（1979 年）之间变化，平均为 35%；近 50 年作物水分亏缺指数呈略增趋势，气候倾向率为 2.5%/（10a），但未通过 0.1 的显著性检验。从历年作物水分亏缺指数值反映的旱涝程度来看，近 50 年中，有 1979，1992 和 2007 年等 7 年达中旱等级；有 1984，1998 和 2003 年等 18 年达轻旱等级；有 1962，1974 和 2002 年等 25 年在轻旱以下等级。从作物水分亏缺指数的年代变化来看，20 世纪 60 年代较低，70 年代略高，80 年代略低，90 年代较高，2000 年以来略高。

近 50 年油菜蕾期的作物水分亏缺指数在 9%（1998 年）～75%（1963 年）之间变化，平均为 45%；近 50 年作物水分亏缺指数呈略减趋势，气候倾向率为 -0.8%/（10a），但未通过 0.1 的显著性检验。从历年作物水分亏缺指数值反映的旱涝程度来看，近 50 年，中有 1963，1976，1988 和 2009 年等 6 年达重旱等级，有 1970，1986 和 1997 年等 14 年达中旱等级；有 1967，1980 和 2008 年等 16 年为轻旱等级；有 1973，1993 和 2003 年等 14 年在轻旱等级以下。从作物水分亏缺指数的年代变化来看，20 世纪 60，70 和 80 年代较高；20 世纪 90 年代较低；2000 年以来略低。

近 50 年油菜抽薹到开花阶段的作物水分亏缺指数在 3%（1990 年）～66%（1963 年）之间变化，平均为 32%；近 50 年作物水分亏缺指数呈略减趋势，气候倾向率为 -1.8%/（10a），但未通过 0.1 的显著性检验。从历年作物水分亏缺指数值反映的旱涝程度来看，近 50 年中，1963 年达特旱等级；1962，1999 和 2009 年这 3 年达重旱等级；1965，1986 和 2004 年等 7 年达中旱等级；1966，1981 和 1994 年等 14 年为轻旱；1977，1995 和 2007 年等 25 年为轻旱等级以下（无旱或涝）。从作物水分亏缺指数的年代变化来看，20 世纪 60 年代较高，70 和 80 年代略高，90 年代和 2000 年以来略低。

近 50 年油菜角果成熟中前期的作物水分亏缺指数在 -7%（1983 年）～45%（1999 年）之间变化，平均为 23%；近 50 年作物水分亏缺指数呈略减趋势，气候倾向率为 -0.6%/（10a），但未通过 0.1 的显著性检验。从历年作物水分亏缺指数值反映的旱涝程度来看，近 50 年中，有 1963，1971 和 1999 年等 9 年为轻旱等级；有 1972，1987 和 2005 年等 41 年为轻旱等级以下。从作物水分亏缺指数的年代变化来看，20 世纪 60 年代略高，70 年代较高，80 年代较低，90 年代略低，2000 年以来略高。

2）干旱站次比的时间变化特征

如图 5.45 所示，近 50 年油菜冬前生育阶段干旱站次比在 10%（1982 年）～90%（1979 年）之间变化，平均为 50%；总体上呈略增趋势，气候倾向率为 3.0%/（10a），未通过 0.1 的显著性检验。近 50 年中，有 1988，1992 和 2007 年等 24 年发生全域性干旱；有 1959，1974 和 1997 年等 14 年发生区域性干旱；有 1986，1990 和 2000 年等 8 年发生部分区域性干旱；有 1961，1972，1975 和 1982 年这 4 年发生局域性干旱。

近 50 年油菜蕾期干旱站次比在 31%（2003 年）～100%（1976 年）之间变化，平均为 64%；总体上呈略减趋势，气候倾向率为 -1.0%/（10a），未通过 0.1 的显著性检验。近 50 年中，有 1963，1988 和 2009 年等 34 年发生全域性干旱；有 1972，1991 和 2007 年等 14 年发生区域性干旱；仅 1992 和 2003 年发生部分区域性干旱。

近 50 年油菜抽薹到开花阶段干旱站次比在 31%（1989 年）～96%（1963 年）之间变化，平均为 55%；总体上呈减小趋势，气候倾向率为 -2.4%/（10a），通过了 0.1 的显著性检验。近 50 年中，有 1962，1999 和 2009 年等 30 年发生全域性干旱；有 1967，1995 和 2007 年等 16 年发生区域性干旱；仅 1989，1990，1992 和 1997 年发生部分区域性干旱。

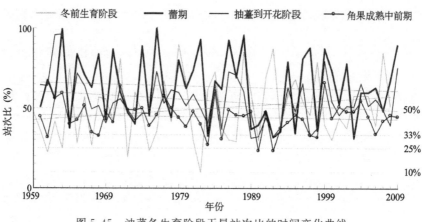

图 5.45　油菜各生育阶段干旱站次比的时间变化曲线

近 50 年油菜角果成熟中前期干旱站次比在 23％(1992 年)～66％(1999 年)之间变化,平均为 44％;总体上呈略减趋势,气候倾向率为－0.5％/(10a),未通过 0.1 的显著性检验。近 50 年中,有 1963,1971 和 1984 年等 11 年发生全域性干旱;有 1972,1986 和 2003 年等 33 年发生区域性干旱;有 1968,1983,1985 和 1998 年这 4 年发生部分区域性干旱,仅 1990 和 1992 年发生局域性干旱。

综上分析,油菜冬前生育阶段干旱发生较多的地区分布在江淮和淮北、西南地区西南部、华南大部等地,在 2 年一遇以上,云南和华南部分地区达 4 年 3 遇以上;蕾期干旱频率有所增大,多发区在西南大部、华南南部等地,在 4 年 3 遇以上;抽薹到开花阶段干旱发生情况的分布与蕾期近似,仅华南干旱多发范围明显缩小,仅华南沿海部分和西南等地在 4 年 3 遇以上;角果成熟中前期干旱多发区仅在西南地区大部。总体上来说,油菜干旱风险在西南地区冬后期干旱风险都较高;长江中下游地区和华南随着生育期后移,干旱风险明显降低。

从年际变化来看,油菜各生育阶段干旱风险年际变化不明显,冬前期 CWDI 值和干旱站次比都略有增加,冬后各生育期都呈现出干旱范围略有减小和 CWDI 值减小的趋势,仅水分临界期干旱范围明显减小,其他随时间变化都不明显。

5.3.4　基于作物水分亏缺指数的棉花季节性干旱时空特征

棉花的适宜分布区在长江中下游地区、华南中北部、贵州东部、四川盆地等地区,南方其他地区基本不适宜。

(1)南方棉花种植区干旱频率空间分布特征

1)蕾期

南方地区棉花蕾期干旱频率呈南低北高空间分布[图 5.46(a)]。干旱高发区分布在淮北和鄂北地区,频率在 25％～50％之间;干旱低发区分布在江北其他地区及川北地区,频率在 10％～25％之间;干旱少发区分布在江南大部、四川盆地大部、贵州东部、广西大部、福建大部等地,频率在 1％～10％之间;广东西北部地区干旱极少发生,频率低于 1％。

2)花铃前期

南方地区棉花花铃前期干旱频率呈东高西低空间分布[图 5.46(b)]。干旱频发区分布在湘中南和赣西南地区,频率在 50％～75％之间;干旱高发区分布在长江中下游大部地区及福建大部,频率在 25％～50％之间;干旱低发区分布在川东、渝、鄂西南、黔东、桂东北、粤西北和苏北等地,频率在 10%～25%之间。

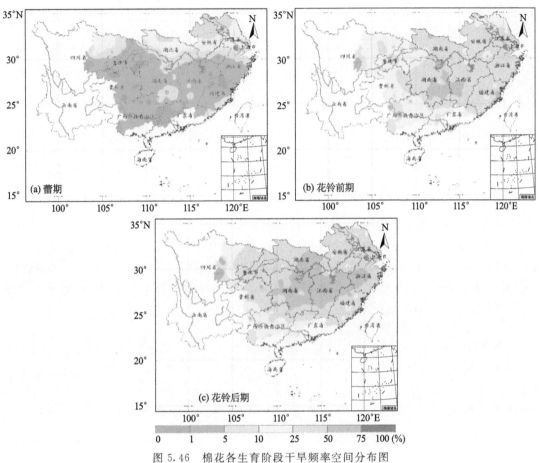

图 5.46　棉花各生育阶段干旱频率空间分布图

3)花铃后期

如图 5.46(c)所示,南方地区棉花花铃后期干旱频率呈中部高,东、西部低分布。干旱频发区分布在湖北东部、湖南中东大部、江西中北大部、浙江西南部、福建西北部等地区,频率在 50%～75%之间。棉花适宜种植的其他大部分地区的干旱发生频率也较高,多在 25%～50%之间。

(2)棉花各生育阶段干旱的时间变化特征

1)棉花各生育阶段作物水分亏缺指数的时间变化特征

由公式(5.5)计算各站历年作物水分亏缺指数值,再分区域求平均,结果如图 5.47 所示。

近 50 年棉花蕾期的作物水分亏缺指数在－32%(1962 年)～2%(1963 年)之间变化,平均为－17%;总体上作物水分亏缺指数呈略减趋势,气候倾向率为－0.4%/(10a),但未通过 0.1 的显著性检验。从作物水分亏缺指数的年代变化来看,20 世纪 60 和 70 年代略高,80 年代以来略低。

近 50 年棉花花铃前期的作物水分亏缺指数在－17%(1997 年)～19%(1988 年)之间变化,平均为 1%;总体上作物水分亏缺指数呈减小趋势,气候倾向率为－1.7%/(10a),通过了 0.05 的显著性检验。从作物水分亏缺指数的年代变化来看,20 世纪 60 年代中前期较高,60

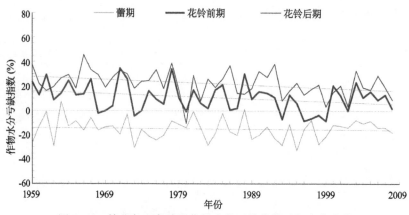

图 5.47　棉花各生育阶段作物水分亏缺指数时间变化曲线

年代后期到 70 年代略高,80 和 90 年代较低,2000 年以来略低。

近 50 年棉花花铃后期的作物水分亏缺指数在-16%(1980 年)～29%(1992 年)之间变化,平均为 9%;总体上作物水分亏缺指数呈减小趋势,气候倾向率为-1.5%/(10a),通过了 0.05 的显著性检验。从作物水分亏缺指数的年代变化来看,20 世纪 60 年代到 90 年代初较高,90 年代中期以来较低。

2)干旱站次比的时间变化特征

棉花各生育阶段干旱站次比时间变化曲线如图 5.48 所示。由图 5.48 可见,近 50 年棉花蕾期干旱站次比在 0(1984 年)～15%(2005 年)之间变化,平均为 5%;总体上呈略减趋势,气候倾向率为-0.5%/(10a),未通过 0.1 的显著性检验。近 50 年中,有 1963,1978 和 2005 年等 6 年发生局域性干旱;有 1968,1988 和 2006 年等 44 年没有明显干旱发生。

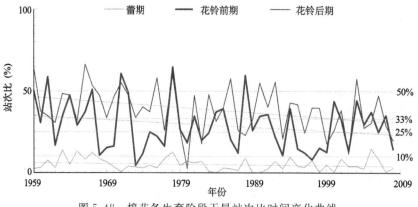

图 5.48　棉花各生育阶段干旱站次比时间变化曲线

近 50 年棉花花铃前期干旱站次比在 5%(1973 年)～65%(1978 年)之间变化,多年平均为 29%;总体上呈略减趋势,气候倾向率为-2.3%/(10a),未通过 0.1 的显著性检验。近 50 年中,有 1971,1978 和 1988 年等 6 年发生全域性干旱;有 1964,1972 和 2003 年等 15 年发生区域性干旱;有 1960,1979 和 2004 年等 7 年发生部分区域性干旱;有 1968,1987 和 2008 年等 20 年发生局域性干旱;仅 1973 和 1997 年没有明显干旱发生。

近 50 年棉花花铃后期干旱站次比在 2%(1980 年)～66%(1966 年)之间变化,平均为 38%;总体上呈减小趋势,气候倾向率为-3.2%/(10a),通过了 0.1 的显著性检验。近 50 年中,有 1959,1978 和 2003 年等 10 年发生全域性干旱;有 1963,1972 和 1983 年等 22 年发生区域性干旱;有 1965,1984 和 2007 年等 11 年发生部分区域性干旱;有 1988,1998 和 2003 年等 6 年发生局域性干旱。

综上分析,棉花蕾期干旱发生较多的地区分布在沿淮、淮北和鄂北等地,在 2~4 年一遇;花铃前期干旱频率明显增大,干旱较多发生区迅速扩大到整个长江中下游地区和华南东北部等地,在 2~4 年一遇或其以上,其中江南大部和鄂东等地达 2 年一遇以上。总体上来说,随着生育期后移,棉花干旱风险明显增大。从年际变化看,棉花干旱风险有减轻的趋势,其中临界前期 CWDI 值和干旱站次比都略有减小;水分临界期干旱范围略有减小,CWDI 值有明显减小的趋势;临界后期干旱范围和 CWDI 值都呈明显减小趋势。

5.3.5　基于作物水分亏缺指数的水稻季节性干旱时空特征

(1)双季早稻季节性干旱时空特征

南方地区适宜种植双季稻的范围较小,适宜区北界大概在 32°N,西端可到云南省的广南县,全区包括巫山—雪峰山一线以东的长江中下游地区、华南大部及云南南部低海拔地区。南方大部分地区双季早稻的生长季(本书指移栽到成熟,下同)基本在 3 月下旬到 7 月中旬之间,处于雨季,所以干旱发生频率较低;而海南可种三季稻,一般早稻的生长季在 2 月上旬到 5 月上旬之间,处于干季,干旱发生频率很高。

1)双季早稻各生育阶段干旱频率空间分布特征

①分蘖到拔节阶段

南方地区早稻分蘖到拔节阶段干旱发生频率的空间分布见图 5.49(a)。由图 5.49(a)可见,华南沿海及海南干旱频率高,其他地区都较低。干旱高发区在雷州半岛南部和海南西南部,频率在 75% 以上;干旱较高发区位于雷州半岛中南部、海南东北部,在 50%~75% 之间;干旱少发区位于广西东南部、广东东南部、福建东南部、湖北北部、安徽中部等地,在 1%~10% 之间;双季早稻适宜区内的其他大部分地区都极少发生干旱,频率都低于 1%。

②孕穗到抽穗阶段

南方地区早稻孕穗到抽穗阶段干旱发生频率的空间分布与分蘖到拔节阶段相比,南部和北部地区的干旱发生频率有所增加。由图 5.49(b)可见,干旱发生频率极高区分布在海南、雷州半岛南部,频率高于 75%;其他雷州半岛北部和广西沿海地区频率也较高,在 10%~25% 之间;干旱少发区分布在广西南部、广东东南部、福建东南部及 31°N 以北的江北地区,频率在 1%~10% 之间;江南和华南中北部地区都极少发生干旱,频率低于 1%。

③开花后期到成熟阶段

南方地区早稻开花后期到成熟阶段干旱发生频率的空间分布与孕穗到抽穗阶段相比,中、北大部地区的干旱发生频率略增。由图 5.49(c)可见,干旱极高发区分布在海南西南部,高于 75%;干旱频发区分布在海南中东部和雷州半岛南部,频率在 50%~75% 之间;干旱低发区分布在雷州半岛北部、广西沿海、福建沿海少部分地区,频率在 10%~25% 之间;干旱少发区分布在长江中下游平原、福建东南部、广东东南部、广西中南部等地,频率在 1%~10% 之间;江南大部、两广北部、福建西北部等地区极少发生干旱,频率低于 1%。

2)双季早稻各生育阶段干旱时间变化特征

①作物水分亏缺指数的时间变化特征

由公式(5.5)计算各站历年作物水分亏缺指数值,再分区域求平均,结果如图 5.50 所示。

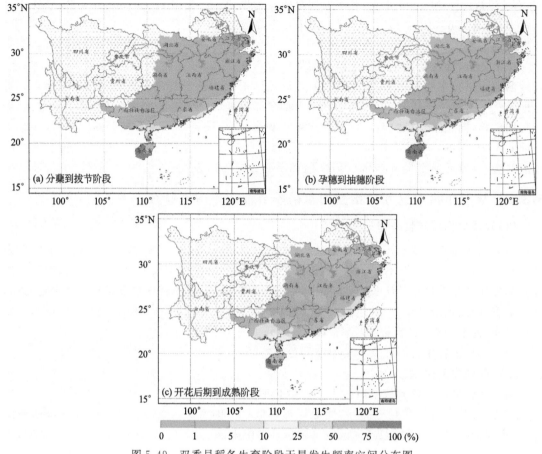

图 5.49　双季早稻各生育阶段干旱发生频率空间分布图

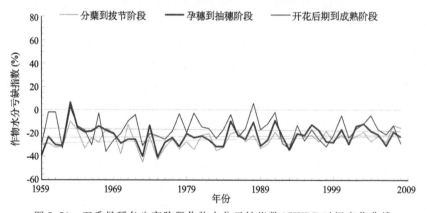

图 5.50　双季早稻各生育阶段作物水分亏缺指数(CWDI)时间变化曲线

　　近 50 年来(1959—2008 年)双季早稻分蘖到拔节阶段的作物水分亏缺指数在－45％(1973 年)～－9％(1963 年)之间变化,平均为－25％,即总体上南方地区水分临界前期降水量能够满足双季早稻的需水要求。但是,近 50 年作物水分亏缺指数呈增加趋势,气候倾向率为1.2％/(10a),通过了 0.1 的显著性检验,即有变旱的趋势。从作物水分亏缺指数的年代变化来看,20 世纪 60 年代略高,70 年代较低,80 年代略低,90 年代略高,2000 年以来较高。

近 50 年来双季早稻孕穗到抽穗阶段的作物水分亏缺指数在－40％(1975 年)～6％(1963 年)之间变化,平均为－22％,即总体上南方地区大部分年份降水量都能满足双季早稻的需水要求,个别年份略不满足。近 50 年作物水分亏缺指数呈略增趋势,气候倾向率为 0.5％/(10a),但未通过 0.1 的显著性检验。从作物水分亏缺指数的年代变化来看,20 世纪 60 年代较高,70 年代较低,80 年代略高,90 年代略低,2000 年以来略低。

近 50 年来双季早稻开花后期到成熟阶段的作物水分亏缺指数在－36％(1968 年)～6％(1988 年)之间变化,平均为－17％,即降水量基本满足双季早稻的需水要求,个别年份略不满足。但是近 50 年作物水分亏缺指数呈略减趋势,气候倾向率为－0.4％/(10a),未通过 0.1 的显著性检验。从作物水分亏缺指数的年代变化来看,20 世纪 60 年代略高;20 世纪 70,80 和 90 年代较低;2000 年以来略高。

②干旱站次比的时间变化特征

双季早稻各生育阶段干旱站次比的时间变化曲线如图 5.51 所示。由图 5.51 可见,近 50 年双季早稻分蘖到拔节阶段干旱站次比在 2％(1985 年)～15％(1963 年)之间变化,平均为 7％;总体上呈略减趋势,气候倾向率为－0.1％/(10a),未通过 0.1 的显著性检验。近 50 年中,有 1963,1971,1977 和 2002 年这 4 年发生局域性干旱;其他 1966,1983 和 1990 年等 46 年没有明显干旱发生。

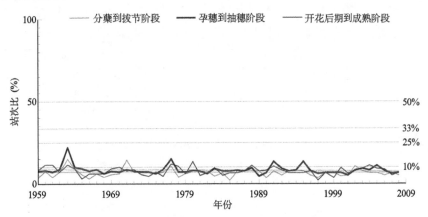

图 5.51　双季早稻各生育阶段干旱站次比的时间变化曲线

近 50 年双季早稻孕穗到抽穗阶段干旱站次比在 4％(1989 年)～22％(1963 年)之间变化,平均为 8％;整体上呈略减趋势,气候倾向率为－0.3％/(10a),未通过 0.1 的显著性检验。近 50 年中,有 1963,1977 和 1995 年等 7 年发生局域性干旱;其他有 1968,1975 和 2001 年等 43 年无明显干旱发生。

近 50 年双季早稻开花后期到成熟阶段干旱站次比在 2％(1997 年)～13％(1980 年)之间变化,多年平均为 8％;总体上呈略减趋势,气候倾向率为－0.2％/(10a),未通过 0.1 的显著性检验。近 50 年中,有 1960,1977 和 1980 年等 12 年发生局域性干旱;其他 1964,1972 和 2005 年等 38 年无明显干旱发生。

(2)一季稻(中稻)季节性干旱时空特征

除了川西高原及云南的西北部,南方大部分地区都适宜种植一季稻。一季稻的生长季基本在 5—9 月之间,处于汛期,分析结果表明这一阶段干旱发生频率一般较低。

1)一季稻各生育阶段干旱频率空间分布特征

①分蘖到拔节阶段

图 5.52(a)为南方地区一季稻分蘖到拔节阶段干旱发生频率空间分布图,由图 5.52(a)可以看出:南方地区一季稻分蘖到拔节阶段干旱发生频率低,空间分布呈南低北高趋势。淮北、鄂北、川北等地区是干旱高发区,干旱频率在 25%～50% 之间,即 4 年一遇到 2 年一遇;江南的南部和华南大部等地区几乎不发生干旱,频率在 1% 以下;江南中北部、西南地区的东南部等地的干旱少发生,频率在 1%～10% 之间,即 100 年一遇到 10 年一遇;其他地区则是干旱低发区,频率在 10%～25% 之间,即 10 年一遇到 4 年一遇。

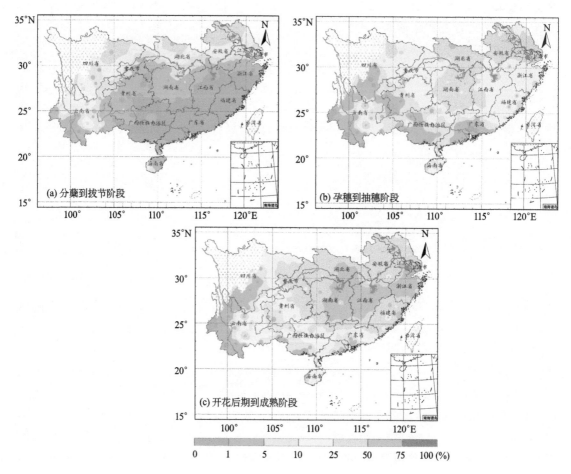

图 5.52　一季稻各生育阶段干旱频率空间分布图

②孕穗到抽穗阶段

南方地区一季稻孕穗到抽穗阶段干旱发生频率与分蘖到拔节阶段相比,中、东部增多,西部减少,空间分布基本呈西南部低、中东部高,见图 5.52(b)。干旱高发区分布在江北大部、湖南大部、江西西部、海南西部、川北丘陵及滇中河谷等地,频率大多在 25%～50% 之间,即 4 年一遇到 2 年一遇;干旱低发区分布在湖北西南部、江苏东北部、安徽南部、江西中东部、浙江中南部、福建大部、两广北部、海南中东部、贵州东部、四川东部、重庆等地区,频率在 10%～25%之间;西南和华南其他地区的干旱少发生,频率在 1%～10% 之间。

③开花后期到成熟阶段

南方地区一季稻开花后期到成熟阶段的干旱发生频率与孕穗到抽穗阶段相比,西南部分地区干旱频率变化不大,而中东大部分地区的干旱频率是增加的;空间分布也是基本呈西南部低、中东部高,见图 5.52(c)。干旱频发区分布在湖北东南部、湖南中东部、江西大部、浙江大部、海南西部等地,大多在 50%~75%之间,即 2 年一遇到 4 年 3 遇;干旱高发区分布在四川盆地中东部、贵州东部、福建大部、长江中下游其他地区等,频率在 25%~50%之间;干旱少发区分布在川西南、滇西、黔西、桂西、粤东南等地区,频率多在 1%~10%之间;西南和华南其他地区则是干旱低发区,频率在 10%~25%之间。

2)一季稻各生育阶段干旱时间变化特征

①作物水分亏缺指数的时间变化特征

由公式(5.5)计算各站历年作物水分亏缺指数值,再分区域求平均,结果如图 5.53 所示。

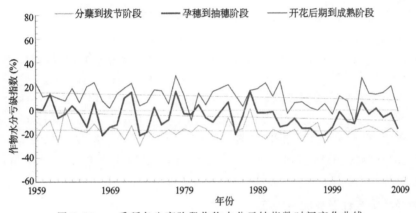

图 5.53　一季稻各生育阶段作物水分亏缺指数时间变化曲线

由图 5.53 可见,近 50 年一季稻分蘖到拔节阶段的作物水分亏缺指数在−30%(1973 年)~2%(1963 年)之间变化,平均为−17%;作物水分亏缺指数呈略减趋势,气候倾向率为−0.3%/(10a),但未通过 0.1 的显著性检验。从作物水分亏缺指数的年代变化来看,20 世纪60 年代初较高,60 年代中期到 80 年代前期较低,80 年代中后期较高,90 年代以来略低。

近 50 年一季稻孕穗到抽穗阶段的作物水分亏缺指数在−22%(1997 年)~16%(1978 年)之间变化,平均为−5%;作物水分亏缺指数呈略减趋势,气候倾向率为−1.6%/(10a),但未通过 0.1 的显著性检验。从作物水分亏缺指数的年代变化来看,20 世纪 60,70 和 80 年代较高;20 世纪 90 年代较低;2000 年以来略高。

近 50 年一季稻开花后期到成熟阶段的作物水分亏缺指数在−12%(2002 年)~29%(1978 年)之间变化,平均为 12%;作物水分亏缺指数呈略减趋势,气候倾向率为−1.4%/(10a),但未通过 0.1 的显著性检验。从作物水分亏缺指数的年代变化来看,20 世纪60 年代略高,70 年代较高,80 年代略高,90 年代较低,2000 年以来略高。

②干旱站次比的时间变化特征

如图 5.54 所示,近 50 年一季稻分蘖到拔节阶段干旱站次比在 1%(1998 年)~16%(1977年)之间变化,多年平均为 6%;总体上呈略减趋势,气候倾向率为−0.6%/(10a),未通过 0.1的显著性检验。近 50 年中,有 1963,1988 和 1993 年等 9 年发生局域性干旱;有 1965,1983 和2006 年等 41 年无明显干旱发生。

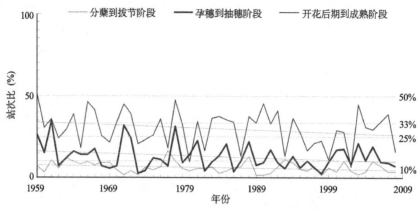

图 5.54　一季稻各生育阶段干旱站次比的时间变化特征

　　近50年一季稻孕穗到抽穗阶段干旱站次比在3%(1998年)～35%(1961年)之间变化，平均为13%；总体上呈略增趋势，气候倾向率为−1.3%/(10a)，通过了0.1的显著性检验。近50年中，有1959,1971和1978年这3年发生部分区域性干旱；有1972,1981和2003年等24年发生局域性干旱；其他1979,1992和2008年等22年无明显干旱发生。

　　近50年一季稻开花后期到成熟阶段干旱站次比在6%(2002年)～51%(1959年)之间变化，多年平均为30%；总体上呈略减趋势，气候倾向率为−1.6%/(10a)，通过了0.1的显著性检验。近50年中，有1966,1978和1990年等23年发生区域性干旱；有1960,1979和2004年等10年发生部分区域性干旱；有1962,1974和1998年等14年发生局域性干旱；仅1980和2002年无明显干旱发生。

　　(3)双季晚稻季节性干旱时空特征

　　南方地区的晚稻种植分布区域与早稻基本一致，大部分地区双季晚稻的大田生长季在7月下旬至11月中旬之间。

　　1)双季晚稻各生育阶段干旱频率的空间分布特征

　　①分蘖到拔节阶段

　　南方地区双季晚稻分蘖到拔节阶段干旱发生频率的空间分布大体呈从南到北逐渐增高的特点，见图5.55(a)。南岭一线以北地区是干旱高发区，频率多在25%～50%之间；干旱少发区分布在两广南部和海南中东大部等地，频率多在1%～10%之间；干旱低发区分布在两广中北部和海南西部，频率在10%～25%之间。

　　②孕穗到抽穗阶段

　　南方地区双季晚稻孕穗到抽穗阶段干旱发生频率的空间分布与分蘖到拔节阶段相比，干旱频率有所增加，见图5.55(b)。干旱少发区分布在海南中东部，多在5%～10%之间；干旱低发区分布在海南西部和北部、雷州半岛南部、云南广南县等地区，频率在10%～25%之间；干旱高发区分布在广西西南部、广东东南部、福建东北部、浙江中东部、安徽南部等地区，频率在25%～50%之间；干旱频发区分布在长江中下游其他大部地区及广西中北部、广东西北部、福建大部等地，频率多在50%～75%之间。

　　③开花后期到成熟阶段

　　南方地区双季晚稻开花后期到成熟阶段干旱发生频率的空间分布与孕穗到抽穗阶段相比，对应地区的干旱频率略增，见图5.55(c)。干旱低发区分布在海南东南部，在25%以下；干旱高发

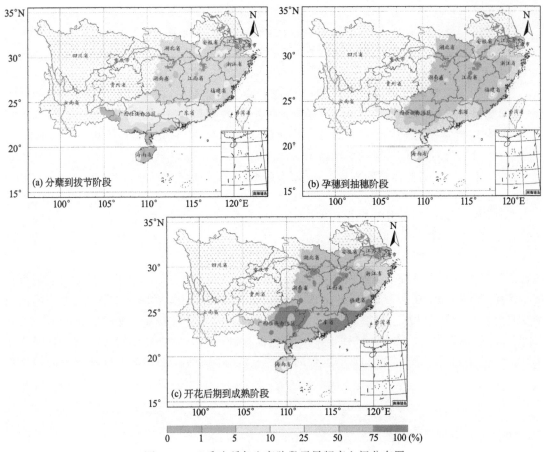

图 5.55　双季晚稻各生育阶段干旱频率空间分布图

区分布在海南西部和北部、雷州半岛南端、云南的东南边缘、浙江中东部、安徽东南部等地区,频率在 25%～50% 之间;干旱极高发区分布在闽东南、粤东北、桂东北及湘、赣局部地区,频率在 75% 以上;双季晚稻适宜区内的其他大部分地区都是干旱频发区,频率在 50%～75% 之间。

2)双季晚稻各生育阶段干旱的时间变化特征

①作物水分亏缺指数的时间变化特征

由公式(5.5)计算各站历年作物水分亏缺指数值,再分区域求平均,结果如图 5.56 所示。

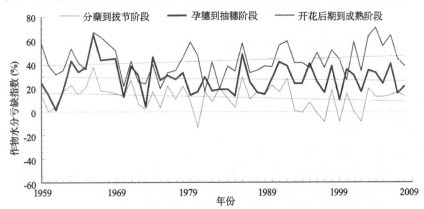

图 5.56　双季晚稻各生育阶段作物水分亏缺指数时间变化曲线

　　近50年双季晚稻分蘖到拔节阶段的作物水分亏缺指数在-14%（1980年）～38%（1966年）之间变化，平均为12%；总体上呈略减小的趋势，气候倾向率为-1.6%/（10a），但未通过0.1的显著性检验。从作物水分亏缺指数的年代变化来看，20世纪60年代较高，70和80年代略高，90年代较低，2000年以来略低。

　　近50年双季晚稻孕穗到抽穗阶段的作物水分亏缺指数在16%（1981年）～71%（2004年）之间变化，平均为43%；总体上呈略增大的趋势，气候倾向率为1.7%/（10a），但未通过0.1的显著性检验。从作物水分亏缺指数的年代变化来看，20世纪60年代较高，70和80年代较低，90年代略高，2000年以来较高。

　　近50年双季晚稻开花后期到成熟阶段的作物水分亏缺指数在1%（1961年）～65%（1966年）之间变化，平均为28%；总体上呈略减趋势，气候倾向率为-0.8%/（10a），但未通过0.1的显著性检验。从作物水分亏缺指数的年代变化来看，20世纪60年代较高，70年代略低，80年代较低，90年代和2000年以来略高。

　　②干旱站次比的时间变化特征

　　双季晚稻各生育阶段干旱站次比时间变化曲线如图5.57所示。近50年双季晚稻分蘖到拔节阶段干旱站次比在2%（2002年）～64%（1966年）之间变化，平均为26%；总体上呈显著减小趋势，气候倾向率为-3.2%/（10a），通过了0.05的显著性检验。近50年中，有1971，1986和2003年等13年发生区域性干旱；有1968，1988和1994年等12年发生部分区域性干旱；有1979，1989和2000年等18年发生局域性干旱；有1975，1980和1999年等6年没有明显干旱发生。

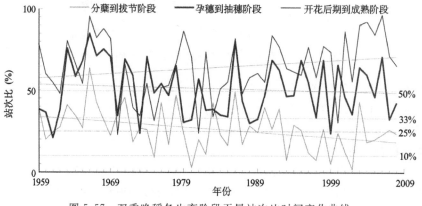

图5.57　双季晚稻各生育阶段干旱站次比时间变化曲线

　　近50年双季晚稻孕穗到抽穗阶段干旱站次比在21%（1961年）～85%（1966年）之间变化，平均为51%；总体上呈略减趋势，气候倾向率为-1.0%/（10a），未通过0.1的显著性检验。近50年中，有1963，1974和1986年等23年发生全域性干旱；有1975，1977和1990年等21年发生区域性干旱；有1979，1980和1988年这3年发生部分区域性干旱；有1961，1973和1999年这3年发生局域性干旱。

　　近50年双季晚稻开花后期到成熟阶段干旱站次比在23%（1970年）～96%（2006年）之间变化，多年平均为64%；总体上呈略增趋势，气候倾向率为2.7%/（10a），未通过0.1的显著性检验。近50年中，有1966，2003和2004年等41年发生全域性干旱；有1962，1972和1987年等5年发生区域性干旱；仅1975和2000年发生部分区域性干旱；仅1970和1981年发生局域性干旱。

综合对水稻农业干旱分析,双季早稻干旱发生总体上较轻,干旱发生较多的地区分布在华南南部等地,其中早稻分蘖到拔节阶段干旱较多发生区在雷州半岛和海南等地,在 4 年一遇以上,部分地区达 4 年 3 遇以上;孕穗到抽穗阶段干旱发生较多区略有扩大,扩大到广西东南部和广东西南部等地,开花后期到成熟阶段进一步扩大到福建东南沿海等地,在 4 年一遇以上,其中海南和雷州半岛部分地方在 4 年 3 遇以上;总体上来说,早稻干旱风险不大,随着生育期后移,干旱风险明显增大。一季稻(中稻)总体干旱较轻,分蘖到拔节阶段仅淮北、鄂北、川北等江北北部地区是干旱频率较高区,为 2～4 年一遇;孕穗到抽穗阶段干旱较高发生区由江北北部扩大至沿江及江南西部、云南中部等地,仍在 2～4 年一遇之间;开花后期到成熟阶段干旱较高发生区进一步向西、向南扩大,整个长江中下游地区、西南地区西部、华南北部等地都在 2～4 年一遇或其以上,其中江南多在 2 年一遇到 4 年 3 遇;从整个生育期来看,一季稻随生育期后移干旱风险增大,影响范围也扩大。双季晚稻分蘖到拔节阶段干旱频率较高区在长江中下游地区和福建等地,为 2～4 年一遇;孕穗到抽穗阶段干旱较高发生区迅速扩大到除海南和雷州半岛以外的整个华南地区,多在 2～4 年一遇之间或其以上,其中江南大部及华南中北部和东北部多在 2 年一遇到 4 年 3 遇;开花后期到成熟阶段干旱较高发生区向南扩大,大部分在 2 年一遇到 4 年 3 遇,华南东部沿海和北部部分地区及江南局地可达 4 年 3 遇以上;晚稻随生育期后移,干旱风险明显增大。总体比较,晚稻干旱风险最大,一季稻次之,早稻干旱风险最小。

从年际变化看,早稻干旱风险各生育阶段随年际变化不明显,总体上早稻各生育阶段干旱范围(站次比)都略有减小,但水分临界前期和临界期 CWDI 值有所增加,即有变旱的趋势;临界后期 CWDI 值略有减小。一季稻(中稻)各生育阶段干旱风险呈减轻的趋势,干旱站次比都呈略减,CWDI 值也呈略减,但趋势总体上不显著。晚稻各生育阶段干旱风险变化不一致,水分临界前期干旱站次比呈减小、CWDI 值也呈略减,水分临界期站次比呈略减、CWDI 值略增,临界后期站次比呈略减、CWDI 值也呈略减,总体上趋势不明显。

5.4　小结

通过基于连续无有效降水日数(Dnp)和作物水分亏缺指数(CWDI)对南方地区各季节干旱及连旱分析,对作物季节干旱和作物不同生育阶段分析,可得出以下结论:

(1)各季节干旱,春旱主要分布在西南地区西部、华南南部和淮北等地;夏旱以长江中下游地区较频繁;秋旱主要分布在长江中下游地区和华南地区;冬旱主要分布在西南地区西部、长江中下游地区北部和华南南部等地,这些季节性分布特征与第 4 章气象干旱空间分析也类似。从年际变化来看,秋旱明显增强;夏旱有明显减轻;春旱和冬旱变化不明显,但都呈略减轻的趋势,发生站次比呈略增加趋势。总体上,南方地区基于 Dnp 指标的干旱范围秋旱最广,冬旱次之,夏旱最小;但平均干旱强度以夏旱最强,其次为春旱,冬旱最轻。

(2)从各季节连旱发生情况来看,春夏连旱多分布在西南地区西部和淮北部分地区;夏秋连旱多发区主要分布在长江中下游地区;秋冬连旱影响广;冬春连旱多分布在西南地区、华南沿海及江北北部等地。三季节连旱,以夏秋冬三季节连旱多发区主要分布在长江中下游地区的江北和江南中西部等地;秋冬春三季节连旱多发区主要分布在西南地区西部、淮北等地;冬春夏连旱总体发生较少,仅淮北等地频率较高。多年平均以夏秋连旱范围最小,强度最轻;春夏连旱范围次小,但强度也较重;秋冬连旱范围最大,但强度次轻;冬春连旱范围居中,但强度最重。多年平均以夏秋冬连旱范围较小且强度最轻;秋冬春连旱范围最大且强度重;冬春夏连旱范围最小但强度重。

(3)从作物生长季干旱发生情况来看,春播夏收作物生育期干旱主要发生在西南地区西部、海南大部、淮河以北等地;夏播秋收作物生育期干旱主要发生在长江中下游大部、华南北部等地;春播秋收作物生育期干旱主要发生在江北、江南中西部;除江南外越冬作物生育期干旱发生频率都很高。

(4)从不同作物各不同生育阶段来看,冬小麦和油菜干旱高发区分布在西南、淮北、华南中南部,水分临界期前易干旱;春玉米干旱高发区分布在淮北、华南南部、西南河谷,水分临界期及以后易干旱;双季早稻干旱高发区分布在海南等地,开花期以后易干旱;双季晚稻干旱高发区分布在长江中游地区和华南北部,孕穗期及以后易干旱;一季稻、棉花、夏玉米干旱高发区分布在长江中游地区,水分临界期后易干旱。冬小麦冬后生育期内干旱强度和干旱发生频率随生育期后移干旱风险频率减小。从春玉米干旱频率随生育期变化看,西南和华南地区干旱风险随生育期后移而减小,长江流域干旱风险随生育期后移明显增加。夏玉米随生育期后移,干旱风险明显增加。油菜干旱风险西南地区冬后生育期干旱风险都较高;长江中下游地区和华南地区随着生育期后移,干旱风险明显降低。棉花随着生育期后移,干旱风险明显增大。双季早稻干旱发生总体也较轻,干旱风险不大,随着生育期后移,干旱风险明显增大。一季稻(中稻)总体干旱也较轻,随生育期后移,干旱风险增大,影响范围也扩大。双季晚稻是干旱风险最大的水稻,随生育期后移,干旱风险明显增大。

从干旱年际变化来看,连续无有效降水日数反映出的秋旱明显增加,夏旱减轻,春旱强度呈略减轻、站次比呈略增加,冬旱强度呈略减、站次比略增;从季节连旱显示,多数呈加重的趋势。基于作物水分亏缺指数的不同作物和生育阶段干旱发生的年际变化都不明显,多数显示干旱程度减轻,这主要跟普遍显示降水增多、蒸散量减少明显有关。综合来看,各农业干旱指标能较好地从不同角度反映干旱特征变化。

第 6 章 南方地区季节性干旱分区及评述

6.1 南方地区季节性干旱分区指标筛选

6.1.1 分区原则和方法

(1)分区目的和意义

南方地区地域广阔,土壤类型和地形地貌复杂,气候类型多样,季节性干旱时空差异明显,形成原因和致灾机理也不完全一样,而且各地方的农作物、耕作方式有明显不同。为了更好地开发利用农业气候资源,应对季节性干旱造成的不利影响,达到防旱避灾之目的,在探明南方地区季节性干旱规律基础之上,进行季节性干旱特征分区,对不同的干旱类型进行分析诊断,提出合理的干旱分区,并对各区进行评述,可为各区域抗旱避灾提供科学依据。

(2)分区依据和原则

南方地区大部分地方总体上不缺水,干旱一般多为季节性,这不同于北方干旱地区。干旱分区要体现南方地区的特点。在气候资源基本满足的情况下,一方面借用气候区划方法,加入干旱频率指标作为分区指标,比较容易区分不同干旱分区(陆魁东 等2007);另一方面,利用风险评估区划的方法,对不同干旱风险进行分区。影响季节性干旱的因素很多,有大尺度的天气气候环流背景、降水季节和空间差异、地面径流等水分再分配过程、地形地貌、土壤植被及耕作方式等各种因素。因此,干旱分区必须综合各种要素特点,采取主次不同的划分原则。

分区的原则(中国农业科学院1998,易鹏2004,张亚红2003)有:1)满足生产性原则:干旱分区结果与农业生产相适应,分区过程和结果要服从为农业生产服务的原则,必须从农业生产现状和实际需求出发,干旱分区的结果要能够最大化地利用各地农业气候资源和防旱避灾。2)遵循气候相似原则和客观性原则:相同干旱区域的气候类型基本一致,不同地区的人们对干旱影响的感受和评价不同,分区过程要遵循客观自然地域分异规律及干旱的客观空间和时间分布规律,实事求是地反映不同地区、不同季节干旱的范围、影响频次等差异,合理确定分区原则和指标体系,进行科学合理分区。3)综合因子原则和主导因子结合的原则:影响干旱的指标很多,但不同指标影响主导位次不一样,主要因子必须放在首位,主要因子权重比例大,次要因素权重比例小。4)地域完整性原则:在区划中注意保持一定的自然地理分区和行政区域的完整性,以利于实际应用。本章干旱分区,以县域为最小划分单元,保持县级区域的完整性。5)简明实用原则:干旱分区级别和分区数目不宜过多,应重点突出各区的降水、蒸散水等气象主要因子的差异,个别细小的因素尽量简略。考虑南方区域太大,本书采取三级分区(黄晚华 等2013)。

(3)分区指标原则和命名

南方地区干旱采取三级分区。从分区指标选择上,气象指标一级分区指标考虑降水量、干燥度等基本干旱气候背景因子;二级分区根据干旱气候类型差异,结合地形地貌、热量条件;三级分区指标根据不同季节的干旱风险频率,并结合农业生产实际,划分不同三级区。在三级区内可根据不同作物生长季的干旱情况分区,并结合农业生产条件、种植习惯等再划分三级亚区。命名原则,一级分区(大区)名称为干湿度名称;二级分区名称为大区域名称或气候带+热量特征+湿润度名称;三级分区名称为地理或行政区域名称+地形地貌+季节性干旱类型+湿润度。

(4)分区方法

以前分区方法大多应用在气候区划和风险分区上,主要分区方法(韩湘玲 1999)有:1)逐级指标筛选法:通过不同主次因素,主导和辅助因素结合,单因子和综合因子结合,首先根据影响农业地域分异的主要气候因子,依次确定出不同级别的主导指标和辅助指标,然后逐步进行分区。2)集优法:集优法是选择与作物生育和产量形成有密切关系的气象要素作为指标,分别将这些指标在地域上的分布范围绘制在一张地图上,各个指标最适宜范围的交集即为最优区,一个指标也不满足则为不宜种植区,介于二者之间依据该地区气象因素组合的优劣程度,分为适宜区、不适宜区。这种方法各个因子同等重要,主要适用于名优果木和珍贵作物区划。3)数学方法:主要有聚类分析方法、模糊数学方法、灰色关联分析法等。聚类分析方法是依据样品属性或者特征定量确定其间的亲疏关系,再按照亲疏关系分型划类。这种方法借助计算机可以大大加快区划速度,而且分区结果比较客观,可以结合多个站点、多个气候要素综合分析。模糊数学方法是采取多个气候因子综合作用的结果,而且这些界线存在一个模糊概念的模糊地带,因此可以采用模糊数学的方法,如模糊评判、模糊聚类、模糊相似选择进行分区。灰色关联分析法是通过计算各个站点气候要素的关联度(相似程度),并建立关联矩阵,然后逐步归类,划分出不同区域。另外,线性规划方法、最优二分割方法等在农业气候区划中的应用也有其独到之处(中国农业科学院 1998)。

本节采用综合因子与主导因子相结合方法和逐级指标筛选法,并结合风险分析方法和聚类分析方法,进行干旱分区。

6.1.2　干旱分区指标筛选

(1)一级分区

一级分区指标主要考虑降水量、干燥度等基本气候干湿因子,与季节性干旱相关的主要是降水、蒸散等水分收支因子,扩充起来主要有降水量、降水变率、蒸散量、干燥度(湿润度)等。

由于南方地区季节性降水差别很大,但是一般季节性降水充足。一般来说,即使年干燥度$(K)>1.5$,但是实际上作物生长季一般仍较湿润。因此,根据以前全国干旱分区结果(张家诚 1991,崔读昌 等 1999),在名称上做适当调整,规定年干燥度在 $1.0\sim1.5$ 之间为半湿润区,不同于北方干旱区;年干燥度 $K>1.5$ 为半干旱区。在湿润区内,考虑到南方地区存在降水特别多的特别湿润区,因此,在湿润区中把年干燥度 $K\leqslant0.6$ 的定为极湿润区。南方地区部分地方在研究气候类型或区划时也有人把极湿润区称为潮湿区(徐娟 等 2004,陈宏伟 等 2007)。一级分区以干燥度(包括年和季干燥度)为主导指标,并以降水量为辅助指标。当主导指标中有1个达到分级标准时,再借助辅助指标判断,把南方地区可分为极湿润区(潮湿区)、湿润区、半湿润区(偏旱区)、半干旱区共 4 个大区(表 6.1)。

表 6.1　干旱分区一级、二级指标

区域名称	主导指标		辅助指标		
	干燥度(K)		降水量(mm)		地形地貌、热量条件
	年干燥度	季干燥度	全年	主要作物生长季	
极湿润区	$K<0.6$	$K<0.5$	$\geqslant1800$	$\geqslant1500$	高山、高寒区 亚热带、热带
湿润区	$0.6\leqslant K<1.0$	$0.5\leqslant K<1.2$	$1000\leqslant R<1800$	$800\leqslant R<1500$	
半湿润区	$1.0\leqslant K<1.5$	$1.2\leqslant K<2.0$	$600\leqslant R<1000$	$500\leqslant R<800$	
半干旱区	$K\geqslant1.5$	$K\geqslant2.0$	$R<600$	$R<500$	

（2）二级分区

二级分区指标是在干湿气候类型基础上，结合地形地貌和热量条件。热量条件主要考虑 $\geqslant10$ ℃积温，把湿润区按 $\geqslant10$ ℃积温 $\geqslant6\,000$ ℃·d、$4\,500\sim6\,000$ ℃·d、$<4\,500$ ℃·d（南亚热带、中亚热带和北亚热带分界线），并结合大地形地貌（平原、丘陵、低山、高原等）。根据以上指标把半湿润区（偏旱区）分为江北温热半湿润区、华南暖热半湿润区、西南高原半湿润区；湿润区分为长江流域温热湿润区、华南暖热湿润区、西南山地湿润区；极湿润区分为华南暖热极湿润区、江南西南山区温热极湿润区。

结合二级分区指标和结果，确定将南方地区共分为 9 个二级区。

（3）三级分区

三级分区指标主要考虑干旱特征因子，即各季节性干旱发生频率、发生强度等因子。干旱特征分区因子有：各季节基于降水量距平百分率（P_a）的干旱频率、基于 P_a 的干旱强度、季降水变率；各季节基于相对湿润度指数（M）的干旱频率、基于 M 的干旱强度；各季节基于连续无有效降水日数（Dnp）的干旱频率和干旱强度。

分两步逐级判别：第一步，综合基于降水量距平百分率、相对湿润度指数和连续无有效降水日数三种干旱指标的干旱频率，其中有 1 个或 1 个以上干旱指标达到最高级，以最高级为定级，再考虑其余 3 指标的平均状况，也只差一个级别以内，定义为该干旱级别。第二步：当第一步不能完全区别时，以平均干旱频率并结合干旱强度和月干旱频率，综合得到干旱分区。在确定分区名称上，主要考虑季节性干旱的多发或频发依主次命名，如华南地区冬旱、春旱、秋旱都有较多发生，但华南南部冬旱最重，春旱略轻于冬旱，则命名为冬旱春旱区；如淮北地区，春旱和冬旱也重，但春旱更明显，则命名为春旱冬旱区。在四季都无明显季节性干旱频发时，考虑到干旱低发情况，在分区命名上，为了与干旱名称分开，命名为多雨区。三级干旱指标如表 6.2 所示。

表 6.2　干旱分区三级干旱分区指标和含义

干旱分区	主要指标		辅助指标	
	季尺度(P_a,M,Dnp)		生长季关键月	
	干旱频率(%)	干旱强度(H)	干旱频率(%)	降水相对变率
干旱频发区	$\geqslant66$	$\geqslant3$	$\geqslant75$	$\geqslant90$
干旱多发区	$50\leqslant R<66$		$50\leqslant R<75$	$70\leqslant R<90$
干旱中等区	$25\leqslant R<50$	$2\leqslant R<3$	$25\leqslant R<50$	$50\leqslant R<70$
干旱少发区	$10\leqslant R<25$	$1\leqslant R<2$	$10\leqslant R<25$	$30\leqslant R<50$
干旱低发区	<10	<1	<10	<30

由于三级分区结果内部还有明显的干旱差异,考虑农业生产实际,在三级分区基础上可再划分三级亚区,即综合考虑农业生产实际,结合区域地形地貌、种植熟制、农林牧种植结构情况、植被和水文水利工程特征分析及与种植作物相关的农业干旱指标关键生育阶段的干旱特征值等。

6.1.3　干旱特征分区及结果

根据以上分区指标和分区方法,将南方地区共分为4个一级区,9个二级区,共29个三级区。干旱分区结果情况见表6.3。

表6.3　南方地区干旱特征分区结果

一级区	二级区	三级区	分布	干旱特点
半干旱区	Ⅰ.川滇高原山地半干旱区	Ⅰ-1.川西高原冬旱春旱区	四川省西部和云南西北部高原地区,一般海拔在3 000 m以上	冬季降水极少,春旱和冬旱频繁,秋旱有一定频率发生
		Ⅰ-2.川滇河谷冬旱春旱区	云南元江、澜沧江、川滇交界的金沙江等河谷地带	
半湿润区(偏旱区)	Ⅱ.江北温热半湿润区	Ⅱ-1.淮河平原春旱秋旱区	皖北、苏北	雨季较短,多春旱和冬旱,其中部分地区秋旱也较多
		Ⅱ-2.鄂北丘陵冬旱春旱区	湖北北部	
		Ⅱ-3.川北丘陵冬旱春旱区	四川北部	
	Ⅲ.华南暖热半湿润区	Ⅲ-1.闽南沿海秋旱区	福建东南部沿海	年降水量在1 000 mm以上,但蒸散量大。冬旱、春旱频繁,部分地区秋旱也较多发生
		Ⅲ-2.桂西河谷盆地冬旱秋旱区	广西西部山间盆地河谷	
		Ⅲ-3.海岛冬旱春旱区	海南岛西南部及西沙群岛	
		Ⅲ-4.滇南河谷冬旱春旱区	云南南部河谷地带等	
	Ⅳ.西南高原半湿润区	Ⅳ-1.滇东黔西高原冬旱春旱区	黔西、滇东中海拔高原	年降水量多在1 000 mm以下。冬、春季降水少,多冬旱、春旱
		Ⅳ-2.滇北川南山地冬旱春旱区	滇北和川东南中高海拔高原	
		Ⅳ-3.川西高原冬旱春旱区	川西、滇西北高寒高原地带	
湿润区	Ⅴ.长江流域温热湿润区	Ⅴ-1.长江中下游平原秋旱夏旱区	鄂东南、皖西南、赣北、湘北、江苏和安徽的中南部、上海	春季多雨湿润,长江中下游地区多秋旱,也有夏旱;四川盆地多冬旱
		Ⅴ-2.江南丘陵秋旱夏旱区	湖南中南部、江西中南部、浙江西部、福建北部	
		Ⅴ-3.四川盆地冬旱区	四川东北部、重庆北部盆地丘陵地区	
		Ⅴ-4.皖浙丘陵春季多雨区	安徽南部、浙江北部和东部沿海、江苏南部的部分地区	
	Ⅵ.华南暖热湿润区	Ⅵ-1.岭南丘陵山区秋旱区	广西中北部、广东北部、福建南部、江西南部的部分地区	北部秋季降水少,易发秋旱;中部冬季降水少,易发冬旱,也有秋旱,南部以冬旱为主
		Ⅵ-2.两广丘陵平原冬旱秋旱区	广西南部、广东南部	
		Ⅵ-3.雷琼台地平原冬旱区	雷州半岛、海南岛北部和东部	
		Ⅵ-4.滇南山地冬旱区	云南南部	
	Ⅶ.西南高原山地湿润区	Ⅶ-1.湘鄂渝黔山区春秋多雨区	湘西、鄂西、渝大部、贵州中北大部分地区	东部地区干旱不明显,湘西、鄂西多春雨;重庆、贵州北部多秋雨;西部高原地区多冬旱;南部黔桂交界地区冬旱明显,也有秋旱
		Ⅶ-2.黔南桂西山地冬旱区	贵州南部、广西西部山区	
		Ⅶ-3.川南山地冬旱春旱区	四川南部山区	
		Ⅶ-4.滇西高原冬旱春旱区	云南西南部中海拔高原	

续表

一级区	二级区	三级区	分布	干旱特点
极湿润区（潮湿区）	Ⅷ. 江南西南山区温热极湿润区	Ⅷ-1. 江南山区多雨区	皖南、赣东和浙北山区，浙南、赣东南和闽北，湘赣交界山区、南岭山区	中高海拔山区或山系的迎风坡面，降水较多，基本上四季无旱
		Ⅷ-2. 西南山区多雨区	湘鄂西部山区、四川盆地西部山区、云南西部山区	
	Ⅸ. 华南暖热极湿润区	Ⅸ-1. 两广冬旱区	广东中部和南部沿海、广西南部沿海多雨区	主要山系南部迎风面或台风影响的多雨区，降水量特多，发生冬旱，广东中部也有秋旱
		Ⅸ-2. 琼中山地冬旱区	海南岛中东部、云南南部	
		Ⅸ-3. 滇南山地冬旱区	云南南部中低海拔河谷山地	

干旱分区分布见图 6.1。

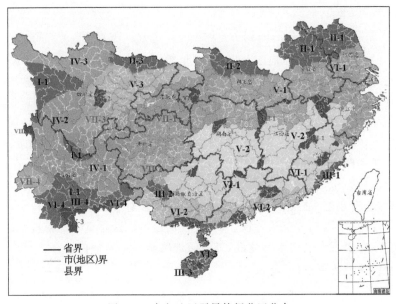

图 6.1　南方地区干旱特征分区分布

6.2　分区评述

6.2.1　川滇高原山地半干旱区（Ⅰ区）

主要分布在西南地区川西高原的高寒山区和云南省落差极大的河谷地带，分为 2 个三级区。

(1)川西高原冬旱春旱区（Ⅰ-1 区）

主要分布在川西和滇西北角的高寒山区，包括甘孜州中部一带和西南角及云南的北端部分地区，海拔多在 3 000 m 以上，年平均气温多在 10 ℃以下，最冷月平均气温可在 0 ℃以下，最热月平均气温不到 20 ℃,但部分地区处于山脉之间暖区,气温较高,蒸发量较大。年降水量多在 600 mm 以下,冬季、春季降水不足,冬季基本处于干季,降水极少,气候极干燥。

主要以牧业为主,热量较好的地方部分种植高寒作物。由于处于高寒地区,作物需水量少,因此作物生长季基本上不缺水,干旱对农业生产影响不大。

(2)川滇河谷冬旱春旱区(Ⅰ-2 区)

主要分布在云南省元江、澜沧江、川滇交界的金沙江等河谷地区,海拔多在 1 000～2 000 m 之间,深河谷地带,由于四周为高山,水汽很难进入,形成峡谷干燥地带。年平均气温在 20 ℃左右,最冷月平均气温在 10 ℃以上,最热月平均气温能到 25～30 ℃。年降水量多在 800 mm 以下,冬季和春季降水很少,基本上处于干季,气候温暖干燥。

主要以林业为主,平地和水源条件较好的地方种植杂粮作物。由于气候温暖干燥,降水不足,农业发展受到很大限制;但该地区又是热量相对充分的"暖区",一方面可加强小水利设施建设,另一方面可种植喜温喜干的特色经济作物,发展特色作物种植。

6.2.2　江北温热半湿润区(Ⅱ区)

主要分布在长江以北中纬度北亚热带平原丘陵区,包括江苏和安徽北部、湖北北部及四川北部,共 3 个三级区。

(1)淮河平原春旱秋旱区(Ⅱ-1 区)

主要分布在淮河中下游平原地区,包括安徽北部的六安北部、合肥中北部、滁州中北部、阜阳、淮南、滁州、蚌埠、亳州、淮北、宿州,以及江苏北部的淮安、扬州北部、盐城中北部、徐州、宿迁、连云港等地,海拔多在 50 m 以下。年平均气温在 15 ℃左右,最冷月平均气温为 0～2 ℃,最热月平均气温能到 26～28 ℃,≥0 ℃积温为 4 800～5 500 ℃·d(80%保证率,下同),≥10 ℃积温为 4 400～4 800 ℃·d(80%保证率,下同);年降水量为 800～1 000 mm,主要降水集中于夏季,夏季降水量可达 450～600 mm,雨季较短,秋、冬、春三季降水都少,易发春旱、冬旱,该区域南部地区也常有秋旱发生,但以春旱和秋旱对农业生产影响较大。

主要种植作物有小麦、油菜、一季水稻等,春旱比较多对农业生产影响较大,但该区多为平原地带,水利条件较好,因此抗旱条件较好,农业较发达。该区是重要的粮食基地,应以建设现代化农业为契机,完善现有农田水利建设,巩固该地区粮食基础地位。

(2)鄂北丘陵冬旱春旱区(Ⅱ-2 区)

主要分布在湖北中北部南阳盆地等丘陵低山地区,包括十堰东部、襄樊、随州、荆州北部和孝感北部地区,海拔多为 500 m 以下。年平均气温 14～16 ℃左右,最冷月气温在 2～4 ℃,最热月气温能到 26～28 ℃,≥0 ℃积温在 5 000～5 500 ℃·d,≥10 ℃积温在 4 300～4 900 ℃·d。年降水量多在 830～980 mm,秋冬季降水都少,易发冬旱,西部十堰等地春旱较少,该区中部南部随州等盆地地区秋旱也较多。

主要种植作物有冬小麦、油菜、一季水稻、棉花等,春旱秋旱较多对农业生产影响较大。应加快传统农业向现代农业转变,开展多样化种植,通过调整农业种植结构,合理避灾。

(3)川北丘陵冬旱春旱区(Ⅲ-3 区)

主要分布四川省北部丘陵低山地区,包括绵阳、广元、巴中北部等地区,海拔多为 800 m 以下。年平均气温在 15～16 ℃左右,最冷月气温在 4～6 ℃,最热月气温能到 24～26 ℃。年降水量多在 800～1 000 mm,冬季降水特少,易发冬春旱。

主要种植作物有小麦、油菜、一季水稻、玉米等,春旱比较多对农业生产影响较大,该区丘陵和中低山区,需发展抗旱设施以保障农业生产。

6.2.3　华南暖热半湿润区(Ⅲ区)

主要分布在华南低纬度南亚热带和热带地区,包括福建省东南部沿海、海南岛部分、广西西部和云南南部的部分地区,共 4 个三级区。

(1)闽南沿海秋旱区(Ⅲ-1 区)

主要分布在福建东南部沿海,包括厦门、漳州、莆田三地的东部沿海地区,海拔多为 100 m 以下。年平均气温为 20～21 ℃左右,最冷月平均气温为 12～13 ℃,最热月平均气温能达到 27～28 ℃,≥0 ℃积温为 7 200～7 500 ℃·d,≥10 ℃积温为 6 500～7 000 ℃·d。由于处于沿海和海岛地区,与台湾岛遥遥相对,地势较低,而台湾海峡的"狭管效应"显著,风速特大,风力较大,水汽凝结的可能性较少,故降水较少,年降水量多在 1 100～1 200 mm 之间,特别是闽东南沿海突出部和岛屿地区,降水量更少,年降水量仅 900～1 000 mm。降水的季节分配不均,春、夏季降水较多,都在350 mm 以上,而秋、冬季降水较少,不足 200 mm,且气温较高;冬季不足 150 mm,是秋冬旱频发区,特别是秋旱对农业生产影响更大。

主要种植作物为双季稻、冬种甘薯,甘蔗、黄麻、香蕉等南亚热带作物也较多,秋旱对农业生产影响最大。该区多为沿海平原、低山、台地,由于靠近沿海,沙地较多,土壤保水性差,易干旱。但因处于海西经济区的中心位置,农业经济基础好,需发展灌溉农业,提高抗旱条件。

(2)桂西河谷盆地冬旱秋旱区(Ⅲ-2 区)

主要分布在广西西部左右江、红水河等河谷和山间盆地地带,主要包括百色和河池部分地区,盆地海拔多在 500 m 以下。年平均气温在 22 ℃左右,最冷月平均气温为 13～14 ℃,最热月平均气温能到 28～29 ℃,≥0 ℃积温为 7 800～8 000 ℃·d,≥10 ℃积温为 7 300～7 500 ℃·d。年降水量多在 1 000～1 100 mm 之间,由于该区主要处于东西走向的河谷盆地,西南部为高山,形成"焚风效应",形成雨影区,因此,降水较少,而秋、冬季降水更少,冬季降水量仅约50 mm,易发冬旱;秋季降水量也只有 200 mm 左右,且温度高,蒸发量大,因此,秋旱也较多。

主要种植作物有双季稻、甘薯、甘蔗、杂粮、小麦和茶叶等作物,另外,荔枝、菠萝等热带作物也种植较多。因此,秋、冬旱对农作物生长影响都很大,冬季也仍是生产季,冬旱对农业生产影响最大。由于该地区多喀斯特岩溶地貌,又多山区和丘陵,因此,水利条件较差,特别是山区应加强抗旱水利设施建设。

(3)海岛冬旱春旱区(Ⅲ-3 区)

主要分布在海南岛西南部及西沙群岛等海岛地区。海拔多在 200 m 以下。年平均气温在 25～27 ℃左右,最冷月平均气温为 19～23 ℃,最热月平均气温能到 28～30 ℃,≥0 ℃积温和≥10 ℃积温均能达 9 000～9 500 ℃·d。年降水量多为 900～1 400 mm,主要处于山的背风坡,降水较少,全年皆夏,气温高,蒸发强,而冬季和早春为干季,海南岛西南部冬季降水量为 30 mm 左右,其他海岛全冬季降水也不足 100 mm,降水很少,极易发生冬旱;春季降水量也在 200 mm 以下,春旱较多;秋季特别是秋季后期,也时有秋旱发生。

该地区属于我国热量最丰富的地方,各种热带作物都能种植,主要种植作物有三季水稻和橡胶等热带作物。该地区全年是生产季,冬旱、春旱对农业生产影响都大。由于该地区多为海岛,淡水资源有限,需大力发展灌溉农业,发展热带经济。

(4)滇南河谷冬旱春旱区(Ⅲ-4区)

主要分布在云南南端澜沧江河谷地带,包括西双版纳州、思茅、临沧等河谷地带和1 000 m以下低海拔山区,年平均气温为22~23 ℃,最冷月平均气温为16~18 ℃,最热月平均气温能到26~28 ℃,≥0 ℃积温和≥10 ℃积温能达7 000~8 000 ℃·d。年降水量多为1 100~1 300 mm,主要热带的山谷地带,降水较少,冬季为干季,降水量仅50 mm左右;其他地区早春和晚秋季节降水也少,易发冬、春旱,秋旱也有发生。

该地区属于我国西南热量最丰富的地方之一,一般热带作物都能种植,主要种植作物有三季水稻和橡胶等热带作物。该地区全年是生产季,冬旱、春旱对农业生产影响都大。由于该地区多河流,水资源丰富,可大力发展水利设施,调整水资源季节分配。

6.2.4　西南高原半湿润区(Ⅳ区)

主要分布在西南地区高海拔高原或山地,包括3个三级区。

(1)滇东黔西高原冬旱春旱区(Ⅳ-1区)

主要分布在云南东北部、贵州西部及四川南部的部分地区,位于金沙江、南盘江和北盘江流域中低海拔山区地带,一般海拔为1 000~3 000 m,包括云南省的丽江、大理、保山西部、楚雄、昭通、昆明、曲靖、玉溪、文山州中东大部分、红河北部部分,贵州省毕节地区西部、六盘水西北部,以及四川省的凉山州南部和攀枝花等地,该地区海拔高差明显,气候差异较大,年平均气温为13~18 ℃,最冷月平均气温为3~9 ℃,最热月平均气温能到18~24 ℃,≥0 ℃积温在3 000~5 000 ℃·d之间,≥10 ℃积温能达4 000~5 800 ℃·d。年降水量多为700~1 000 mm,主要位于亚热带的中低海拔地区,冬季为干季,降水量仅50 mm以下,春季降水也少,易发冬、春旱。

该地区主要是山地气候,以林业为主,耕地较少,主要种植玉米、冬小麦、油菜和烟叶等作物。一般该地区冬季作物较少,冬旱对农业生产影响不明显,大部分地区以一熟为主,春旱对农业生产有一定影响。该区地形复杂,河谷低洼地带是发展农业重点区,可结合水电发展小水利设施,满足农业生产和生活需水。

(2)滇北川南山地冬旱春旱区(Ⅳ-2区)

主要分布在云南北部边缘和四川省西南部的中高海拔高原,主要包括云南东北部的迪庆州、怒江州和丽江、大理、保山北部一部分,以及四川西南甘孜州的南部地区,一般海拔为2 500~4 500 m。年平均气温为5~10 ℃,最冷月平均气温为-2~3 ℃,最热月平均气温能到12~15 ℃,≥0 ℃积温为1 500~3 000 ℃·d,≥10 ℃积温不足1 500 ℃·d。该地区年降水量多为600~800 mm,主要位于亚热带的中高海拔地区,冬季为干季,降水量仅30 mm左右或其以下,主要易发冬旱,春旱也有一定发生。

该地区主要为高海拔山区,仅在盆地和河谷种植马铃薯、杂粮等作物,一般能满足生长需要,冬旱对农业生产影响不明显。

(3)川西高原冬旱春旱区(Ⅳ-3区)

主要分布在四川西北高寒高原地带,包括甘孜州北部和阿坝州等地,一般海拔为2 500~5 000 m。年平均气温为-1~8 ℃,最冷月平均气温为-13~0 ℃,最热月平均气温能到8~

16 ℃,≥0 ℃积温为 900～3 000 ℃·d,≥10 ℃积温为 0～1 000 ℃·d。该地区年降水量多为 580～780 mm,主要位于高寒地区,冬半季降水量很少,主要易发冬、春旱,对农业生产影响小。

6.2.5　长江流域温热湿润区(Ⅴ区)

主要分布在长江流域中亚热带的丘陵、平原和低山地区,包括长江中下游地区平原、江南地区及四川盆地等,共 4 个三级区。

(1)长江中下游平原秋旱夏旱区(Ⅴ-1 区)

主要分布在江苏和安徽的中南部、上海、鄂东南、皖西南、赣北、湘北等地的平原低丘陵区,海拔多在 200 m 以下。年平均气温为 15～17 ℃,最冷月平均气温为 2～5 ℃,最热月平均气温为27～29 ℃,≥0 ℃积温为 5 200～6 000 ℃·d,≥10 ℃积温为 4 800～5 200 ℃·d。年降水量多在 1 000～1 400 mm 之间,秋季降水量少,蒸发量大,秋旱多发;夏季后期干旱也较多;春季多雨湿润;冬季降水量也较多。除该区北部有一定冬旱或春旱发生外,其他地方基本上很少有冬、春旱。

主要种植双季或单季水稻、冬小麦、油菜、棉花等作物。秋旱频发,也有一定夏旱,有时也有夏秋连旱,对晚稻、棉花等生育后期影响较大。但该地区多处于平原和低丘陵地带,土壤保水性好,水利条件也较好,对干旱的适应性强。该地区也是传统的“鱼米之乡”,需加强农田水利建设,保证粮食稳产高产,特别是长三角地区,农业经济发达,可发展多样化种植,提高农业经济水平。

(2)江南丘陵秋旱夏旱区(Ⅴ-2 区)

主要包括湖南中南部、江西中南部、浙江西部的金华和衢州及福建北部等的丘陵低山地区,海拔多为 100～500 m。年平均气温为 17～19 ℃,最冷月平均气温为 5～8 ℃,最热月平均气温为 27～29 ℃,≥0 ℃积温为 6 000～6 800 ℃·d,≥10 ℃积温为 5 200～5 900 ℃·d。年降水量多为 1 400～1 700 mm,秋季降水量少,蒸发量大,秋旱频发;夏旱也多发;春季多雨湿润,几乎无春旱发生;冬季降水量也较多。该区南部还有一定低频率的冬旱或春旱发生。

主要种植作物有双季稻、中稻、春(夏)玉米、油菜、花生和茶叶,秋旱和夏旱对中稻、夏玉米生育后期、晚稻生育后期等影响较大。但该地区多处于丘陵、河间平原和低山地带,多红壤、黄壤,土壤保水性不好,低山山区地带水利条件也差,对干旱的防御能力弱。该地区也是主要粮食产区和经济作物生产基地,年总降水量比较充足,只是季节性分配不均,应加强丘陵地带小流域的小塘坝、水库等水利建设,储存雨季降水,以保证后期干季农业生产需要。

(3)四川盆地冬旱区(Ⅴ-3 区)

主要包括四川东北部的绵阳东南部、成都市、眉山市东部、乐山北部、宜宾北部、内江、资阳、遂宁、南充、广安、达县,以及重庆市西南部的永川区、合川区和北部的万县、开县、云阳、奉节等长江北部盆地丘陵地区,海拔多为 100～500 m。年平均气温为 15～18 ℃,最冷月平均气温为 5～7 ℃,最热月平均气温为 25～27 ℃,≥0 ℃积温为 5 300～6 300 ℃·d,≥10 ℃积温为 4 400～5 400 ℃·d。年降水量多在 920～1 200 mm 之间,冬季降水量少,一般在 50 mm 左右或以下,易发冬旱,该区北部春旱也有一定发生,偶有秋旱频发;该区东南部的内江、资阳和遂宁等地多秋雨。

主要种植水稻、冬小麦、玉米、油菜、甘薯、花生和杂粮等,冬旱和春旱对冬小麦和油菜有一定影响。该区是四川盆地农业发达地区之一,农业基础较好。丘陵、平原相间分布,可加强农业基础建设,可因地制宜发展不同种植制度的水旱轮作。

(4)皖浙丘陵春季多雨区(Ⅴ-4区)

主要包括安徽南部的宣城市中南部和黄山东南部、江苏西南部的常州和无锡的西部、浙江北部和东部(除金衢盆地外)及福建北部宁德和南平的东北部。该区为平原丘陵过渡区,海拔多为10~300 m。年平均气温为15~18 ℃,最冷月平均气温为3~9 ℃,最热月平均气温为27~29 ℃,≥0 ℃积温为5 300~6 300 ℃·d,≥10 ℃积温为4 800~5 600 ℃·d。年降水量多在1 200~1 700 mm之间,该地区秋、冬季降水较少,春、夏季降水较多,四季降水较均匀,特别是春季降水特别多,是典型的多春雨区,冬旱很少发生。秋季降水量一般也有200~300 mm,但由于降水变率较大,秋旱中等频率发生。夏季后期降水也较少,夏旱也有一定频率发生,但较江南其他地区要略轻。

主要种植水稻、玉米、油菜、茶叶、桑蚕等作物,中等频率发生的秋旱和夏旱对农业生产影响较大,有时候正值作物生长需水关键期,也影响很大。该区是长江三角洲农业较发达地区之一,由于靠近近海,有暖湿水汽输送,成为长江中下游地区夏、秋干旱相对较轻的地区,有利于农业发展,应继续加强农业基础建设,巩固农业生产抗旱措施。

6.2.6　华南暖热湿润区(Ⅵ区)

主要分布在华南地区南亚热带和热带的丘陵、低山地区,主要包括4个三级区。

(1)岭南丘陵山区秋旱区(Ⅵ-1区)

主要包括贵州南部安顺东南部、黔南州中南部、黔东南州南部,广西中北部的河池、百色北部、柳州、来宾、南宁北部、桂林、贺州、梧州、贵港中东部和玉林北部等地,广东北部的肇庆、清远、韶关、广州北部、惠州北部、河源的部分,梅州中北部,福建南部的龙岩、三明南部、福州南部和厦门、漳州、泉州、莆田等地靠近内陆部分,以及江西赣州南部的部分地区。多为丘陵和低山,海拔多为200~800 m。年平均气温为18~21 ℃,最冷月平均气温为8~12 ℃,最热月平均气温能到28~29 ℃,≥0 ℃积温为7 000~7 800 ℃·d,≥10 ℃积温为5 800~6 800 ℃·d。年降水量多为1 400~1 700 mm,秋季降水量少、蒸发量大,一般秋季降水量在250 mm以下,易发秋旱;夏季降水量较多,夏旱冬旱较少,春旱很少发生。该区南部会有一定的冬旱发生。

主要种植作物有双季稻、冬小麦、甘薯、杂粮、油菜、甘蔗和柑橘等,该区南部热量足的还可以种植菠萝、香蕉等。秋旱对双季晚稻和秋收作物的生长影响都很大。由于该地区西部多为喀斯特地貌、东部多为花岗岩地貌,土壤保水性不好,秋旱影响严重,特别是该区的广东东部和福建南部地区,秋旱频发,严重影响农业生产。由于该区处于山区和丘陵平原交汇地带,河流较多,可利用山区建设水利工程,保证农业用水需要。

(2)两广丘陵平原冬旱秋旱区(Ⅵ-2区)

主要包括广西南部的崇左、南宁中南部、贵港南部、玉林中南部、钦州北部和北海东部部分,以及广东茂名中北部、云浮、肇庆南部、广州中南部、深圳、中山、惠州中南部、揭阳、梅州南部、潮州、汕头等地。该区多为丘陵、沿海台山和平原,海拔多为20~500 m。年平均气温为21~24 ℃,最冷月平均气温为12~15 ℃,最热月平均气温为28~29 ℃,≥0 ℃积温为7 800~8 200 ℃·d,≥10 ℃积温为6 800~7 600 ℃·d。年降水量多为1 400~1 800 mm,冬季降水特少,一般在150 mm左右或以下,有些地方不足100 mm,冬季温度高、蒸发量大,易造成冬旱;秋季降水也较少,一般在 230~300 mm,蒸发量大,秋旱也常发生;春旱、夏旱一般少发生。

主要种植作物有双季稻、冬甘薯、双季玉米、甘蔗、木薯、荔枝、龙眼、香蕉、菠萝等南亚热带作物。冬旱对越冬作物影响较大,秋旱对晚稻和秋玉米等秋收作物影响也较大。由于该区多为丘陵、台地和沿海平原,所以,农业基础较好。该区年总降水量较多,雨季也较长,但降水的季节分配不均,主要是秋后期和冬季缺水较多,可发展水利设施,调节季节降水分配;同时热带果园可发展现代化节水灌溉技术,保证秋、冬季灌水需求。

(3)雷琼台地平原冬旱区(Ⅵ-3 区)

主要包括雷州半岛的湛江、茂名南部、阳江西部及海南岛北部和东部沿海等地。该区多为台地和沿海丘陵、平原,海拔多为 10~200 m。年平均气温为 21~24 ℃,最冷月平均气温为12~15 ℃,最热月平均气温为 28~29 ℃,≥0 ℃积温为 8 200~9 000 ℃·d,≥10 ℃积温为7 800~9 000 ℃·d。年降水量多为 1 400~1 900 mm,冬季降水特少,一般在 100 mm 左右或以下,有些地方不足 50 mm,冬季温度高、蒸发量大,极易造成冬旱,是冬旱频发区;海南岛一般秋旱较少发生,但该区北部的雷州半岛也有一定秋旱。

该区大部分属于北热带,热量丰富,也是我国南方地区热量最丰富的地区之一。主要种植作物有三季稻、冬花生、甘蔗、橡胶、椰子、咖啡等热带作物。冬旱对越冬作物影响较大。由于该区多为沿海平原,因此,发展热带作物的农业基础较好,可结合发展现代农庄和种植园,建设现代化灌溉系统,保证热带作物种植旱涝保收。

(4)滇南山地冬旱区(Ⅵ-4 区)

主要包括云南南部的澜沧江和元江流域的保临沧南部、思茅中南部、玉溪南部、红河州、文山州南部及西双版纳州的大部分。该区多为中低海拔高原山区,海拔多在 300~1 500 m。年平均气温为 21~24 ℃,最冷月平均气温为 10~13 ℃,最热月平均气温为 22~25 ℃,≥0 ℃积温为6 500~7 700 ℃·d,≥10 ℃积温为 5 800~7 600 ℃·d。年降水量多为 1 200~1 700 mm,冬季降水特少,一般在 60 mm 左右或以下,比较容易受旱,冬旱较多发生区有时候也发生秋旱。

该区多为低海拔高原山区,属南亚热带,热量较丰富。该区主要为林区,以林业为主,农业较少,主要种植作物有水稻、玉米、甘薯和南亚热带作物,冬旱对农业生产影响较小,可因地制宜发展水利水电,满足不同季节生产生活用水需求。

6.2.7　西南高原山地湿润区(Ⅶ区)

主要分布在西南地区中亚热带中高海拔山区,包括 4 个三级区。

(1)湘鄂渝黔山区春秋多雨区(Ⅶ-1 区)

包括湖南西北部的张家界、湘西州大部、怀化北部、常德西北部,湖北宜昌西部、恩施州部分,重庆大部、四川西南部的宜宾、泸州、自贡东南部,以及贵州的毕节西部、遵义、贵阳、铜仁、黔东南州北部、安顺北部等。该区大多为中海拔山区,重庆等地为四川盆地边缘的丘陵地带,海拔多为 300~1 500 m。年平均气温为 12~16 ℃,最冷月平均气温为 10~13 ℃,最热月平均气温为 22~25 ℃,≥0 ℃积温为 5 500~6 500 ℃·d,≥10 ℃积温为 3 500~5 500 ℃·d,年降水量多为 900~1 500 mm。该区各季节干旱不突出,一般湘西、鄂西多春雨,重庆、贵州北部多秋雨;相对影响较大的是该区中部有一定频率秋旱发生,对秋收作物有一定影响。

主要种植作物有中稻、冬小麦、油菜、玉米、花生、马铃薯、烟草、茶叶等作物。一般干旱影响较小,但该区多为山区,土壤保水性差,比较容易受旱,山区经济较差,发展水利设施成本较大,可在河谷、盆地发展灌溉水利设施。在山区应充分利用气候资源,调整农业种植结构,根据季节种植农作物,如秋收作物尽量种植比较耐旱的马铃薯、甘薯等杂粮作物。

(2)黔南桂西山地冬旱区(Ⅶ-2区)

包括贵州黔西南州东南部、六盘水市、安顺南部、黔南州西南部,广西百色山区、河池西北部、崇左的西部部分地区,以及云南文山州东部、曲靖市东南部部分地区。该区大多为中低海拔山地地带,海拔多为500～2 000 m。年平均气温为17～20 ℃,最冷月平均气温为10～12 ℃,最热月平均气温为25～27 ℃,≥0 ℃积温为6 500～7 000 ℃·d,≥10 ℃积温为5 800～6 000 ℃·d,年降水量多为1 400～1 600 mm。该区主要是冬旱,冬季降水量多在100 mm以下,部分地方只有50 mm左右,对越冬作物有一定影响。

(3)川南山地冬旱春旱区(Ⅶ-3区)

主要包括四川盆地南部的凉山州北部、乐山市和雅安市南部地区。主要是中海拔山区,海拔为1 000～2 500 m。年平均气温为11～13 ℃,最冷月平均气温为2～4 ℃,最热月平均气温为19～21 ℃,≥0 ℃积温为3 600～4 000 ℃·d,≥10 ℃积温为2 600～3 000 ℃·d,年降水量多为1 000～1 150 mm。该地区主要是冬旱,冬季降水量多在50 mm以下,部分地方只有30 mm左右,早春也有一定的春旱发生。山区主要种植小麦、玉米、甘薯、马铃薯等作物,越冬作物很少,该地区冬、春旱对作物生长影响不大。

(4)滇西高原冬旱春旱区(Ⅶ-4区)

主要包括云南西南部的保山、德宏、临沧中北部、思茅北部等地。该地区大多为中海拔高原山区,海拔多为150～2 500 m。年平均气温为15～18 ℃,最冷月平均气温为8～11 ℃,最热月平均气温为18～20 ℃,≥0 ℃积温为5 300～5 800 ℃·d,≥10 ℃积温为4 400～5 000 ℃·d。年降水量多为1 100～1 500 mm,冬季降水特少,一般在100 mm左右或其以下,有些地方不足50 mm,比较容易受旱,是冬旱较多发生区;春季降水量也较少,也有春旱发生。

该区气候垂直变化较大,多为中亚热带。该区主要为林区,农业较少。冬旱对农业生产影响较小,可因地制宜发展水利水电,满足不同季节生产生活用水。

6.2.8　江南西南山区温热极湿润区(Ⅷ区)

主要分布在东部江南一带亚热带中海拔山区及山前多雨地带,或西南地区多雨中心和山前迎风坡面多雨区,一般受小尺度地形影响,是南方地区每个省区的多雨中心。根据以前的研究结果(沈国权1986),亚热带多数中海拔山区,海拔每上升100 m降水量增加30～60 mm。按此推算,许多山区虽然没有气象站点,但一般海拔1 000 m左右的山区降水量能比平地增加300～600 mm。山区气温较低,蒸散量较小,因此,按此推断,亚热带中高海拔山区(海拔600～800 m以上),降水量多,蒸散量小,如果所在地区较湿润,中高海拔山区大部分地方都应为极湿润地区。

该区按地理位置和气候类型不同分为2个三级区。

(1)江南山区多雨区(Ⅷ-1区)

主要分布在皖南、赣东和浙北山区的天目山、怀玉山山区,包括安徽南部的黄山市及其周边地区,江西的景德镇东北部、上饶东部,浙江南部的仙霞岭,赣东南和闽北的武夷山区,闽中南戴云山,湘赣交界山区幕阜山、罗霄山,以及湘南赣山和两广北部南岭山区,湖南西部的雪峰山脉,多处于中高海拔山区山系迎风坡面的山麓地带。该区域主要是地形影响,降水较多于平原丘陵地带,基本上四季无旱,是茶叶和油桐等林业经济发展的重要地方。

(2)西南山区多雨区(Ⅷ-2 区)

主要分布在湘、鄂、渝、黔交界的武陵山脉的中高海拔山区及山麓地带,包括湖北恩施州的大部分,湖南湘西州的部分,四川盆地西部邛崃山、大雪山支脉的东面的迎风面山区,主要位于雅安市、眉山和乐山西部,以及云南西部高黎贡山的东南迎风面山区。该区域也主要是地形影响,降水较多,基本上四季无旱。该区也以林业为主,河谷盆地适宜发展茶叶等多样化经济。

6.2.9 华南暖热极湿润区(Ⅸ区)

主要分布在华南地区多雨中心或山前迎风坡面多雨区,包括 3 个三级区。

(1)两广冬旱区(Ⅸ-1 区)

主要分布在广东省河源市中西部、惠州北部、清远和韶关南部、阳江等地,以及广西的防城港、钦州、北海等多雨区。该地区年降水量多为 1 800~2 800 mm,降水多于周边地区,但是也有季节性差异,冬季降水少,但仍在 100 mm 以上。受大气区域气候背景影响,该地区仍有冬、秋旱发生,但干旱强度明显低于周边地区。农业种植情况与周边湿润区类似。

(2)琼中山地冬旱区(Ⅸ-2 区)

主要包括海南岛中部中高海拔山区迎风坡面。受地形影响降水很多,年降水量多在 2 000 mm 以上。但冬季仍较少,冬季降水一般为 130~200 mm。该地区降水总量很大,冬旱发生较少。该区域面积较少,主要是海南岛山区,热带果林经济较发达,但仍需加强防止冬旱、春旱对热带果林的不利影响。

(3)滇南山地冬旱区(Ⅸ-3 区)

主要位于云南南部山地的迎风坡面。受地形影响,年降水量多在 2 000 mm 以上。但冬季降水仍较少,冬季降水一般不足 100 mm,冬旱也常有。该区域面积较少,主要是河谷和山地迎风坡面,林业经济较发展。

6.3 小结

采取综合因子与主导因子相结合方法及逐级指标筛选法,结合风险分析方法和聚类分析方法,进行干旱分区。共采取三级分区,即:一级分区采取干燥度为主要指标,降水量为辅助指标,将南方地区划分为极湿润区(潮湿区)、湿润区、半湿润区(偏旱区)、半干旱区,共 4 个大区(一级区)。在此基础上结合地形地貌、热量条件等因子把南方地区划分为川滇高原山地半干旱区、江北温热半湿润区、华南暖热半湿润区、西南高原半湿润区、长江流域温热湿润区、华南暖热湿润区、西南山地湿润区,华南暖热极湿润区、江南西南山区温热极湿润区,共 9 个二级干旱分区。三级分区依据各季节性干旱发生频率、发生强度等因子,再划分为 29 个三级干旱区。

各干旱区干旱特点明显不同:川滇高原山地半干旱区多冬旱和春旱;江北温热半湿润区多春旱、秋旱;华南暖热半湿润区多冬旱和春旱;西南高原半湿润区多冬旱和春旱;长江流域温热湿润区多秋旱和夏旱;华南暖热湿润区北部多秋旱,南部多冬旱;西南山地湿润区各季节干旱较少,多春雨和秋雨;华南暖热极湿润区多冬旱;江南西南山区温热极湿润区四季干旱较少发生。应根据不同干旱因地制宜完善水利等农业基础设施建设,采取防旱避灾措施,发展多样化农业种植。

第7章　南方地区防旱避灾种植制度布局

7.1　计算方法

7.1.1　年型划分方法

本节依据国家标准对农作物气候年型的划分(GB/T 21986—2008),同时根据本书第2章南方地区季节性干旱指标分级,对南方地区不同季节降水量距平百分率的干旱分级等级进行订正,对各季节干旱年型进行如下划分:降水量距平百分率在中旱以下(低于中旱上限)为干旱(少雨)年;降水量距平百分率大于多雨年下限,即高于中旱上限绝对值为丰水(多雨)年;处于两者之间为正常年。若某一年四季降水量距平百分率都达到了正常年型标准,则称此年为正常年;若仅春季降水量距平百分率达到了干旱年型标准,则称其为春旱年,仅春季降水量距平百分率达到了丰水年型标准,则称其为春雨年,其他年型名称依此类推;若有两个以上季节都不是正常年型,则旱年雨年合称等。年型划分结果见表7.1。

表7.1　年型划分等级表

年型	春季			夏季		
	$\bar{T} \geqslant 12\ ℃$		$\bar{T} < 12\ ℃$	$\bar{T} \geqslant 20\ ℃$		$\bar{T} < 20\ ℃$
	$\bar{P} \geqslant 500\ mm$	$\bar{P} < 500\ mm$		$\bar{P} < 700\ mm$	$\bar{P} \geqslant 700\ mm$	
干旱年	$P_a \leqslant -55$	$P_a \leqslant -50$	$P_a \leqslant -50$	$P_a \leqslant -50$	$P_a \leqslant -45$	$P_a \leqslant -60$
正常年	$-55 < P_a \leqslant 55$	$-50 < P_a \leqslant 50$	$-50 < P_a \leqslant 50$	$-50 < P_a \leqslant 50$	$-45 < P_a \leqslant 45$	$-60 < P_a \leqslant 60$
丰水年	$P_a > 55$	$P_a > 50$	$P_a > 50$	$P_a > 50$	$P_a > 45$	$P_a > 60$

年型	秋季			冬季		
	$\bar{T} \geqslant 14\ ℃$		$\bar{T} < 14\ ℃$	$\bar{T} \geqslant 2\ ℃$		$\bar{T} < 2\ ℃$
	$\bar{P} \geqslant 400\ mm$	$\bar{P} < 400\ mm$		$\bar{P} < 50\ mm$	$\bar{P} \geqslant 50\ mm$	
干旱年	$P_a \leqslant -50$	$P_a \leqslant -45$	$P_a \leqslant -60$	$P_a \leqslant -55$	$P_a \leqslant -65$	$P_a \leqslant -90$
正常年	$-50 < P_a \leqslant 50$	$-45 < P_a \leqslant 45$	$-60 < P_a \leqslant 60$	$-55 < P_a \leqslant 55$	$-65 < P_a \leqslant 65$	$-90 < P_a \leqslant 90$
丰水年	$P_a > 50$	$P_a > 45$	$P_a > 60$	$P_a > 55$	$P_a > 65$	$P_a > 90$

7.1.2　种植模式优化布局指标计算

(1)水分利用效率

水分利用效率指单位耗水量所形成的经济产量。计算公式如下:

$$WUE = Y_a / ET_a \tag{7.1}$$

式中：WUE 为水分利用效率$[kg/(mm \cdot hm^2)]$；Y_a 为单位面积的经济产量(kg/hm^2)；ET_a 为作物耗水量，本节用全生育期内自然降水量(mm)代替。

（2）水分经济效益

根据化肥产值率的概念，本节提出主产品降水净产值率的概念，即根据不同种植制度主产品的净产值和生长季内总降水，计算主产品降水净产值率$[元/(mm \cdot hm^2)]$：

$$主产品降水净产值率＝主产品净产值/全生育期降水量$$

（3）作物需水与自然降水耦合度

作物需水与自然降水的耦合度能够反映出某时段内自然降水对作物需水的满足程度，数值介于 0～1 之间，计算方法如下：

$$\Lambda_i = \begin{cases} \dfrac{P_i}{ET_{ci}} & (P_i < ET_{ci}) \\ 1 & (P_i \geqslant ET_{ci}) \end{cases} \tag{7.2}$$

式中：Λ_i 为第 i 阶段的作物需水量与自然降水的耦合度；P_i 为第 i 阶段内的降水量(mm)；ET_{ci} 为第 i 阶段内的作物需水量(mm)。

某种种植制度全生育期内作物需水与自然降水的耦合度 Λ 等于各生育阶段的耦合度 Λ_i 以种植制度内各生育阶段的需水模系数为权重的加权平均值，计算公式如下：

$$\Lambda = \sum_{i=1}^{n} \frac{ET_{ci}}{ET_c} \cdot \Lambda_i \tag{7.3}$$

式中：ET_{ci} 为第 i 阶段内的作物需水量(mm)；ET_c 为某种种植制度全生育期内作物需水量(mm)；Λ_i 为第 i 阶段的作物需水量与自然降水的耦合度；Λ 为对应种植制度全生育期内作物需水量与自然降水的耦合度。

（4）气象产量的提取

由于本节研究的作物是在自然条件下生产的栽培作物，实际产量的形成受自然因素共同影响，因此实际产量可以分解为趋势产量(Y_t)和气象产量(Y_m)，其表达式为：

$$Y = Y_t + Y_m \tag{7.4}$$

式中：Y 为实际产量(kg/hm^2)；Y_t 为社会经济因素影响的趋势产量(kg/hm^2)，代表正常年景下的作物产量，用直线滑动平均法（霍治国 等 2003）模拟得到；Y_m 为气象产量(kg/hm^2)，代表受气象因素影响的产量波动分量，即实际产量减去趋势产量。

（5）相对于光温产量潜力的产量降低率

光温生产力是指一地的水分、土壤等自然环境适宜，在最优管理条件下，无杂草病虫害，选用最优品种，在该地可能生长期内，由当地光、温条件所决定的作物将光能转化为生物化学潜能的能力；气候生产力是指一地的土壤状况等自然环境适宜，在最优管理条件下，无杂草病虫害，选用最优品种，在该地可能生长期内，由当地光、温、水所决定的作物将光能转化为生物化学潜能的能力（韩湘玲 1999）。经与实测太阳总辐射资料对比分析，得出采用黄秉维系数法的计算结果与实际情况偏差较小，故本节采用此法计算各级产量潜力，具体计算步骤如下：

1）光合产量潜力计算公式如下：

$$YQ = 0.219 \times C \times R_s \tag{7.5}$$

式中：YQ 为光合产量潜力$(10^3 kg/hm^2)$；0.219 为黄秉维系数；C 为作物经济系数；R_s 为作物生长季内太阳总辐射(kJ/cm^2)，计算公式如下：

$$R_s = (ms + c) \times Q_A \tag{7.6}$$

式中：Q_A 为天文辐射量（kJ/cm^2）；s 为日照百分率；m 和 c 为经验常数，不同地区取值不同，湖南和四川地区二者取值分别为 0.475 和 0.205。

本节中经济系数取值见表 7.2。

表 7.2　作物经济系数

作物种类	经济系数	作物种类	经济系数
冬小麦（winter wheat）	0.45	红薯（sweet potato）	0.75
玉米（maize）	0.45	棉花（cotton）	0.16（皮棉）
水稻（rice）	0.50	大豆（soybeans）	0.43
油菜（rape）	0.35	马铃薯（potato）	0.75

因四川盆地散射辐射所占的比重较大，故光合产量潜力按算得的数值再乘以系数 1.1 计算。

2）光温产量潜力计算公式如下：

$$YT = YQ \times f(t) \tag{7.7}$$

式中：YT 为光温产量潜力（$10^3\,kg/hm^2$）；YQ 为光合产量潜力（$10^3\,kg/hm^2$）；$f(t)$ 为温度订正函数，计算公式如下：

$$f(t) = \begin{cases} 0, & t < t_{\min}, t > t_{\max} \\ \dfrac{t - t_{\min}}{t_s - t_{\min}}, & t_{\min} \leqslant t < t_s \\ \dfrac{t_{\max} - t}{t_{\max} - t_s}, & t_s \leqslant t \leqslant t_{\max} \end{cases} \tag{7.8}$$

式中：t 为某阶段的平均温度（℃）；$t_{\min}$ 为作物生长下限温度（℃）；t_s 为作物生长最适温度（℃），$t_{\max}$ 为作物生长上限温度（℃）。本节中应用的作物三基点温度如表 7.3 所示。

表 7.3　作物三基点温度　　　　　　　　　　　　　　　　　　　　单位：℃

作物名称	最低温度	最适温度	最高温度	作物名称	最低温度	最适温度	最高温度
小麦	4	25	32	马铃薯	4	20	29
水稻	10	30	42	红薯	15	28	33
油菜	4	20	30	棉花	14	28	35
玉米	8	32	44	大豆	12	30	40

3）气候产量潜力计算公式如下：

$$YW = YT \times f(w) \tag{7.9}$$

式中：YW 为气候产量潜力（$10^3\,kg/hm^2$）；YT 为光温产量潜力（$10^3\,kg/hm^2$）；$f(w)$ 为水分订正函数，计算公式如下：

$$f(w) = \begin{cases} \dfrac{P'}{ET_c}, & 0 \leqslant P' < ET_c \\ 1, \end{cases} \tag{7.10}$$

式中：ET_c 为作物需水量（mm）；P' 为作物生育期内的有效降水量（mm），采用 FAO 推荐的潜在蒸散与降水的比率法计算。

该方法被应用在印度的一些项目中。根据当地的土壤和气候条件将作物生育期划分为若干时段并计算各时段的总降水量,对应时段的潜在蒸散量与降水量比值的月平均值即为有效降水比率。所需土壤和气候参数如表 7.4 所示。

表 7.4　不同土壤类型和气候条件下各时段天数　　　　　　单位:d

作物种类	潜在蒸散量月平均值(mm/d)	土壤质地及保水能力(mm/m)			
		轻(<40 mm/m)	中(40~80 mm/m)	重(80~120 mm/m)	特重(>120 mm/m)
水稻	3~12	2	3	4	7
其他作物	>6	4	7	10	15
	<6	7	10	15	30

本节采用第三种土壤类型,即其保水能力为 80~120 mm/m。

经上述方法计算可得到光温产量潜力和气候产量潜力,相对来说自然条件下水分的逐年波动较大,所以认为气候产量潜力偏离光温产量潜力的多少就是因降水不足造成的光温产量潜力亏缺,因此,相对于光温产量潜力的产量降低率为:

$$P = (YT - YW)/YT \times 100\% \tag{7.11}$$

式中:YT 和 YW 分别为光温产量潜力和气候产量潜力($10^3\,\mathrm{kg/hm^2}$);P 为相对于光温产量潜力的产量降低率(%)。

(6)干旱风险评估

参考自然灾害风险评估方法,以概率论为理论基础,对作物需水与自然降水耦合度和相对于光温产量潜力的产量降低率进行分析。

1)分布型检验

首先选择最优的理论分布函数。本节以作物需水与自然降水耦合度 Λ 序列或相对于光温产量潜力的产量降低率 P 序列为目标进行分析,根据对北方地区冬小麦干旱的研究结果(霍治国 等 2003),采用偏度-峰度检验法检验其波动曲线是否为正态性,理论上正态分布的偏度和峰值为 0。偏度 C_s 和峰度 C_e 的计算公式分别为:

$$C_s = \frac{\frac{1}{n}\sum_{i=1}^{n}(x_i - \overline{x})^3}{\left|\frac{1}{n}\sum_{i=1}^{n}(x_i - \overline{x})^2\right|^{\frac{3}{2}}}, \qquad C_e = \frac{\frac{1}{n}\sum_{i=1}^{n}(x_i - \overline{x})^4}{\left|\frac{1}{n}\sum_{i=1}^{n}(x_i - \overline{x})^2\right|^{2}} - 3 \tag{7.12}$$

式中:x_i 为分析目标,即作物需水与自然降水耦合度序列或相对于光温产量潜力的产量降低率序列;$\overline{x}$ 为分析目标的平均值。可以用偏度-峰度临界检验值作为统计判断的依据,其判断准则为:若 $|C_s| < C_{e(a,n)}$,则可以认为总体为正态分布,这里 $C_{s(a,n)}$ 和 $C_{e(a,n)}$ 分别为在显著性水平为 α 和样本数为 n 条件下的偏度和峰度临界值,可以由临界值表查得(表 7.5)。

表 7.5　偏度-峰度临界值表

样本数 n	12	15	20	25	30	35	40	45	50
偏度($\alpha=0.01$)	1.34	1.26	1.15	1.06	0.98	0.92	0.87	0.82	0.79
峰度($\alpha=0.01$)	2.20	2.32	2.36	2.30	2.21	2.03	2.02	1.94	1.88

2)偏态分布正态化

经过上一步检验,服从偏态分布的序列需进行正态化处理,偏态分布正态化的基本步骤为：

①将相对气象产量序列或光温生产潜力减产率序列 $\{x_i\}$ 分为若干组，分组数为 $m = 1.52 \times (n-1)^{\frac{2}{5}}$，$n$ 为样本数。

②将样本数据按由小到大的顺序排列，找出最小值 $x_{\min}$ 与最大值 $x_{\max}$，求出极差 R。根据极差与分组数据确定组距、组界值。组距 $\Delta_x = R/m$，为了将 $x_{\min}$ 与 $x_{\max}$ 包括在组内，横坐标取值下限应小于 $x_{\min}$，取值上限应大于 $x_{\max}$。在确定组界时，为了避免位于界点上的测定值在分组时发生跨越组的问题，组界值的有效数字应比原来测定值多取一位，该位的值取 0.5。

③计算各组的频数和相对累积频数，由标准正态分布表求得概率坐标，由相邻两组概率坐标相减求出概率组距。

④计算坐标转化后的概率频数 $f =$ 频数 / 概率组距与总频数 $F = \sum f$。

⑤ 计算相邻概率坐标的平均值 t 及 t^2 与 S。

$$S = \sqrt{\frac{F \sum t^2 f - \left(\sum tf\right)^2}{F(F-1)}}$$

⑥用线性插值法计算正态化后的平均值 $\overline{x}$ 与标准差 S。

经"正态化"处理的分析目标就可以视为"正态序列"，以新的均值和方差作为特征参数，与已经通过正态性检验的分析目标按正态分布函数进行后面的风险估算。

3）风险估算

应用样本的均值 μ 和均方差 σ 来建立概率分布密度函数：$f(x) = \frac{1}{\sqrt{2\pi}\sigma} e^{\frac{1}{2\sigma}(x-\mu)^2}$ 和分布函数：$F(x) = \int_{-a}^{x} \frac{1}{\sqrt{2\pi}\sigma} e^{\frac{1}{2\sigma}(x-\mu)^2} dx$。

从而算得不同耦合度或产量降低率的发生概率：

$$\int_{x_1}^{x_2} f(x) dx = p(x_1 \leqslant x \leqslant x_2) \tag{7.13}$$

正态分布表近似公式：$p(x) = \frac{1}{2}(1 + a_1 x + a_2 x^2 + a_3 x^3 + a_4 x^4 + a_5 x^5 + a_6 x^6)^{-16}$。

$a_1 = 0.049\ 867\ 437$，$a_2 = 0.021\ 141\ 006\ 1$，$a_3 = 0.003\ 277\ 626\ 3$，

$a_4 = 0.000\ 038\ 003\ 6$，$a_5 = 0.000\ 048\ 890\ 6$，$a_6 = 0.000\ 005\ 383$

$$\phi(x) = \begin{vmatrix} p(-x), & x \leqslant 0 \\ 1 - p(x), & x > 0 \end{vmatrix} \tag{7.14}$$

分别计算耦合度 $0.1, 0.2, \cdots, 1.0$ 与产量降低率 $10\%, 20\%, \cdots, 100\%$ 的发生概率 p。

4）风险指数

为确定唯一评价标准，现将分析目标不同等级的发生风险折算为风险指数（I），计算方法为分析目标不同等级（G）与其发生概率 p 乘积之和（李世奎 等 2004），即：

$$I = F(G, p) = \sum_{i=1}^{n} G_i p_i \tag{7.15}$$

我国自然灾害研究领域通常将"风险"一词理解为对人类各方面造成负面影响的可能性，在评价作物需水与自然降水时，虽然风险指数的算法理论上可行，但"耦合度风险指数"的说法容易造成误解，故本节将不同等级耦合度与其发生概率乘积之和定义为"耦合度保证指数"。

7.2　基于综合效益的防旱避灾种植模式优化布局

7.2.1　南方季节性干旱分区的代表站年型划分

(1)南方季节性干旱特征分区及代表站的选取

根据第 5 章农业干旱时空特征,并结合第 6 章对南方地区季节性干旱的分区结果,对主要的二级区的种植结构进行评价优化。综合考虑各区的季节性干旱特征、地貌地形特点及农业资源分布特征等多种因素,依据代表性、科学性、综合性原则选取代表站(见表 7.6)。本节主要考虑南方重要的种植作物,即第 5 章分析的作物主要种植区,其中华南地区主要种植水稻和热带经济果树等;川西高原的种植方式比较单一,作物比重小;淮河平原、皖浙丘陵及鄂北丘陵地区兼有北方农业种植区特点,代表性不强;因此,华南、川西、江北等地选取站点较少,主要代表南方典型区选取站点较多,7 个季节性干旱分区共选 13 个代表站进行分析(隋月 等 2013)。

表 7.6　南方季节性干旱分区的代表站

一级区	二级区	代表站(省份)
半干旱区	Ⅰ.川滇高原山地半干旱区	元江(滇)
半湿润区	Ⅱ.江北温热半湿润区	绵阳(川)
	Ⅲ.华南暖热半湿润区	景洪(滇)、楚雄(滇)
	Ⅳ.西南高原半湿润区	—
湿润区	Ⅴ.长江流域温热湿润区	岳阳(湘)、赣州(赣)、郴州(湘)、遂宁(川)
	Ⅵ.华南暖热湿润区	澜沧(滇)
	Ⅶ.西南高原山地湿润区	沅陵(湘)、湄潭(黔)、西昌(川)、瑞丽(滇)

每个代表站可能的种植模式的选择,综合考虑其热量条件(1971—2000 年最近 30 个气候年的≥0 ℃积温平均值)、数据年限、作物适宜区、实际生产情况等进行组合,具体见表 7.7。本节中代表站最多组合出的种植模式有 26 种,包括:4 种一年一熟(single cropping)种植模式,即春玉米(S1)、春播马铃薯(S2)、春甘薯(S3)以及单季中晚稻(S4);13 种一年两熟(double cropping)种植模式,即冬小麦—夏玉米(D1)、冬小麦—夏棉花(D2)、冬小麦—夏秋甘薯(D3)、冬小麦—中晚稻(D4)、油菜—夏玉米(D5)、油菜—夏棉花(D6)、油菜—夏秋甘薯(D7)、油菜—中晚稻(D8)、马铃薯—夏玉米(D9)、马铃薯—夏棉花(D10)、马铃薯—夏甘薯(D11)、马铃薯—中晚稻(D12)及双季稻(D13);9 种一年三熟(triple cropping)种植模式,即冬小麦—双季稻(T1)、油菜—双季稻(T2)、马铃薯—双季稻(T3)、冬小麦—中稻—甘薯(T4)、油菜—中稻—甘薯(T5)、马铃薯—中稻—甘薯(T6)、冬小麦—玉米—甘薯(T7)、油菜—玉米—甘薯(T8)和马铃薯—玉米—甘薯(T9)。

(2)年型划分

对各个代表站进行年型划分,把 1981—2007 年每年都进行年型划分,结合《GB/T 20481—2006 气象干旱等级》,按本书第 2 章修正的南方季尺度降水量距平百分率干旱等级来划分,降水距平百分率值低于中旱上限的为干旱年,高于中旱上限的绝对值的丰水年,处于两者中间的为正常年。各代表站的每种年型的出现次数见表 7.8。从表 7.8 中可以看出,各个代表站既很好地反映了该区的干旱特征,也体现了其正常年型和丰水年型的情况。如川滇河谷冬旱春旱区的代表站元江,这 27 年中发生的 10 次干旱年中有 8 次冬旱春旱年,正常年有 8 年,9 年丰水年中也有 8 年冬、春多雨年,每种年型都有体现,以便下文分析。

表 7.7　南方季节性干旱分区代表站实际评价的种植模式

站名	海拔 (m)	≥0 ℃积温 (℃·d)	种植模式												
			S1	S2	S3	S4	D1	D2	D3	D4	D5	D6	D7	D8	D9
元江	400.9	8 696	√	√	√	√	√	√	√	√	√	√	√	√	√
绵阳	472.3	5 994	√	√	√	√	√	√	√	√	√	√	√	√	√
景洪	582.0	8 178	√	√	√	√	√	—	√	—	√	—	√	√	√
楚雄	1 773.0	5 819	√	√	√	√	√	√	√	√	√	√	√	√	√
岳阳	53.0	6 300	√	√	√	√	—	—	—	—	√	√	√	√	√
赣州	137.5	7 120	√	√	√	√	√	√	√	√	√	√	√	√	√
郴州	184.9	6 604	√	√	√	√	√	√	√	√	√	√	√	√	√
遂宁	355.0	6 367	√	√	√	√	√	√	√	√	√	√	√	√	√
澜沧	1 054.8	7 083	√	√	√	√	√	√	√	√	√	√	√	√	√
沅陵	151.6	6 138	√	√	√	√	√	√	√	√	√	√	√	√	√
湄潭	792.2	5 464	√	—	√	√	√	√	√	√	√	√	√	—	—
西昌	1 590.9	6 246	√	√	√	√	√	√	√	√	√	√	√	√	√
瑞丽	776.6	7 416	√	√	√	√	√	—	√	√	√	—	√	√	√

站名	海拔 (m)	≥0 ℃积温 (℃·d)	种植模式												
			D10	D11	D12	D13	T1	T2	T3	T4	T5	T6	T7	T8	T9
元江	400.9	8 696	√	√	√	√	√	√	√	√	√	√	√	√	√
绵阳	472.3	5 994	√	√	√	—	—	—	—	√	√	√	√	√	√
景洪	582.0	8 178	—	√	√	√	√	√	√	√	√	√	√	√	√
楚雄	1 773.0	5 819	—	√	√	√	√	√	√	√	√	√	√	√	√
岳阳	53.0	6 300	√	√	√	√	√	√	√	√	√	√	√	√	√
赣州	137.5	7 120	√	√	√	√	√	√	√	√	√	√	√	√	√
郴州	184.9	6 604	√	√	√	√	√	√	√	√	√	√	√	√	√
遂宁	355.0	6 367	√	√	√	—	—	—	—	√	√	√	√	√	√
澜沧	1 054.8	7 083	√	√	√	√	√	√	√	√	√	√	√	√	√
沅陵	151.6	6 138	—	√	√	√	—	√	√	√	√	√	√	√	√
湄潭	792.2	5 464	—	√	—	—	—	—	—	—	—	—	—	—	—
西昌	1 590.9	6 246	√	√	√	—	—	—	—	√	√	√	√	√	√
瑞丽	776.6	7 416	—	√	√	√	√	√	√	√	√	√	√	√	√

表 7.8　1981—2007 年各代表站不同年型统计表

代表站	元江	绵阳	景洪	楚雄	赣州	遂宁	澜沧	西昌	瑞丽	湄潭	沅陵	岳阳	郴州
春旱	3	1	—	2	—	2	—	2	—	—	—	—	—
夏旱	—	—	—	—	—	1	—	—	—	1	2	1	1
秋旱	2	2	—	2	6	1	1	—	—	—	1	3	3

续表

代表站	元江	绵阳	景洪	楚雄	赣州	遂宁	澜沧	西昌	瑞丽	湄潭	沅陵	岳阳	郴州
冬旱	5	2	8	3	—	2	6	6	7	—	—	—	—
秋旱冬旱	—	—	—	—	—	—	—	1	—	—	—	—	—
春雨	3	4	1	4	1	2	2	2	1	—	—	—	1
夏雨	—	2	—	—	—	4	—	1	—	2	4	4	1
秋雨	1	—	—	1	3	—	1	—	2	2	2	4	1
冬雨	4	3	3	4	3	1	4	3	5	3	3	2	—
夏雨秋雨	—	—	—	1	—	—	—	—	—	—	—	—	2
秋雨冬雨	—	1	—	—	—	—	—	—	—	—	—	—	2
冬雨春雨	—	—	1	—	—	—	—	1	—	—	—	—	—
春雨秋雨	1	—	—	—	—	—	—	—	—	—	—	—	—
冬雨夏雨	—	—	—	—	—	—	1	—	—	—	—	1	—
正常	8	12	13	10	12	14	13	10	12	19	15	12	16
合计	27	27	27	27	27	27	27	26	27	27	27	27	27

7.2.2　防旱避灾种植模式评价过程

(1)评价指标及其权重

本书参考曲辉辉(2009)建立的南方种植模式的评价体系,综合考虑武雪萍等(2008)对节水高效种植制度的评价研究等,应用层次分析法对各区的防旱避灾种植结构进行评价。优化的种植模式的综合效益应该较高,但由于多方面的限制,本节仅考虑经济效益和水分效益,不考虑社会效益和生态效益。

指标选取应遵循综合性、科学性和可操作性的原则。设立目标层为南方季节性干旱分区防旱避灾种植模式的评价;以水分效益和经济效益为准则层;选取作物水分利用效率、自然降水量、水分临界期的需水与自然降水耦合度、气象产量及单位面积产值共 5 个指标作为指标层。本书依据曲辉辉(2009,2010)和武雪萍等(2008)等的研究结果,将各指标的权重都定为0.200 0。具体层次结构见图 7.1。

(2)评价过程

现以江南丘陵秋旱夏旱区的代表站——江西省赣州为例,对防旱避灾种植模式的评价过程进行说明。

1)确定种植模式及划分年型

赣州 1971—2000 年的≥0 ℃积温平均值为 7 120 ℃·d,此热量条件满足凉三熟种植方式,但不能满足热三熟种植方式。因此,上节中的 26 种种植模式都可在赣州进行。

根据前述划分年型方法,1981—2007 年这 27 年中赣州的主要特征年型为秋旱夏旱年型、正常年型和秋雨夏雨年型。

2)计算不同年型的指标值

本书选取的 5 个指标($C_1 \sim C_5$),均可通过气象数据计算或查阅统计资料得到,分别得到

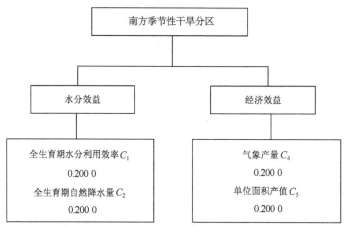

图 7.1　南方季节性干旱分区防旱避灾种植模式评价的层次结构图

赣州 1981—2007 年的每年的指标值,缺测数据年除外。得到每种年型下的各种种植模式的 5 个指标值。利用极差法将所有指标值进行无量纲化(郭亚军 等 2008),结果见表 7.9。

表 7.9　赣州秋旱夏旱年的 26 种种植模式的评价指标无量纲化结果

种植模式	评价指标					种植模式	评价指标				
	C_1	C_2	C_3	C_4	C_5		C_1	C_2	C_3	C_4	C_5
S1	0.395 5	0.211 4	0.690 0	0.178 5	0.206 5	D10	0.133 3	0.888 4	0.927 4	0.193 6	0.960 0
S2	0.314 5	0.131 0	0.936 7	0.061 8	0.000 0	D11	0.515 4	0.360 5	1.000 0	0.331 0	0.069 4
S3	0.226 5	0.170 7	0.912 6	0.061 8	0.000 0	D12	0.500 4	0.680 3	0.631 8	0.531 0	0.350 6
S4	0.750 2	0.000 0	0.582 8	0.261 9	0.281 3	D13	1.000 0	0.319 7	0.964 9	0.730 9	0.555 7
D1	0.278 3	0.673 9	0.457 9	0.312 5	0.287 7	T1	0.583 7	0.961 3	0.909 1	0.857 7	0.632 5
D2	0.034 4	0.749 6	0.583 4	0.050 1	0.967 6	T2	0.572 3	0.911 2	0.381 2	0.807 9	0.664 4
D3	0.313 4	0.321 8	0.247 9	0.188 7	0.076 8	T3	0.707 5	1.000 0	0.804 5	1.000 0	0.625 1
D4	0.362 8	0.641 5	0.510 8	0.388 7	0.358 0	T4	0.481 6	0.871 1	0.773 7	0.657 9	0.427 4
D5	0.240 9	0.632 0	0.095 4	0.255 0	0.314 5	T5	0.467 3	0.821 0	1.000 0	0.608 1	0.459 3
D6	0.000 0	0.695 2	0.756 2	0.000 0	1.000 0	T6	0.593 3	0.909 8	0.088 3	0.800 2	0.420 0
D7	0.279 6	0.271 7	0.000 0	0.138 9	0.108 7	T7	0.379 5	0.966 2	0.880 0	0.576 7	0.355 8
D8	0.339 8	0.591 5	1.000 0	0.338 9	0.390 0	T8	0.352 6	0.924 3	0.238 7	0.519 2	0.382 6
D9	0.445 3	0.579 1	0.510 4	0.442 7	0.274 6	T9	0.516 8	0.871 4	0.692 9	0.706 9	0.342 7

　　水分利用效率最高的前三种种植模式,在秋旱夏旱年型下,依次是双季稻(D13)、单季中晚稻(S4)、马铃薯—双季稻(T3);在正常年型下,依次是双季稻(D13)、单季中晚稻(S4)、马铃薯—双季稻(T3);在秋雨夏雨年型下,依次是双季稻(D13)、单季中晚稻(S4)、马铃薯—双季稻(T3)。

　　作物水分临界期需水量与自然降水量耦合度最高的前三种种植模式,在秋旱夏旱年型下,依次是马铃薯—夏甘薯(D11)、油菜—中稻—甘薯(T5)、油菜—中晚稻(D8);在正常年型下,依次是双季稻(D13)、油菜—中稻—甘薯(T5)、油菜—中晚稻(D8);在秋雨夏雨年型下,依次是双季稻(D13)、油菜—中稻—甘薯(T5)、春玉米(S1)。

3)综合评价结果

综合评价利用模型

$$W = \sum_{i=1}^{5} P_i W_i \tag{7.16}$$

式中:W 为一种种植模式的总分值;P_i 为指标 i 在这种种植模式中的取值(即无量纲化结果);W_i 为指标 i 的权重值(均为 0.200 0)。

三种年型下的综合评分值见表 7.10。

表 7.10　不同年型下赣州的综合效益评分值

种植模式	年型			种植模式	年型		
	干旱年	正常年	丰水年		干旱年	正常年	丰水年
S1	0.34	0.41	0.38	D10	0.62	0.56	0.56
S2	0.29	0.25	0.27	D11	0.46	0.42	0.42
S3	0.27	0.31	0.29	D12	0.54	0.54	0.54
S4	0.38	0.45	0.38	D13	0.71	0.71	0.71
D1	0.40	0.54	0.47	T1	0.79	0.71	0.71
D2	0.48	0.50	0.45	T2	0.67	0.59	0.59
D3	0.23	0.33	0.30	T3	0.83	0.80	0.80
D4	0.45	0.49	0.43	T4	0.64	0.60	0.60
D5	0.31	0.32	0.37	T5	0.67	0.66	0.66
D6	0.49	0.52	0.51	T6	0.56	0.50	0.50
D7	0.16	0.26	0.19	T7	0.63	0.59	0.59
D8	0.53	0.54	0.51	T8	0.48	0.56	0.56
D9	0.45	0.51	0.40	T9	0.63	0.61	0.61

在这三种年型下,最优的前四种种植模式都依次是马铃薯—双季稻(T3)、冬小麦—双季稻(T1)、双季稻(D13)、油菜—中稻—甘薯(T5);最劣的后五种种植模式有春播马铃薯(S2)、春甘薯(S3)、冬小麦—夏秋甘薯(D3)、油菜—夏玉米(D5)、油菜—夏秋甘薯(D7)。

另外,在这三种年型下,一年一熟的种植模式的综合效益值普遍偏低;马铃薯—夏棉花(D10)和双季稻(D13)在一年两熟的种植模式中的综合效益最优;马铃薯—中稻—甘薯(T6)和油菜—玉米—甘薯(T8)在一年三熟的种植模式中的综合效益最劣。

在秋旱夏旱年型下的综合效益高于其在正常年型和秋雨夏雨年型下的种植模式有春播马铃薯(S2)、马铃薯—夏棉花(D10)、马铃薯—中晚稻(D12)、冬小麦—双季稻(T1)和油菜—双季稻(T2);在秋雨夏雨年型下的综合效益高于另外两种年型下的种植模式仅有油菜—夏玉米(D5);其他种植模式的综合效益均在正常年型下最大。

7.2.3　南方主要干旱分区种植结构评价结果

(1)川滇高原山地半干旱区——元江

元江代表川滇高原山地半干旱区中的川滇河谷冬旱春旱区。

水分利用效率最高的前三种种植模式,在冬旱春旱年型和正常年型下,依次是 S1,D11,D12;在冬雨春雨年型下,依次是 S1,D12,S4。至于作物水分临界期需水量与自然降水量耦合度最高的前三种种植模式,在冬旱春旱年型下,依次是 T8,D7,D9;在正常年型下,依次是 D7,S1,S3;在冬雨春雨年型下,依次是 D8,D7,S3。

综合效益最优的前三种种植模式,在冬旱春旱年型下,依次是 T9,T4,T6;在正常年型下,依次是 T6,T5,T4;在冬雨春雨年型下,依次是 T5,T6,T4。最劣的三种种植模式,在冬旱春旱年型下,依次是 S3,S1,D3;在正常年型下,依次是 S3,S1,D11;在冬雨春雨年型下,依次是 S3,S1,T1。另外,在这三种年型下的一年两熟的种植模式中,D8,D9 和 D12 的综合效益都较优;D1,D3 和 D11 的综合效益都较劣;D4 在正常年型下也较优。

(2)江北温热半湿润区——绵阳

绵阳代表江北温热半湿润区中的川北丘陵冬旱春旱区。

水分利用效率最高的前三种种植模式,在冬旱春旱年型和正常年型下,依次是 S1,D4,D12;在冬雨春雨年型下,依次是 S1,D4,S4。至于作物水分临界期需水量与自然降水量耦合度最高的前三种种植模式,在冬旱春旱年型下,依次是 D9,D6,D3;在正常年型下,依次是 D6,D8,D9;在冬雨春雨年型下,依次是 D8,D11,D4。

综合效益最优的前三种种植模式,在冬旱春旱年型下,依次是 T4,T5,D4;在正常年型下,依次是 T6,T5,D4;在冬雨春雨年型下,依次是 T4,D4,D8。最劣的三种种植模式,在冬旱春旱年型下,依次是 T1,S3,S1;在正常年型下,依次是 S3,D7,S1;在冬雨春雨年型下,依次是 S1,S3,D7。另外,在这三种年型下的一年两熟的种植模式中,D4,D8,D12 是综合效益最优的前三种模式。

(3)华南暖热半湿润区——景洪、楚雄

1)滇南河谷冬旱春旱区——景洪

景洪代表华南暖热半湿润区中的滇南河谷冬旱春旱区。

水分利用效率最高的前三种种植模式,在冬旱春旱年型下,依次是 S1,D12,S4;在正常年型下,依次是 S1,D4,D12;在冬雨春雨年型下,依次是 S1,D12,D4。至于作物水分临界期需水量与自然降水量耦合度最高的前三种种植模式,在冬旱春旱年型下,依次是 S4,D12,T8;在正常年型下,依次是 T7,S2,S1;在冬雨春雨年型下,依次是 T4,D12,S1。

综合效益最优的前三种种植模式,在冬旱春旱年型下,依次是 T4,T5,T6;在正常年型下,依次是 T4,T6,T5;在冬雨春雨年型下,依次是 T4,T6,D12。最劣的三种种植模式,在冬旱春旱年型下,依次是 S3,S1,D11;在正常年型下,依次是 S3,D11,D7;在冬雨春雨年型下,依次是 S3,S1,D11。另外,在这三种年型下的一年两熟的种植模式中,D4,D8,D9,D12 是综合效益最优的模式。

2)滇东黔西高原冬旱春旱区——楚雄

楚雄代表华南暖热半湿润区中的滇东黔西高原冬旱春旱区。

水分利用效率最高的前三种种植模式,在冬旱春旱年型和正常年型下,依次是 S1,D11,D12;在冬雨春雨年型下,依次是 S1,D4,D12。在这三种年型下,作物水分临界期需水量与自然降水量耦合度最优的有 S3,D7,T4。

这三种年型下,最优的前两种种植模式都依次是 T4 和 T5,较优的种植模式还有 T6、T7和 T8;最劣的模式是 T1,S1,S3,D3,D7。

　　除了 S3,D8 和 T9 这三种种植模式在冬旱春旱年型下的综合效益高于其在正常年型和冬雨春雨年型下的综合效益值外,其他种植模式在冬雨春雨年型下的综合效益最高,在正常年型下居中。

　　在这三种年型下的一年两熟的种植模式中,D8 和 D12 的综合效益都较优;D3 和 D11 的综合效益都较劣。

(4)长江流域温热湿润区——岳阳、赣州、郴州、遂宁

1)长江中下游平原秋旱夏旱区——岳阳

岳阳代表长江流域温热湿润区中的长江中下游平原秋旱夏旱区。

　　在秋旱夏旱年、正常年、秋雨夏雨年这三种年型下,水分利用效率最高的前三种种植模式是 S4,D13,T3。至于作物水分临界期需水量与自然降水量耦合度最高的前三种种植模式,在秋旱夏旱年型下,依次是 S1,S3,D5,D9;在正常年型下,依次是 D12,D9,D5;在秋雨夏雨年型下,依次是 T3,D13,D5。

　　综合效益最优的前三种种植模式,在秋旱夏旱年型下,依次是 T3,T5,T2;在正常年型下,依次是 T3,T2,T5;在秋雨夏雨年型下,依次是 T3,T6,T2。最劣的三种种植模式,在秋旱夏旱年型下,依次是 S3,S1,T1;在正常年型下,依次是 S3,D11,D7;在秋雨夏雨年型下,依次是 S1,S3,D7。另外,在这三种年型下的一年两熟的种植模式中,D13,D12,D9 是综合效益最优的模式。

2)江南丘陵秋旱夏旱区——郴州

郴州代表长江流域温热湿润区中的江南丘陵秋旱夏旱区。

　　在秋旱夏旱年、正常年、秋雨夏雨年这三种年型下,水分利用效率最高的前三种种植模式是 S4,D13,T3。至于作物水分临界期需水量与自然降水量耦合度最高的前三种种植模式,在秋旱夏旱年型下,依次是 S1,S3,D5,D9;在正常年型下,依次是 D12,D9,D5;在秋雨夏雨年型下,依次是 T3,D13,D5。

　　综合效益最优的前三种种植模式,在秋旱夏旱年型下,依次是 T3,T2,D13;在正常年型下,依次是 T3,D13,T5;在秋雨夏雨年型下,依次是 T3,D13,T2。最劣的三种种植模式,在秋旱夏旱年型下,依次是 S3,S1,S4;在正常年型下,依次是 S1,S3,D7;在秋雨夏雨年型下,依次是 D7,S3,S1。另外,在这三种年型下的一年两熟的种植模式中,D8,D12,D13 是综合效益最优的模式。

3)四川盆地冬旱区——遂宁

遂宁代表长江流域温热湿润区中的四川盆地冬旱区。

　　在冬旱春旱年、正常年和夏雨年三种年型下,水分利用效率最高的前三种都依次是 S1,D11,D2。至于作物水分临界期需水量与自然降水量耦合度最高的前三种,在冬旱春旱年型下,依次是 D5,D7,D8;在正常年型下,依次是 D8,D9,D1;在夏雨年型下,依次是 D9,D1,D8。

　　在这三种年型下,最优的前两种种植模式都依次是 T6 和 T5,较优的模式还有 T4,T7 和 T8;最劣的后三种模式是 S1,S2,S3。

　　D6,D7 和 T9 这三种种植模式在冬旱春旱年型下的综合效益高于其在正常年型和夏雨年型下的综合效益;T7 种植模式在夏雨年型下的综合效益高于另外两种年型;其他种植模式的综合效益在正常年型下最大。

　　在这三种年型下的一年两熟的种植模式中,D12,D8 和 D4 的综合效益都较优;D7 和 D10

都较劣。

(5)华南暖热湿润区——澜沧

澜沧代表华南暖热湿润区中的滇南山地冬旱区。

在冬旱年、正常年和冬雨春雨年三种年型下,水分利用效率最高的前三种为 S1,D4 和 D12。至于作物水分临界期需水量与自然降水量耦合度,在冬旱年型和正常年型中,最优的模式是 D7,T7,T8;在冬雨春雨年型中,最优的前三种模式依次是 D3,S3,D8。

在这三种年型下,最优的前三种种植模式都是 T4,T5,T6;最劣的模式有 S1,S3,D11。

在冬旱年型下,D11,D12 和 T7 这三种种植模式的综合效益高于其在另外两种年型下的综合效益;在冬雨春雨年型下的综合效益最高的是 D3;其他种植模式在正常年型下的综合效益最高。

在不同年型的一年两熟的种植模式中,D8,D12,D4 的综合效益都较优;D3,D7 和 D11 的综合效益都较劣。

(6)西南高原山地湿润区——沅陵、湄潭、西昌、瑞丽

1)湘、鄂、渝、黔山区春秋多雨区——沅陵、湄潭

沅陵和湄潭代表西南高原山地湿润区中的湘、鄂、渝、黔山区春秋多雨区。

湘、鄂山区多春雨湿润区以湖南的沅陵为代表站,因为有数据的年份中没有发生过干旱,所以在此只评价正常年和丰水年的情况。水分利用效率最高的前三种种植模式,在正常年型下,依次是 D13,S4,T3;在冬雨年型下,依次是 D13,T3,T2。至于作物水分临界期需水量与自然降水量耦合度最高的前三种种植模式,在正常年型下,依次是 S3,S4,D9;在冬雨年型下,依次是 D7,D9,D12,D13,T2。

综合效益最优的前三种种植模式,在正常年型下,依次是 T3,T2,D13;在冬雨年型下,依次是 T2,D13,T3。在这两种年型下,最劣的三种种植模式,都依次是 S2,S1,S3。另外,在这两种年型下的一年两熟的种植模式中,D13,D12,D9 是综合效益最优的模式。

渝、黔山区多秋雨湿润区的代表站为湄潭。由于气象产量资料所限,在此只评价 6 种种植模式。在夏旱年型下,水分利用效率从高到低依次为 S4,D8,D5,D4,S1,D1;在正常年型和秋雨年型下,水分利用效率从高到低依次为 S4,D8,D4,D5,S1,D1。至于作物水分临界期需水量与自然降水量耦合度,在夏旱年型下,最优的模式是 D1,D5,D8;在正常年型下,最优的模式是 D8,D1,S4;在冬雨年型下,最优的模式为 S1,S4,D5,D8。

综合效益最优的前三种种植模式,在干旱年型下,依次是 D8,D4,D5;在正常年型下,依次是 D8,D4,S4;在秋雨年型下,依次是 D8,D5,D4。最劣的三种模式,在干旱年型下,依次是 S1,S4,D1;在正常年型下,依次是 S1,D5,D1;在秋雨年型下,依次是 S1,D1,S4。

2)川南山地冬旱春旱区——西昌

西昌代表西南高原山地湿润区中的川南山地冬旱春旱区。

在冬旱春旱年、正常年和冬雨夏雨年三种年型下,水分利用效率较高的种植模式是 S1,D11,D12。作物水分临界期需水量与自然降水量耦合度最高的前三种种植模式,在冬旱春旱年型下,依次是 T7,D2,D6;在正常年型下,依次是 D7,D2,T7;在冬雨夏雨年型下,依次是 D9,D11,T9。

在这三种年型下,综合效益最优的五种种植模式是 T4,T5,T6,T7 和 T9;最劣的模式是 S1,S2,S3,D6 和 D10。

在冬旱春旱年型下,综合效益高于其在正常年型和冬雨夏雨年型的模式是 S1,D5,D10, T6,T7,T8 和 T9;在冬雨夏雨年型下综合效益最高的种植模式有 S3,D9 和 D11;其他种植模式的综合效益在正常年型下最大。

在这三种年型下的一年两熟的种植模式中,D8 和 D12 的综合效益都较优;D6 和 D10 的综合效益都较劣。

3)滇西高原冬旱春旱区——瑞丽

瑞丽代表西南高原山地湿润区中的滇西高原冬旱春旱区。

在冬旱春旱年、正常年和冬雨春雨年三种年型下,水分利用效率最高的前三种为 S1,D4, D12。至于作物水分临界期需水量与自然降水量耦合度,在冬旱春旱年型下,最优的模式是 D12,D5,S3;在正常年型下,最优的模式是 D9,D8,D5;在冬雨春雨年型下,最优的前三种模式依次是 S1,S4,D5。

综合效益最优的前三种种植模式,在冬旱春旱年型下,依次是 T4,D8,D12;在正常年型下,依次是 T4,T5,D8;在冬雨春雨年型下,依次是 T4,T6,D12。最劣的三种种植模式,在冬旱春旱年型下,依次是 S3,D7,D11;在正常年型下,依次是 T1,D11,D7;在冬雨春雨年型下,依次是 S3,S1,D11。另外,在这三种年型下的一年两熟的种植模式中,D1,D4,D8,D12 是综合效益最优的模式。

在不同年型的一年两熟的种植模式中,D1,D4,D8 和 D12 的综合效益都较优。

通过层次分析法对不同年型下主要南方季节性干旱分区的种植模式的综合效益进行评价。综合效益值越高则模式越优,反之则越差。将各模式的综合效益值进行升序排列,取百分位 60 作为分界点,高于分界点则为一般到最优的种植模式,适宜在生产中推广;低于分界点则为较差模式。

在干旱年型下最优的三种种植模式,按从次优到最优的顺序排列,川滇河谷冬旱春旱区为薯—稻—苕(为了表述简便,用苕代替甘薯,薯代表马铃薯,稻指水稻,下同)、麦—稻—苕(麦代表冬小麦,下同)、薯—玉—苕(玉代表玉米,下同);川北丘陵冬旱春旱区为麦—稻、油—稻—苕(油代表油菜,下同)、麦—稻—苕;滇南河谷冬旱春旱区为薯—稻—苕、油—稻—苕、麦—稻—苕;滇东黔西高原冬旱春旱区为油—玉—苕、油—稻—苕、麦—稻—苕;长江中下游平原秋旱夏旱区为油—稻—稻、油—稻—苕、薯—稻—稻;江南丘陵秋旱夏旱区为薯—稻、油—稻—苕、油—棉(棉代表棉花,下同);四川盆地冬旱区为麦—玉—苕、油—稻—苕、薯—稻—苕;滇南山地冬旱区为麦—稻—苕、油—稻—苕、薯—稻—苕;湘、鄂、渝、黔山区春秋多雨区为麦—稻、油—稻;川南山地冬旱春旱区为薯—稻—苕、薯—玉—苕、麦—玉—苕;滇西高原冬旱春旱区为薯—稻、油—稻—苕、麦—稻—苕(见表 7.11)。

在正常年型下最优的三种种植模式,按从次优到最优的顺序排列,川、滇河谷冬旱春旱区为麦—稻—苕、油—稻—苕、薯—稻—苕;川北丘陵冬旱春旱区为麦—稻、麦—稻—苕、薯—稻—苕;滇南河谷冬旱春旱区为油—稻—苕、薯—稻—苕、麦—稻—苕;滇东、黔西高原冬旱春旱区为麦—玉—苕、油—稻—苕、麦—稻—苕;长江中下游平原秋旱夏旱区为油—稻—苕、油—稻—稻、薯—稻—稻;江南丘陵秋旱夏旱区为油—稻—苕、薯—稻—苕、稻—稻;四川盆地冬旱区为薯—稻、油—稻—苕、薯—稻—苕;滇南山地冬旱区为麦—稻—苕、油—稻—苕、薯—稻—苕;湘、鄂、渝、黔山区春秋多雨区为稻—稻、油—稻—稻、薯—稻—稻、麦—稻、油—稻;川南山地冬旱春旱区为油—稻—苕、麦—稻—苕、麦—玉—苕;滇西高原冬旱春旱区为油—稻、油—稻—苕、麦—稻—苕(见表 7.12)。

表 7.11　干旱年型下南方季节性干旱各分区种植结构优化结果

二级区	代表站	种植模式优化结果排序（一般到最优）
川滇高原山地半干旱区	元江	D9,D8,D12,T7,T5,T8,T6,T4,T9
江北温热半湿润区	绵阳	D9,D6,T8,D12,T7,D8,T6,D4,T5,T4
华南暖热半湿润区	景洪	S4,T7,T9,T8,D8,D12,T6,T5,T4
	楚雄	D5,D12,D8,T9,T6,T7,T8,T5,T4
长江流域温热湿润区	岳阳	D12,T8,T9,D13,T6,T2,T5,T3
	赣州	T6,D13,D4,T1,T2,D10,T4,D2,D12,T5,D6
	遂宁	D5,D4,D12,T8,D8,T4,T9,T7,T5,T6
华南暖热湿润区	澜沧	D4,T9,D8,D12,T8,T7,T4,T5,T6
西南高原山地湿润区	沅陵、湄潭	D4,D8
	西昌	D9,D4,D12,D8,T8,T5,T4,T6,T9,T7
	瑞丽	S4,T9,T7,D4,D8,T6,D12,T5,T4

表 7.12　正常年型下南方季节性干旱各分区种植结构优化结果

二级区	代表站	种植模式优化结果排序（一般到最优）
川滇高原山地半干旱区	元江	D9,D4,T7,D12,T8,T9,T4,T5,T6
江北温热半湿润区	绵阳	D9,S4,T7,T8,D12,T5,D8,D4,T4,T6
华南暖热半湿润区	景洪	D8,D4,T9,T8,D12,T7,T5,T6,T4
	楚雄	D4,D8,T9,D12,T8,T6,T7,T5,T4
长江流域温热湿润区	岳阳	D9,T9,D12,D13,T6,T5,T2,T3
	赣州	T8,D10,D6,T2,D2,T4,T1,T3,T5,T6,D13
	遂宁	D9,T9,D4,D8,T7,T4,T8,D12,T5,T6
华南暖热湿润区	澜沧	D4,D12,T9,D8,T7,T8,T4,T5,T6
西南高原山地湿润区	沅陵、湄潭	T9,S4,T6,D12,T5,D13,T2(D4),T3(D8)
	西昌	D9,D4,T8,D12,D8,T9,T6,T5,T4,T7
	瑞丽	D9,T9,T7,D4,D12,T6,D8,T5,T4

　　在丰水年型下最优的三种种植模式，按从次优到最优的顺序排列，川、滇河谷冬旱春旱区为麦—稻—苕、薯—稻—苕、油—稻—苕；川北丘陵冬旱春旱区为油—稻、麦—稻、麦—稻—苕；滇南河谷冬旱春旱区为薯—稻、薯—稻—苕、麦—稻—苕；滇东、黔西高原冬旱春旱区为薯—稻—苕、油—稻—苕、麦—稻—苕；长江中下游平原秋旱夏旱区为油—稻—稻、薯—稻—苕、薯—稻—稻；江南丘陵秋旱夏旱区为麦—稻—苕、薯—稻—苕、薯—棉；四川盆地冬旱区为麦—玉—苕、油—稻—苕、薯—稻—苕；滇南山地冬旱区为油—稻—苕、麦—稻—苕、薯—稻—苕；湘、鄂、渝、黔山区春秋多雨区为油—稻—稻、麦—稻、油—稻；川南山地冬旱春旱区为薯—稻—苕、薯—玉—苕、麦—稻—苕；滇西高原冬旱春旱区为麦—稻、油—稻、麦—稻—苕（见表 7.13）。

　　综合以上优化布局分析，南方主要地区的最优种植模式为：川北丘陵冬旱春旱区在干旱年、正常年、丰水年三种年型下的麦—稻—苕、麦—稻，干旱年型下的油—稻—苕，正常年型下的薯—

稻—荞,丰水年型下的油—稻;滇东、黔西高原冬旱春旱区三种年型下的麦—稻—荞和油—稻—荞,干旱年型下的油—玉—荞,正常年型下的麦—玉—荞,丰水年型下的薯—稻—荞;长江中下游平原秋旱夏旱区三种年型下的薯—稻—稻和油—稻—稻,干旱年型下的油—稻—荞,丰水年型下的薯—稻—荞;江南丘陵秋旱夏旱区干旱年型下的油—棉、油—稻—荞和薯—稻,正常年型下的稻—稻、薯—稻—荞和油—稻—荞;丰水年型下的薯—棉、薯—稻—荞和麦—稻—荞;四川盆地冬旱区三种年型下的薯—稻—荞和油—稻—荞,干旱年型下的薯—稻,正常年型和丰水年型下的麦—玉—荞;湘、鄂、渝、黔山区春秋多雨区三种年型下的麦—稻、油—稻和油—稻—稻;川南山地冬旱春旱区干旱年型下的薯—稻—荞、薯—玉—荞、麦—玉—荞;正常年型下的油—稻—荞、麦—稻—荞、麦—玉—荞,丰水年型下的薯—稻—荞、薯—玉—荞、麦—稻—荞。

表 7.13　丰水年型下南方季节性干旱各分区种植结构优化结果

二级区	代表站	种植模式优化结果排序(一般到最优)
川滇高原山地半干旱区	元江	D9,T7,D12,T8,D8,T9,T4,T6,T5
江北温热半湿润区	绵阳	D9,D12,T9,T7,T8,T5,T6,D8,D4,T4
华南暖热半湿润区	景洪	S4,D4,T7,T9,D12,T6,T4
华南暖热半湿润区	楚雄	D8,D4,T9,T8,D12,T7,T6,T5,T4
长江流域温热湿润区	岳阳	T8,D12,T5,T9,D13,T2,T6,T3
长江流域温热湿润区	赣州	T9,T8,T3,T5,T2,D6,T1,D2,T4,T6,D10
长江流域温热湿润区	遂宁	D9,T9,D12,D4,D8,T4,T8,T7,T5,T6
华南暖热湿润区	澜沧	T7,D4,T8,T9,D12,D8,T5,T4,T6
西南高原山地湿润区	沅陵、湄潭	D9,T9,T6,D12,T5,T3,D13(D4),T2(D8)
西南高原山地湿润区	西昌	D4,T8,D8,D12,D9,T7,T5,T6,T9,T4
西南高原山地湿润区	瑞丽	D5,T7,D1,S4,T6,T5,D4,D8,T4

7.3　小结

本章采用层次分析法和专家评分法,初步建立了我国南方种植制度的指标评价体系,并对湘、川两省典型站点不同种植制度的综合效益进行了评价,提出各区域以防旱避灾为目标的种植制度优化方案,主要结论如下:

在湖南省,湘东中南部较干旱中低海拔丘陵区,油菜—早稻—晚稻和早稻(玉米、大豆)—晚稻等制度为较优的种植制度;湘中偏北、湘东北中低海拔湿润区及湘西南较湿润中高海拔区的较优种植制度为马铃薯—中稻和玉米　晚稻制度;湘北半湿润低海拔区的较优种植制度为玉米(大豆)—晚稻和油菜—棉花制度;中南部干旱中低海拔区的早稻—晚稻、油菜—棉花制度较好;湘西地区的马铃薯—中稻制度为较优制度。

在四川省,川东北盆周湿润低海拔区的较优种植制度主要为冬小麦(马铃薯)—玉米—红薯制度;盆地及边缘过渡地带和西南中高海拔地区主要以冬小麦—玉米—红薯(大豆)和冬小麦(马铃薯)—水稻制度为较优种植制度;在川中南中低海拔湿润地区,冬小麦(马铃薯、油菜)—水稻制度为当地的较优制度;气候极特殊的攀枝花地区在无灌溉的条件下,较优的种植制度为冬小麦—玉米—红薯、冬小麦(马铃薯)—水稻制度。

第8章　南方季节性干旱研究展望

我国已有的干旱研究多注重于北方地区,而南方地区季节性干旱研究较少,本书系统分析了南方地区干旱气候背景、气象干旱、农业干旱时空分布特征,并建立了较适合南方地区的季节性干旱指标体系,针对南方地区干旱特征进行了干旱特征分区,提出针对不同效益目标的防旱减灾的优化种植布局。

8.1　主要研究成果

本书以国家行业标准中的干旱指标为主要依据,筛选出应用广泛且适用性强的气象干旱和农业干旱指标。以整个南方地区的季节性干旱为研究对象,研究比较了各干旱指标在南方地区的适用性,依据南方地区季节性干旱特点,在修正干旱指标和干旱分级的基础上,建立了适合南方地区季节性干旱的指标体系。依据季节性干旱指标,基于南方地区 268 个气象台站近 50 多年来逐日温度、降水、蒸散量、湿度、风速、光照等气象资料,分析了南方地区气象干旱和农业干旱时空分布特征,得到不同时间尺度(月、季、年)的季节性干旱空间分布特征和年代际变化趋势。采用综合因子与主导因子相结合方法及逐级指标筛选法,结合灾害风险评估和区划方法对南方地区季节性干旱进行了三级分区,并分区进行评述,并根据各区域干旱特点,提出不同年型条件下的优化种植制度。主要结论如下:

(1)建立了较完善的南方地区季节性干旱指标体系。1)季节性干旱指标体系包括降水量距平百分率(P_a)、相对湿润度指数(M)和标准化降水指数(SPI)3 个气象干旱指标,以及连续无有效降水日数(Dnp)和作物水分亏缺指数($CWDI$)2 个农业干旱指标。2)不同指标能较好地从不同角度反映南方地区干旱特征:降水量距平百分率(P_a)能直接反映降水偏离平均值多少,指示降水供给情况;相对湿润度指数(M)考虑水分收支两方面因素,能基本反映农田水分供需状况;标准化降水指数(SPI)把长时间序列的降水量正态化,使不同时间尺度和空间尺度的干旱有了对比性,能很好地表现干旱历年演变情况;连续无有效降水日数(Dnp)能基于降水量和降水日数因子,逐日监测农田干旱动态变化,并间接考虑土壤、供水因子,反映干旱持续时间和变化;作物水分亏缺指数($CDWI$)综合了土壤、作物、气象三方面因素的影响,反映作物水分供需状况。3)通过对不同干旱指标的分析,建立区域多站或单站多年干旱评价指标,并用于南方季节性干旱评估中。4)结果应用和对比检验效果表明,本书建立的南方地区季节性干旱指标体系能够反映该区域干旱实际特征,能较真实地反映作物生育阶段的干旱特征和变化,表明干旱指标分级订正比较合理。

(2)明确了南方季节性干旱时间和空间特征。1)季节性干旱空间分布特征是:西南西部地区、华南地区和淮北冬季、春季降水少,特别是冬季降水特少,气候干燥,易发冬旱和春旱;西南地区东部偏北的川、渝、黔等地有夏旱、多秋雨,西南地区东部偏南等地也有秋旱,夏旱少发生;长江中下游地区夏秋季节降水较多但降水变率大,且蒸散大,多秋旱,夏旱也较多,少春旱和冬旱;华南南部多冬春旱,也有秋旱,夏旱较少;华南北部秋旱明显,冬春夏旱较少。2)近 50 年的季节性干旱强度随时间的年代际变化是:年尺度的干旱强度都有增强的趋势,春旱和夏旱强度有减轻的趋势,秋旱呈增强的趋势,华南冬旱呈增强的趋势,但趋势大多不显著。

(3)完成南方地区季节性干旱 3 级分区,并对每个二级区和三级区进行了干旱评述,提出了各区域抗旱避灾建议。1)以年干燥度和各季节干燥度为主要指标,年和主要作物生长季的降水量为辅助指标,将南方干旱区域分为半干旱区、半湿润区、湿润区和极湿润区共 4 个大区(一级区)。并在此基础上根据地形地貌、热量条件等因子将南方干旱区划分为川滇高原山地半干旱区,江北温热半湿润区、华南暖热半湿润区和西南高原半湿润区 3 个半湿润区,长江流域温热湿润区、华南暖热湿润区和西南高原山地湿润区 3 个湿润区,以及华南暖热极湿润区和江南西南山区温热极湿润区 2 个极湿润区,共 9 个二级干旱分区。再依据各季节性干旱发生频率、发生强度等因子细分 29 个三级干旱区。2)各干旱区干旱特点明显不同:川滇高原山地半干旱区多冬春旱;江北温热半湿润区多春旱、秋旱;华南暖热半湿润区多冬旱和春旱;西南高原半湿润区多冬春旱;长江流域温热湿润区多秋旱和夏旱;华南暖热湿润区北部多秋旱,南部多冬旱;西南高原山地湿润区的西部多冬旱,东部地区各季节干旱较轻且多春雨和秋雨;华南暖热极湿润区多冬旱;江南西南山区温热极湿润区四季干旱较少发生。应根据不同干旱因地制宜地完善水利等农业基础设施建设,采取防旱避灾措施,发展多样化农业种植。

(4)提出针对南方地区的不同年型条件下优化种植模式,得到各区域不同年型条件下的防旱避灾优化布局。各地区最优种植模式为:川北丘陵冬旱、春旱区在干旱、正常、丰水三种年型下的麦—稻—苕、麦—稻,干旱年型的油—稻—苕,正常年型的薯—稻—苕,丰水年型的油—稻;滇东黔西高原冬旱、春旱区三种年型下的麦—稻—苕和油—稻—苕,干旱年型的油—玉—苕,正常年型的麦—玉—苕,丰水年型的薯—稻—苕;长江中下游平原秋旱、夏旱区三种年型下的薯—稻—稻和油—稻—稻,干旱年型的油—稻—苕,丰水年型的薯—稻—苕;江南丘陵秋旱、夏旱区干旱年型的油—棉、油—稻—苕和薯—稻,正常年型的稻—稻、薯—稻—苕和油—稻—苕,丰水年型的薯—棉、薯—稻—苕和麦—稻—苕;四川盆地冬旱区三种年型下的薯—稻—苕和油—稻—苕,干旱年型的薯—稻,正常年型和丰水年型的麦—玉—苕;湘、鄂、渝、黔山区春秋多雨区三种年型下的麦—稻、油—稻和油—稻—稻;川南山地冬旱、春旱区干旱年型的薯—稻—苕、薯—玉—苕、麦—玉—苕,正常年型的油—稻—苕、麦—稻—苕、麦—玉—苕,丰水年型的薯—稻—苕、薯—玉—苕、麦—稻—苕。

8.2　亟待解决的问题

鉴于目前国内对我国南方季节性干旱及种植模式布局优化研究现状,干旱形成机理的复杂性、影响的广泛性和变化的不确定性,加之研究工作时间仓促,因而本书在数据收集与整理、干旱指标的进一步完善、种植模式的布局优化等方面还存在以下亟待解决的问题:

(1)南方季节性干旱特征

本书基于南方地区 268 个气象站点资料,分析南方地区季节性干旱特点及干旱分区,因南方地区地域广阔,多丘陵、山区,目前气象站不能较细致地反映南方地区局地季节性干旱特征,特别是针对云贵地区,干旱的局地性不能很好地得到反映。今后研究中需补充一般气象站或公里网格点气象资料,对干旱特征和分区进行精细化分析。

(2)干旱指标体系和干旱特征分区

在季节性干旱指标修正和分级订正时,受实际灾情资料限制,未对修正后指标进行全面验证。在干旱特征分区时,主要基于气象资料,而对土壤、实际农田的供水需水等考虑较少。对干旱分区时,未细致考虑地形地貌,有待于今后结合海拔高度数据进一步进行细致研究分析。

(3)防旱减灾种植优化布局

本书在评价防旱避灾种植结构时仅考虑了水分效益和经济效益,未考虑社会效益和生态效益,而且各指标的权重值并未进行实际验证,可能会对最后评价结果有一定影响。此外,仅考虑了自然降水对农作物生长发育的影响,忽略了土壤水和地下水的影响,也没有考虑灌溉。今后应充分考虑土壤水、地下水和灌溉对作物生长发育的作用,完善对作物水分供给的评价。

8.3　未来工作展望

本书针对近年来我国南方季节性干旱发生频率增加、危害日趋严重的新态势,系统研究了南方季节性干旱发生的时空规律,建立了季节性干旱分区指标体系,进行南方季节性干旱类型分区与评价,并根据不同干旱特点和类型,提出不同需水条件下的种植模式和优化布局,为国家有关部门及各级政府制定宏观决策、抗旱避灾提供科学参考。

目前,我国南方地区季节性干旱及种植模式布局优化研究依然比较薄弱。作者认为,今后需加强以下几方面研究:

(1)干旱指标选择的适宜性和科学性

由于干旱指标的机理及要素各异,因此,所适用的时间尺度也有所不同。现在大多数干旱指标的时间尺度为月或季,少数的为周或日。长的时间尺度有益于整体的趋势分析,短的时间尺度则能精细地反映干旱状况,但计算量较大。实际应用时,需根据研究区域特征及研究目标选择适宜的时间尺度和干旱指标,如在分析南方地区的干旱特征时,根据其季节性干旱的特点,需选择季尺度拟合性良好的干旱指标。

同时,还应注意干旱指标等级划分的科学性。在考察干旱影响程度时,除了考虑致灾因子的强度外,还应考虑承灾体的脆弱性,如相同的干旱发生在北方地区和南方地区,造成的损失是不同的,相同区域因作物生长时期发生的干旱则要比其他时期发生的干旱影响大。对相同的作物而言,同一程度的干旱发生在不同的生长时期其影响也不同。如小麦的孕穗开花期对水分需求较为敏感,此时期的干旱会严重影响其最终的产量。所以,在等级划分时应针对不同地区不同作物修正权重因子,得出切合实际的干旱指标及等级。

(2)农业气候资源区划向精细化发展

精细农业气候资源区划可为各地发展名、优、特农业提供科学依据。目前,农业气候资源细网格的推算模型主要考虑经度、纬度和海拔高度,而坡度、坡向及遮蔽度等其他地理因子考虑较少。未来可综合考虑更多地理因子,进一步提高农业气候资源区划的精度。

(3)综合评估技术向多元化发展

干旱对农业造成的影响是多方面的,目前在灾损定量评估时只注重农业直接经济损失的研究,而忽略了对社会经济、生态环境等方面的综合影响。因此,干旱评估技术的多元化将是未来的发展方向之一。干旱的形成除了受灾害性天气影响外,还受区域地形、植被等下垫面条件影响,未来干旱的评估将是基于卫星遥感技术、地理信息系统技术、作物生长模型和地面监测相结合,从宏观到微观角度全面评估干旱的发生发展,逐步建立集"3S"技术于一体的高时空分辨率的评估体系。

（4）干旱风险评估将进一步完善

干旱风险的新方法、新理论和新概念将不断引入、完善和发展。首先，在成灾机理研究基础上，对致灾因子的危险性、承载体的脆弱性和区域防灾能力的研究将进一步深入。其次，由于对干旱风险评估标准的不统一，造成统一孕灾环境下风险评估结果有较大差异，因此，干旱风险评估指标和评估模型的标准将相对统一。此外，在我国农业干旱研究中，对于干旱危险性机理及干旱特征的描述仍然欠缺，难以用于大区域农业干旱综合风险评价，因此，依托自然灾害风险分析基本原理，从农业干旱危险性和脆弱性的角度构建更具机理性的、农业生产针对性及普适性的农业干旱风险评价模型将是未来研究工作的一个突破点。

参 考 文 献

安顺清,邢久星.1985.修正的帕默尔干旱指数及其应用[J].气象,11(12):17-19.

蔡甲冰,蔡林根,刘钰,等.2002.在有限供水条件下的农作物种植结构优化——簸箕李引黄灌区农作物需、配水初探[J].节水灌溉,(1):20-22.

陈斌.2005.福建省干旱指标体系研究[J].人民珠江,(6):13-16.

陈端正,龚绍先.1990.农业气象灾害标准[M].北京:北京农业大学出版社.

陈凤,蔡焕杰,王健.2006.杨凌地区冬小麦和夏玉米蒸发蒸腾和作物系数的确定[J].农业工程学报,2(5):191-193.

陈宏伟,郭立群,李江,等.2007.云南热区森林生态系统水分条件的空间分异规律[J].东北林业大学学报,35(3):41-45.

陈敏玲,袁懿,周български.2009.浙江省水资源评价指标体系研究[J].科技通报,25(2):167-173.

陈守煜,马建琴,张振伟.2003.作物种植结构多目标模糊优化模型与方法[J].大连理工大学学报,43(1):12-15.

成福云.2003.关中灌区干旱指标体系的建立与抗旱措施研究[D].西安:西安理工大学.

崔读昌,刘洪顺,闵谨如,等.1984.主要农作物气候资源图集[M].北京:气象出版社.

崔云鹏,高军强.1995.泥河沟流域塬坡面农田种植结构的优化研究[J].西北林学院学报,10(增):142-147.

邓先瑞.2003.黄秉维院士与自然地理综合研究[J].华中师范大学学报:自然科学版,37(1):106-110.

杜鹏,李世奎.1997.农业气象灾害风险评价模型及应用[J].气象学报,55(1):95-102.

杜尧东,毛慧琴,刘锦銮.2003.华南地区寒害概率分布模型研究[J].自然灾害学报,12(2):103-107.

樊高峰,苗长明,毛裕定.2006.干旱指标及其在浙江省干旱监测分析中的应用[J].气象,32(2):70-74.

方修琦,何英茹,章文波.1997.1978—1994年分省农业旱灾灾情的经验正交函数EOF分析[J].自然灾害学报,6(1):59-64.

冯平,李绍飞,王仲珏,等.2002.干旱识别与分析指标综述[J].中国农村水利水电,(7):13-15.

符淙斌,温刚.2002.中国北方干旱化的几个问题[J].气候与环境研究,7(1):22-29.

傅伯杰.1991.中国旱灾的地理分布特征与灾情分析[J].干旱区资源与环境,5(4):1-8

高明杰.2005.区域节水型种植结构优化研究[D].北京:中国农业科学院.

顾颖,刘静楠,林锦.2010.近60年来我国干旱灾害特点和情势分析[J].水利水电技术,41(1):71-74.

关兆涌,冯智文.1986.利用水分平衡指标检验农业干旱的研究[J].干旱地区农业研究,4(1):1-13.

郭亚军,易平涛.2008.线性无量纲化方法的性质分析[J].统计研究,25(2):93-100.

国家气候中心,中国气象科学研究院,国家气象中心,等.2006.GB/T 20481—2006气象干旱等级[S].北京:中国标准出版社.

国家气象中心,辽宁省气象局.2009.GB/T xxxx—2009农业干旱等级[S](报批稿).

韩湘玲.1999.农业气候学[M].山西:山西科学技术出版社.

湖北省气象局武汉区域气候中心.2008.GB/T 21986—2008农业气候影响评价:农作物气候年型划分方法[S].北京:中国标准出版社.

黄昌勇,Elghamry A M,徐建明,等.2000.增加了甲磺隆除草剂在土壤生物性状的变化[J].浙江大学学报,1(4):442-447.

黄崇福.1999.自然灾害风险分析的基本原理[J].自然灾害学报,8(2):21-30.

黄崇福,刘立新,周国贤,等.1998.以历史灾情资料为依据的农业自然灾害风险评估方法[J].自然灾害学报,7(2):1-9.

黄道友,王克林,黄敏,等.2004.我国中亚热带典型红壤丘陵区季节性干旱[J].生态学报,24(11):2 516-2 523.

黄梦琪,蔡焕杰,黄志辉.2007.黄土地区不同埋深条件下潜水蒸发的研究[J].西北农林科技大学学报:自然科学版,35(3):233-237.

黄晚华,隋月,杨晓光,等.2013a.气候变化背景下中国南方地区季节性干旱特征与适应Ⅲ.基于降水量距平百分率的南方地区季节性干旱时空特征[J].应用生态学报,24(2):397-406.

黄晚华,隋月,杨晓光,等.2013b.气候变化背景下中国南方地区季节性干旱特征与适应Ⅴ.南方地区季节性干旱特征分区和评述[J].应用生态学报,24(10):2 917-2 925.

黄晚华,杨晓光,李茂松,等.2010.基于标准化降水指数的中国南方季节性干旱近58 a演变特征[J].农业工程学报,26(7):50-59(EI).

黄晚华,杨晓光,曲辉辉,等.2009.基于作物水分亏缺指数的春玉米季节性干旱时空特征分析[J].农业工程学报,25(8):28-35.

霍治国,姜艳.2006.基于灌溉的北方冬小麦水分供需风险研究[J].农业工程学报,22(11):79-84.

霍治国,李世奎,王素艳,等.2003.主要农业气象灾害风险评估技术及其应用研究[J].自然资源学报,18(6):692-703.

贾慧聪,王静爱,岳耀杰,等.2009.冬小麦旱灾风险评价的指标体系构建及应用[J].灾害学,24(4):20-25.

鞠笑生,杨贤为,陈丽娟,等.1997.我国单站旱涝指标确定和区域旱涝级别划分的研究[J].应用气象学报,8(1):26-32.

李炳辉,杨礼祥.2007.湖南省旱情评价指标体系研究[J].人民长江,38(8):160-161.

李粉婵.2005.山西省小麦、玉米依靠降雨满足作物需水程度的分析[J].山西水利科技,155(1):21-23.

李明志,袁嘉祖.2003.近600年来我国的旱灾与瘟疫[J].北京林业大学学报:社会科学版,2(3):40-44.

李世奎,霍治国,王素艳,等.2004.农业气象灾害风险评估体系及模型研究[J].自然灾害学报,13(1):77-87.

李星敏,李文峰,高蓓,等.2007.气象与农业业务化干旱指标的研究与应用现状[J].西北农林科技大学学报:自然科学版,35(7):111-116.

李艳兰,谢少凤,苏志.1999.广西主要气候灾害监测指标的初步研究[J].贵州气象,23(增刊):62-65.

梁巧倩,简茂球.2001.干旱指数AWTP在广东冬半年干旱分析中的应用[J].广东气象,(4):7-9.

刘丙军,邵东国,沈新平.2007.作物需水时空尺度特征研究进展[J].农业工程学报,23(5):258-264.

刘宏谊,马鹏里,杨兴国.2003.甘肃省主要农作物需水量时空变化特征分析[J].干旱地区农业研究,23(1):39-44.

刘锦銮,杜尧东,毛慧琴.2003.华南地区荔枝寒害风险分析与区划[J].自然灾害学报,12(3):126-130.

刘濂,刘东都,郭迎春.1997.河北省农业气象灾害指标体系及保险费率研究[J].自然灾害学报,6(2):104-111.

刘爽.2007.基于水资源安全的节水高效种植制度评价研究——以河南洛阳为例[D].北京:中国农业科学院.

刘雪梅,宋国强,程平顺.1997.贵州省夏旱特征及分区研究[J].高原气象,16(3):292-299.

刘巽浩,韩湘玲.1987.论我国干旱半干旱地区农业的分区与发展[J].干旱地区农业研究,(1):1-10.

刘永忠,李齐霞,孙万荣,等.2005.气候干旱与作物干旱指标体系[J].山西农业科学,33(3):50-53.

刘战东,段爱旺,肖俊夫.2006.旱作物生育期有效降水量计算模式研究进展[J].灌溉排水学报,26(3):27-30.

卢其尧,卫林,杜钟朴,等.1965.中国干湿期与干湿区划的研究[J].地理学报,31(1):15-23.

陆魁东,黄晚华,方丽,等.2007.气象灾害指标在湖南春玉米种植区划中的应用[J].应用气象学报,18(4):548-554.

马树庆,袭祝香,王琪.2003.中国东北地区玉米低温冷害风险评估研究[J].自然灾害学报,12(3):137-141.

马晓群,陈晓艺,盛绍学.2003.安徽省冬小麦渍涝灾害损失评估模型研究[J].自然灾害学报,12(1):158-162.

梅成瑞.1992.宁夏旱地农业类型分区及评价研究[J].干旱区资源与环境,6(1):40-46.

倪深海,顾颖,王会容.2005.中国农业干旱脆弱性分区研究[J].水科学进展,16(5):705-715.

彭国照,王素艳.2009.川东北季节性干旱区玉米的气候优势分区[J].中国农业气象,30(3):401-406.

亓来福,王继琴.1995.从农业需水量评价我国的干旱状况[J].应用气象学报,6(3):356-360.

曲辉辉.2009.南方典型区域防旱避灾种植制度优化研究[D].北京:中国农业大学.

曲辉辉,杨晓光,张晓煜,等.2010.基于作物需水与自然降水适配度的湖南省防旱避灾种植制度优化[J].生态学报,30(16):4 257-4 265.

任鲁川.1999.区域自然灾害风险分析研究进展[J].地球科学进展,14(3):242-246.

盛绍学,马晓群,荀尚培,等.2003.基于GIS的安徽省干旱遥感监测与评估研究[J].自然灾害学报,12(1):151-157.

隋月,黄晚华,杨晓光,等.2012a.气候变化背景下中国南方地区季节性干旱特征与适应Ⅰ.降水资源演变特征[J].应用生态学报,23(7):1 875-1 882.

隋月,黄晚华,杨晓光,等.2012b.气候变化背景下中国南方地区季节性干旱特征与适应Ⅱ.基于作物水分亏缺指数的越冬粮油作物干旱时空特征[J].应用生态学报,23(9):2 467-2 476.

隋月,黄晚华,杨晓光,等.2013a.气候变化背景下中国南方地区季节性干旱特征与适应Ⅳ.基于作物水分亏缺指数的玉米干旱时空特征[J].应用生态学报,24(9):2 590-2 598.

隋月,黄晚华,杨晓光,等.2013b.气候变化背景下中国南方地区季节性干旱特征与适应Ⅵ.防旱避灾种植模式优化布局[J].应用生态学报,24(11):3 102 3 108.

孙荣强.1994.干旱定义及其指标评述[J].灾害学,9(1):17-21.

谭徐明.2003.近500年我国特大旱灾的研究[J].防灾减灾工程学报,23(2):77-84.

唐磊.2005.贵州省干旱指标简介[J].贵州气象,29(增刊):42-43.

王静爱,孙恒,徐伟,等.2002.近50年中国旱灾的时空变化[J].自然灾害学报,11(2):1-6.

王立祥,李军.2003.农作学[M].北京:科学出版社.

王密侠,胡彦华.1996.陕西省作物旱情预报系统的研究[J].西北水资源与水工程,7(2):52-56.

王明珠.1997.我国南方季节性干旱研究[J].农村生态环境,13(2):6-10.

王素艳,霍治国,李世奎,等.2003.干旱对北方冬小麦产量影响的风险评估[J].自然灾害学报,12(3):118-125.

王志伟,刘文平,王红霞.2005.我国北方干旱逐月变化特征分析[J].气象,31(1):37-40.

魏凤英. 2007.现代气候统计诊断与预测技术[M].北京:气象出版社.

魏瑞江,李春强,姚树然.2000.农业气象、遥感和农业信息在夏旱灾损评估中的应用[J].气象科技,(1):41-44.

吴洪宝.2000.我国东南部夏季干旱指数研究[J].应用气象学报,**11**(2):137-144.

武雪萍,吴会军,庄严,等.2008.节水型种植结构优化灰色多目标规划模型和方法研究——以洛阳市为例[J].中国农业资源与区划,**32**(6):16-21.

袭祝香,马树庆,王琪.2003.东北区低温冷害风险评估及分区[J].自然灾害学报,**12**(2):98-102.

徐娟,王金亮,王平.2004.药山自然保护区气候资源研究[J].云南地理环境研究,**16**(4):22-26.

徐向阳,刘俊,陈晓静.2001.农业干旱评估指标体系[J].河海大学学报,**29**(4):56-60.

薛昌颖,霍治国,李世奎,等.2003.灌溉降低华北冬小麦干旱减产的风险评估研究[J].自然灾害学报,**12**(3):131-136.

杨丽英,许新宜,贾香香.2009.水资源效率评价指标体系探讨[J].北京师范大学学报:自然科学版,**45**(10):642-646.

杨奇勇,李景保,蔡松柏.2007.湖南农业干旱脆弱性分区研究[J].水资源与水工程学报,**18**(3):46-50.

杨青,李兆元.1994.干旱半干旱地区的干旱指数分析[J].灾害学,**9**(2):12-16.

杨绚,李栋梁.2008.中国干旱气候分区及其降水量变化特征[J].干旱气象,**26**(2):17-25.

易鹏.2004.紫花苜蓿气候生态区划初步研究[D].北京:中国农业大学.

余晓珍.1996.美国帕默尔旱度模式的修正和应用[J].水文,**6**(6):30-33.

袁国富,唐登银,罗毅,等.2001.基于冠层温度的作物缺水研究进展[J].地球科学进展,**16**(1):49-54.

袁文平,周广胜.2004.干旱指标的理论分析与研究展望[J].地球科学进展,**19**(6):982-991.

袁晓燕,管华,闻余华,等.2007.江苏沿海地区不同旱涝指标的对比分析[J].徐州师范大学学报:自然科学版,**25**(1):75-78.

曾早早,方修琦,叶瑜,等.2009.中国近300年来3次大旱灾的灾情及原因比较[J].灾害学,**24**(2):116-122.

张存杰,王宝灵,刘德祥,等.1998.西北地区旱涝指标的研究[J].高原气象,**17**(4):381-389.

张和喜,迟道才,刘作新,等.2006.作物需水耗水规律的研究进展[J].现代农业科技:上半月刊,(3):51-54.

张家诚.1991.中国气候总论[M].北京:气象出版社.

张剑明.2008.36年来湖南省干旱的时空分布特征[D].长沙:湖南师范大学.

张强,高歌.2004.我国近50年旱涝灾害时空变化及监测预警服务[J].科技导报,(7):21-24.

张亚红.2003.中国温室气候区划及连栋温室采暖气象参数的研究[D].北京:中国农业大学.

张养才,何维勋,李世奎.1991.中国灾害概论[M].北京:气象出版社.

张叶,罗怀良.2006.农业气象干旱指标研究综述[J].资源开发与市场,**22**(1):50-52.

张永勤,彭补拙,缪启龙,等.2001.南京地区农业耗水量估算与分析[J].长江流域资源与环境,**10**(5):413-418.

张玉玲.2009.浅议甘肃抗旱节水措施应用与对策[J].农业科技与信息,(20):12-13.

赵阿兴,马宗晋.1993.自然灾害损失评估指标体系的研究[J].自然灾害学报,**2**(3):1-7.

植石群,刘锦銮,杜尧东,等.2003.广东省香蕉寒害风险分析[J].自然灾害学报,**12**(2):113-116.

中国农业科学院.1998.中国农业气象学[M].北京:中国农业出版社.

中国气象局.2007.中国灾害性天气气候图集(1961—2006)[M].北京:气象出版社.

中国主要农作物需水量等值线图协作组.1993.中国主要农作物需水量等值线图研究[M].北京:中国农业科技出版社.

中华人民共和国国家统计局.2008.中国统计年鉴(2008).北京:中国统计出版社.

周飞.2005.区域干旱评价指标体系及抗旱对策研究[D].济南:山东大学.

周惠成,彭慧,张弛.2007.基于水资源合理利用的多目标种植结果调整与评价[J].农业工程学报,**23**(9):45-49.

Allen R G,Pereira L S,Raes D,*et al*.1998. Crop Evapotranspiration-guidelines for Computing Crop Water Requirements [M]. FAO Irrigation and Drainage Paper No. 56. Rome:Food and Agriculture Organization of the United Nations.

Doorenbos J, Pruitt W O.1997. Guidelines for Predicting Crop Water Requirements [M].FAO Irrigation and Drainage Paper No. 24;2nd edition. Rome:Food and Agriculture Organization of the United Nations.

Karl T R.1983. Some Spatial characteristics of drought duration in the United States [J].*Journal Climate Applied Meteorology*,**22**: 1 356-1 366.

Paul A Samuelson,William D Nordhaus.2001. Microeconomics [M].Boston:McGraw-Hill Irwin.

Richard R,Hemi J.2002. A review of twentieth-century drought indices used in the United States [J].*Bull Amer Meteor Soc*,**83**: 1 149-1 165.